21世纪高等学校规划教材 | 计算机应用

Java程序设计基础教程

崔敬东 徐雷 编著

清华大学出版社
北京

内 容 简 介

本书以 Java SE 6 和 NetBeans IDE 为教学和实验平台，重点介绍 Java 程序设计的基础理论及其应用，内容包括 Java 应用程序的开发过程、使用 NetBeans IDE 开发 Java 应用程序、基本类型、变量和表达式、程序流程图与结构化程序设计、类与对象基础、继承性、封装性和多态性、数组、Java 类库及其应用、抽象类、引用类型转换和接口、异常处理、数据输出输入、多线程和 Java 小程序等。

本书注重基础理论、核心技术与典型应用的结合，力求概念简洁、前后章节呼应、代码规范、深入浅出、突出应用、配套资源齐备。通过学习本书，帮助读者了解结构化程序设计和面向对象程序设计的基础理论，掌握 Java 程序设计核心技术及其典型应用，为今后学习数据结构与算法以及开发 Java 软件和网络平台奠定必备基础。

本书面向教学(应用)型大学的计算机科学与技术、信息管理与信息系统、电子商务、软件工程等相关专业，可作为"面向对象程序设计"和"Java 程序设计"等课程的教材，尤其适用于各类 Java 初学者的教学或自学。

本书封面贴有清华大学出版社防伪标签，无标签者不得销售。
版权所有，侵权必究。侵权举报电话：010-62782989　13701121933

图书在版编目(CIP)数据

　　Java 程序设计基础教程/崔敬东，徐雷编著.--北京：清华大学出版社，2016 (2017.9 重印)
　　21 世纪高等学校规划教材·计算机应用
　　ISBN 978-7-302-40671-6

　　Ⅰ．①J…　Ⅱ．①崔…②徐…　Ⅲ．①JAVA 语言－程序设计－高等学校－教材　Ⅳ．①TP312

　　中国版本图书馆 CIP 数据核字(2015)第 157119 号

责任编辑：	闫红梅　李　晔
封面设计：	傅瑞学
责任校对：	时翠兰
责任印制：	宋　林

出版发行：清华大学出版社
　　　　　网　　址：http://www.tup.com.cn, http://www.wqbook.com
　　　　　地　　址：北京清华大学学研大厦 A 座　　　邮　编：100084
　　　　　社 总 机：010-62770175　　　　　　　　邮　购：010-62786544
　　　　　投稿与读者服务：010-62776969, c-service@tup.tsinghua.edu.cn
　　　　　质 量 反 馈：010-62772015, zhiliang@tup.tsinghua.edu.cn
　　　　　课 件 下 载：http://www.tup.com.cn, 010-62795954
印 装 者：北京国马印刷厂
经　　销：全国新华书店
开　　本：185mm×260mm　　印　张：16　　字　数：388 千字
版　　次：2016 年 1 月第 1 版　　　　　　　　印　次：2017 年 9 月第 2 次印刷
印　　数：2001～2800
定　　价：29.00 元

产品编号：063267-01

出版说明

随着我国改革开放的进一步深化,高等教育也得到了快速发展,各地高校紧密结合地方经济建设发展需要,科学运用市场调节机制,加大了使用信息科学等现代科学技术提升、改造传统学科专业的投入力度,通过教育改革合理调整和配置了教育资源,优化了传统学科专业,积极为地方经济建设输送人才,为我国经济社会的快速、健康和可持续发展以及高等教育自身的改革发展做出了巨大贡献。但是,高等教育质量还需要进一步提高以适应经济社会发展的需要,不少高校的专业设置和结构不尽合理,教师队伍整体素质亟待提高,人才培养模式、教学内容和方法需要进一步转变,学生的实践能力和创新精神亟待加强。

教育部一直十分重视高等教育质量工作。2007年1月,教育部下发了《关于实施高等学校本科教学质量与教学改革工程的意见》,计划实施"高等学校本科教学质量与教学改革工程(简称'质量工程')",通过专业结构调整、课程教材建设、实践教学改革、教学团队建设等多项内容,进一步深化高等学校教学改革,提高人才培养的能力和水平,更好地满足经济社会发展对高素质人才的需要。在贯彻和落实教育部"质量工程"的过程中,各地高校发挥师资力量强、办学经验丰富、教学资源充裕等优势,对其特色专业及特色课程(群)加以规划、整理和总结,更新教学内容、改革课程体系,建设了一大批内容新、体系新、方法新、手段新的特色课程。在此基础上,经教育部相关教学指导委员会专家的指导和建议,清华大学出版社在多个领域精选各高校的特色课程,分别规划出版系列教材,以配合"质量工程"的实施,满足各高校教学质量和教学改革的需要。

为了深入贯彻落实教育部《关于加强高等学校本科教学工作,提高教学质量的若干意见》精神,紧密配合教育部已经启动的"高等学校教学质量与教学改革工程精品课程建设工作",在有关专家、教授的倡议和有关部门的大力支持下,我们组织并成立了"清华大学出版社教材编审委员会"(以下简称"编委会"),旨在配合教育部制定精品课程教材的出版规划,讨论并实施精品课程教材的编写与出版工作。"编委会"成员皆来自全国各类高等学校教学与科研第一线的骨干教师,其中许多教师为各校相关院、系主管教学的院长或系主任。

按照教育部的要求,"编委会"一致认为,精品课程的建设工作从开始就要坚持高标准、严要求,处于一个比较高的起点上;精品课程教材应该能够反映各高校教学改革与课程建设的需要,要有特色风格、有创新性(新体系、新内容、新手段、新思路,教材的内容体系有较高的科学创新、技术创新和理念创新的含量)、先进性(对原有的学科体系有实质性的改革和发展,顺应并符合21世纪教学发展的规律,代表并引领课程发展的趋势和方向)、示范性(教材所体现的课程体系具有较广泛的辐射性和示范性)和一定的前瞻性。教材由个人申报或各校推荐(通过所在高校的"编委会"成员推荐),经"编委会"认真评审,最后由清华大学出版社审定出版。

目前,针对计算机类和电子信息类相关专业成立了两个"编委会",即"清华大学出版社计算机教材编审委员会"和"清华大学出版社电子信息教材编审委员会"。推出的特色精品教材包括:

(1) 21世纪高等学校规划教材·计算机应用——高等学校各类专业,特别是非计算机专业的计算机应用类教材。

(2) 21世纪高等学校规划教材·计算机科学与技术——高等学校计算机相关专业的教材。

(3) 21世纪高等学校规划教材·电子信息——高等学校电子信息相关专业的教材。

(4) 21世纪高等学校规划教材·软件工程——高等学校软件工程相关专业的教材。

(5) 21世纪高等学校规划教材·信息管理与信息系统。

(6) 21世纪高等学校规划教材·财经管理与应用。

(7) 21世纪高等学校规划教材·电子商务。

(8) 21世纪高等学校规划教材·物联网。

清华大学出版社经过三十多年的努力,在教材尤其是计算机和电子信息类专业教材出版方面树立了权威品牌,为我国的高等教育事业做出了重要贡献。清华版教材形成了技术准确、内容严谨的独特风格,这种风格将延续并反映在特色精品教材的建设中。

清华大学出版社教材编审委员会

联系人:魏江江

E-mail:weijj@tup.tsinghua.edu.cn

前言

程序设计方法主要分为结构化程序设计(Structured Programming,SP)和面向对象程序设计(Object-Oriented Programming,OOP)两种。虽然两种方法都是用来解决程序设计问题的,但基本思想和关键知识点各有侧重。

SP 的基本思想是,将整个程序分解为若干模块(子程序),每个模块实现特定的功能。模块内部的程序执行过程可以用顺序、选择和循环等基本控制结构的嵌套式组合表示和实现。模块之间的相互关系也可以用上述组合表示和实现,还可以是包含与被包含(调用与被调用)的关系。SP 包括自顶向下、逐步细化、模块化、子程序(过程、函数)、顺序结构、选择结构、循环结构等关键知识点。

OOP 的基本思想是,程序的基本单元是对象。在程序中可以用对象描述现实世界中的事物,对象是数据和数据操作的统一整体。每个对象都能够接收消息(包含数据)、处理数据和向其他对象发送消息(包含数据)。OOP 包括类、对象、消息传递、继承性、封装性以及多态性等关键知识点。

Java 语言融合了结构化程序设计和面向对象程序设计两种方法。

本书从结构化程序设计和面向对象程序设计方法及其应用的角度出发,集中并详细讲解 Java 程序设计的基础理论及相应的核心技术。

全书共分 13 章,内容包括 Java 应用程序的开发过程、使用 NetBeans IDE 开发 Java 应用程序、基本类型、变量和表达式、程序流程图与结构化程序设计、类与对象基础、继承性、封装性和多态性、数组、Java 类库及其应用、抽象类、引用类型转换和接口、异常处理、数据输出输入、多线程和 Java 小程序等。

在内容的选取和组织上,本书努力做到以下几点:

(1) 章节之间前后呼应。前面章节的知识点及例题为后面章节的学习进行铺垫,后面章节的例题既针对本章的知识点,又结合和复习前面章节的相关知识点。

如第 8 章中的"删除字符串中的所有空格"、"将字符串中的全角数字转换为半角数字"和"根据身份证号码计算年龄"等例题,不仅列举了本章有关 StringBuffer、Date 和 SimpleDateFormat 等类及其方法在实际问题中的应用,而且结合和复习了顺序、选择和循环等基本控制结构在程序执行过程中的嵌套式组合运用。更重要的是,这些例题强化了顺序结构、选择结构、循环结构、程序流程图和 Java API 等关键知识点及其应用的重要性。

又如,在第 7 章中列举了一维整数数组的冒泡排序,阐述了冒泡排序的工作原理。在第 8 章中分别使用引用类型转换和接口技术,以"对数组中的不同图形对象按照面积大小进行排序"、"按照成绩对一组学生排序"和"按照面积对一组矩形排序"为实际问题,复习并扩展了冒泡排序的应用领域。在第 13 章中介绍 Java 小程序时,还以动画形式演示了冒泡法将一维无序数组转换为有序数组的工作过程,这样既举例讲解了如何应用 Java 小程序制作动画,又再次帮助学生加深对冒泡排序工作原理的理解。

再如，在第7章中分别使用二维数组和一维数组求解八皇后问题。在第13章中又应用Java小程序及其输出以动画形式演示了皇后问题的求解过程。

这一系列例题既体现了章节之间的前后呼应，又可以循序渐进地将相关知识点有机地结合起来。这样，既达到强化和巩固关键知识点的效果，又有助于引导和培养学生综合应用多种技术解决实际问题的能力。

（2）注重理论、技术与应用的有机结合，尤其突出技术及其应用。

如第12章中的"模拟库存管理流程"例题，既说明了如何使用同步技术解决线程干扰所引发的共享数据不一致，又列举了如何使用wait方法和notify方法协调线程之间的执行进度。在紧接着的"改进库存管理流程"例题中，针对客户需求响应、库存成本和采购成本等因素，在改进前例程序的基础上模拟了设置安全库存、限制最大库存和动态调整单次采购量等策略和方法。这样，既可以将线程及其状态转换等理论、线程同步和通信等技术与"库存管理"应用有机地结合起来，又能够帮助读者了解和理解库存管理知识，从而突出理论和技术的应用价值。

从解决实际问题的角度看，第8章中的"删除字符串中的所有空格"、"将字符串中的全角数字转换为半角数字"和"根据身份证号码计算年龄"等例题也可谓理论、技术与应用的有机结合。

（3）重点突出，内容紧凑。精选各章关键知识点和核心技术，并围绕关键知识点和核心技术深入展开，避免面面俱到和蜻蜓点水。

本书内容并不覆盖Java程序设计涉及的所有知识点，例如在本书中并没有介绍泛型、正则表达式、Swing图形用户界面和事件处理等知识点。但本书所介绍的知识点以及所提供的例题和习题能够帮助读者了解结构化程序设计和面向对象程序设计的基础理论，掌握Java程序设计的核心技术及其典型应用，为今后学习数据结构和算法以及开发Java软件和网络平台奠定必备基础。

本书面向教学(应用)型大学的计算机科学与技术、信息管理与信息系统、电子商务、软件工程等相关专业，可作为"面向对象程序设计"和"Java程序设计"等课程的教材，尤其适用于各类Java初学者的教学或自学。

本书由西华大学的崔敬东、徐雷共同编著。其中，崔敬东负责第4～13章，徐雷负责第1～3章。此外，本书的出版还得到清华大学出版社有关工作人员的大力支持。在此特向他(她)们表示诚挚的感谢！

欢迎各类高校老师、同学和其他读者选用本书，并敬请各位对书中内容提出批评意见或改进建议。如果授课教师在本书的使用过程中还有其他需求，亦可通过电子邮箱james_cjd@sina.com与作者联系。

崔敬东

2015年5月于成都

目 录

第1章 Java 应用程序的开发过程 ……………………………………………… 1
   1.1 Java 开发工具包 …………………………………………………………… 1
   1.2 安装 Java SE Development Kit ………………………………………… 1
   1.3 设置系统环境变量 ………………………………………………………… 4
   1.4 开发 Java 应用程序的一般过程 ………………………………………… 5
   1.5 Java 应用程序的基本结构和性质 ……………………………………… 7
   1.6 小结 ………………………………………………………………………… 8
   1.7 习题 ………………………………………………………………………… 8

第2章 使用 NetBeans IDE 开发 Java 应用程序 ………………………… 10
   2.1 Java IDE 软件简介 ……………………………………………………… 10
   2.2 安装 NetBeans IDE ……………………………………………………… 10
   2.3 在 NetBeans IDE 中开发 Java 应用程序 …………………………… 12
      2.3.1 创建 Java 项目 ……………………………………………………… 13
      2.3.2 创建 Java 主类 ……………………………………………………… 14
      2.3.3 编辑 Java 源程序 …………………………………………………… 16
      2.3.4 编译 Java 源程序 …………………………………………………… 17
      2.3.5 运行 Java 应用程序 ………………………………………………… 17
   2.4 在 NetBeans IDE 中调试 Java 应用程序 …………………………… 18
      2.4.1 在 Java 项目中创建第二个 Java 应用程序 …………………… 18
      2.4.2 在 NetBeans IDE 中调试 Java 应用程序 ……………………… 19
   2.5 在 NetBeans IDE 中开发 Java 应用程序的过程 …………………… 21
   2.6 小结 ………………………………………………………………………… 22
   2.7 习题 ………………………………………………………………………… 22

第3章 基本类型、变量和表达式 ………………………………………………… 23
   3.1 基本类型 …………………………………………………………………… 23
   3.2 局部变量 …………………………………………………………………… 24
   3.3 算术运算符 ………………………………………………………………… 25
   3.4 自增、自减运算符 ………………………………………………………… 25
   3.5 赋值运算符 ………………………………………………………………… 25
   3.6 复合的赋值运算符 ………………………………………………………… 26

3.7 类型转换 ·· 26
　　3.7.1 自动类型转换 ·· 26
　　3.7.2 强制类型转换 ·· 26
3.8 小结 ·· 27
3.9 习题 ·· 28

第 4 章 程序流程图与结构化程序设计 ·· 29

4.1 基本图形符号 ·· 29
4.2 顺序结构 ·· 29
4.3 选择结构 ·· 31
　　4.3.1 关系运算符和逻辑运算符 ·· 31
　　4.3.2 使用 if 语句实现单分支选择结构 ······································ 32
　　4.3.3 使用 if-else 语句实现双分支选择结构 ······························· 34
　　4.3.4 条件运算符 ·· 35
　　4.3.5 使用嵌套的 if-else 语句或 if 语句实现多层次选择结构 ········ 36
　　4.3.6 使用 switch 语句实现多分支选择结构 ······························ 37
4.4 循环结构 ·· 39
　　4.4.1 while 型循环结构 ··· 39
　　4.4.2 do-while 型循环结构 ·· 41
　　4.4.3 for 型循环结构 ·· 42
4.5 三种基本结构的共同特点 ·· 45
4.6 运算符的优先级 ··· 47
4.7 小结 ·· 48
4.8 习题 ·· 48

第 5 章 类与对象基础 ·· 52

5.1 类的声明 ·· 52
5.2 对象的创建和引用 ··· 53
5.3 构造器 ·· 56
5.4 定义多个构造器 ··· 58
5.5 实例变量和类变量 ··· 59
5.6 实例方法和类方法 ··· 60
5.7 超类与子类 ·· 62
5.8 包 ·· 64
5.9 基本类型变量和引用变量 ·· 70
　　5.9.1 方法内部的基本类型变量和引用变量 ······························· 71
　　5.9.2 作为参数的基本类型变量和引用变量 ······························· 72
　　5.9.3 引用类型的方法返回值 ··· 73
5.10 小结 ·· 74

5.11 习题 ………………………………………………………………………… 75

第 6 章 继承性、封装性和多态性 ………………………………………………… 76

6.1 再论对象和类 ………………………………………………………………… 76
6.2 继承性 ………………………………………………………………………… 77
6.3 封装性与访问控制 …………………………………………………………… 79
  6.3.1 对类的访问控制：非 public 类和 public 类 ………………………… 79
  6.3.2 对成员的访问控制：public、protected、private 和默认修饰符 …… 81
6.4 多态性 ………………………………………………………………………… 86
  6.4.1 再论方法重载 ………………………………………………………… 86
  6.4.2 实例方法的覆盖 ……………………………………………………… 88
6.5 小结 …………………………………………………………………………… 89
6.6 习题 …………………………………………………………………………… 90

第 7 章 数组 ……………………………………………………………………… 91

7.1 一维数组的逻辑结构 ………………………………………………………… 91
7.2 数组变量的定义和数组对象的创建 ………………………………………… 91
7.3 数组对象的初始化 …………………………………………………………… 92
7.4 数组长度与数组元素 ………………………………………………………… 92
7.5 一维数组的应用：查找和排序 ……………………………………………… 93
  7.5.1 顺序查找 ……………………………………………………………… 93
  7.5.2 二分查找 ……………………………………………………………… 95
  7.5.3 冒泡排序 ……………………………………………………………… 96
7.6 二维数组及其应用 …………………………………………………………… 98
  7.6.1 矩阵乘法 ……………………………………………………………… 98
  7.6.2 八皇后问题 …………………………………………………………… 99
7.7 小结 …………………………………………………………………………… 104
7.8 习题 …………………………………………………………………………… 104

第 8 章 Java 类库及其应用 ……………………………………………………… 105

8.1 String 类 ……………………………………………………………………… 105
  8.1.1 创建 String 对象 ……………………………………………………… 106
  8.1.2 String 类的常用方法 ………………………………………………… 107
  8.1.3 Java 应用程序的命令行参数 ………………………………………… 108
8.2 StringBuffer 类 ……………………………………………………………… 110
  8.2.1 创建 StringBuffer 对象 ……………………………………………… 111
  8.2.2 StringBuffer 类的常用方法 ………………………………………… 111
8.3 基本类型的包装类 …………………………………………………………… 115
8.4 Scanner 类 …………………………………………………………………… 117

8.5　Math 类 …… 118
8.6　Date 类与 SimpleDateFormat 类 …… 121
8.7　Object 类 …… 125
8.8　引用类型的实例变量和类变量 …… 126
8.9　小结 …… 128
8.10　习题 …… 129

第 9 章　抽象类、引用类型转换和接口 …… 131

9.1　抽象类和抽象方法 …… 131
9.2　引用类型转换 …… 134
  9.2.1　比较不同类型的对象 …… 135
  9.2.2　将不同类型的对象组织在一个数组中 …… 137
9.3　接口 …… 139
  9.3.1　接口也是一种引用类型 …… 142
  9.3.2　使用接口对不同类进行类似操作 …… 145
  9.3.3　抽象类和接口的比较 …… 148
9.4　小结 …… 149
9.5　习题 …… 149

第 10 章　异常处理 …… 151

10.1　异常的层次结构 …… 151
10.2　Java 系统默认的异常处理功能 …… 152
10.3　使用 try、catch 和 finally 语句块捕捉和处理异常 …… 154
10.4　自定义异常类 …… 158
10.5　异常分类及其解决方法 …… 162
  10.5.1　错误 …… 162
  10.5.2　运行时异常 …… 162
  10.5.3　被检查异常 …… 163
10.6　小结 …… 163
10.7　习题 …… 164

第 11 章　数据输出输入 …… 166

11.1　File 类：文件与目录的表示 …… 166
11.2　输出流/输入流与其相关类 …… 167
11.3　文件输出流/文件输入流 …… 168
  11.3.1　文件输出流 …… 169
  11.3.2　文件输入流 …… 170
11.4　数据输出流/数据输入流 …… 172
  11.4.1　数据输出流 …… 172

11.4.2 数据输入流 ……………………………………………… 173
11.5 对象输出流/对象输入流 …………………………………………… 177
11.5.1 对象输出流 ……………………………………………… 177
11.5.2 对象输入流 ……………………………………………… 178
11.5.3 通过数组一次性写入和读取多个对象及其数据 ………… 182
11.5.4 对象串行化、对象持久化与对象反串行化……………… 183
11.6 小结 ………………………………………………………………… 184
11.7 习题 ………………………………………………………………… 185

第 12 章　多线程 …………………………………………………………… 188

12.1 主线程 ……………………………………………………………… 188
12.2 创建线程的方法 …………………………………………………… 189
12.2.1 通过 Thread 类的子类创建线程 …………………………… 189
12.2.2 通过 Runnable 接口的实现类创建线程 …………………… 191
12.3 线程的基本状态 …………………………………………………… 192
12.4 线程的优先级 ……………………………………………………… 194
12.5 线程干扰及其解决办法 …………………………………………… 195
12.5.1 线程干扰 ………………………………………………… 195
12.5.2 同步方法技术 …………………………………………… 198
12.5.3 同步语句块技术 ………………………………………… 199
12.5.4 测试线程的 BLOCKED 状态 …………………………… 201
12.6 线程间通信 ………………………………………………………… 202
12.6.1 生产者-消费者模型 ……………………………………… 202
12.6.2 线程的各种状态及其转换 ……………………………… 206
12.6.3 应用举例：模拟库存管理流程 ………………………… 207
12.6.4 应用举例：改进库存管理流程 ………………………… 211
12.7 小结 ………………………………………………………………… 216
12.8 习题 ………………………………………………………………… 217

第 13 章　Java 小程序 ……………………………………………………… 219

13.1 Applet 基础 ………………………………………………………… 219
13.1.1 控制输出的字体和颜色 ………………………………… 220
13.1.2 通过启用 Java 的 Web 浏览器运行 Applet ……………… 222
13.1.3 由 HTML 文件向 Applet 传递参数 ……………………… 223
13.2 Applet 的生命周期 ………………………………………………… 225
13.3 通过 Applet 输出抛物线 …………………………………………… 227
13.4 Applet 中的定时器线程设计 ……………………………………… 230
13.4.1 在 Applet 中显示时钟 …………………………………… 230
13.4.2 定时器线程设计原理 …………………………………… 232

13.5 应用 Applet 演示常用算法 ……………………………………………… 234
　　13.5.1 演示冒泡排序过程 ………………………………………………… 234
　　13.5.2 演示皇后问题的求解过程 ………………………………………… 236
13.6 小结 ……………………………………………………………………… 239
13.7 习题 ……………………………………………………………………… 239

参考文献 …………………………………………………………………………… 241

第 1 章 Java 应用程序的开发过程

Java 应用程序的开发离不开 Java 开发工具包(Java Development Kit,JDK)的支持。

与其他应用程序的开发过程类似,Java 应用程序的开发至少需要经过编辑(Edit)、编译(Compile)和运行(Run)3 个步骤。

1.1 Java 开发工具包

目前,Java 开发工具包由 Oracle 公司免费提供,并分为 3 个常见的版本。

(1) Java 平台微型版(Java Platform,Micro Edition,Java ME),该版本适用于移动和嵌入式设备、移动电话、个人数字助手、电视机顶盒和打印机的 Java 应用程序开发。

(2) Java 平台标准版(Java Platform,Standard Edition,Java SE),该版本适用于桌面系统上的 Java 应用程序开发。

(3) Java 平台企业版(Java Platform,Enterprise Edition,Java EE),该版本适用于企业级的 Java 应用程序开发。

目前,Java 平台标准版有 Java SE 6 和 Java SE 7 两种版本,每种版本又有许多更新。对于不同的操作系统以及同一操作系统的不同版本,Java SE 的安装程序也有所不同。例如,Java SE 安装程序的文件名 jdk-6u21-windows-i586.exe 表示:Java SE 6 版本的第 21 次更新、可安装于 32 位的 Windows XP 和 Windows 7。Java SE 安装程序的文件名 jdk-6u32-windows-x64.exe 则表示:Java SE 6 版本的第 32 次更新、可安装于 64 位的 Windows 7。

本书使用的 JDK 是 Java SE Development Kit 6u21,即 Java SE 6 版本的第 21 次更新,且安装于 32 位的 Windows XP 和 Windows 7。因此,选择 Java SE 安装程序 jdk-6u21-windows-i586.exe。

1.2 安装 Java SE Development Kit

下面以安装程序 jdk-6u21-windows-i586.exe 为例,简要说明 Java SE Development Kit 的安装过程。具体安装过程如下:

(1) 启动安装向导。运行安装程序 jdk-6u21-windows-i586.exe 后,会启动安装向导,并进入欢迎界面。如图 1-1 所示,单击"下一步"按钮。

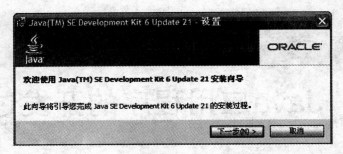

图 1-1　安装向导的欢迎界面

(2) 选择要安装的程序功能。如图 1-2 所示，在安装向导的第一步，可以选择要安装的可选功能。但建议不对安装向导中的默认选项进行修改，也不要修改安装文件夹。然后，单击"下一步"按钮。

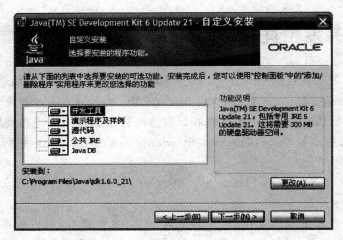

图 1-2　选择要安装的程序功能

(3) 自动安装所选定的程序功能。如图 1-3 所示，安装向导会自动安装上一步中所选定的程序功能。

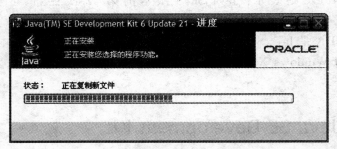

图 1-3　自动安装所选定的程序功能

(4) 设置目标文件夹。如图 1-4 所示，可以重新设置目标文件夹。但建议不要修改目标文件夹。然后，单击"下一步"按钮。

(5) 自动解压缩安装程序。如图 1-5 所示，安装向导会自动解压缩安装程序并安装 JDK。

图 1-4　设置目标文件夹

图 1-5　自动解压缩安装程序

（6）安装完成提示。如图 1-6 所示，Java SE Development Kit 成功安装后，安装向导会显示安装完成提示。然后，单击"完成"按钮。

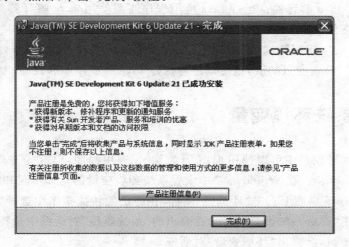

图 1-6　安装完成提示

（7）注册提示。如图 1-7 所示，Java SE Development Kit 成功安装后，安装向导会自动启动 Web 浏览器并给出注册提示。可以根据需要选择是否进行产品注册。

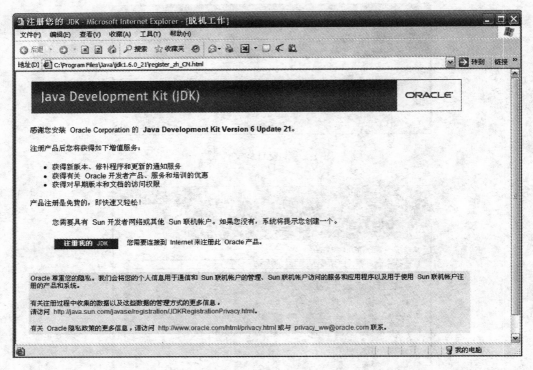

图 1-7 注册提示

成功安装 JDK（假设安装在 C 盘）之后，在 C:\Program Files\Java\jdk1.6.0_21\bin 文件夹中就有一些常用的 Java 应用程序开发工具。

（1）javac.exe Java 编译器。Java 编译器主要负责将 Java 源程序文件（.java 文件）转换为字节码文件（.class 文件）。

（2）java.exe Java 解释器。运行 Java 应用程序需要使用 Java 解释器。Java 解释器主要负责对字节码文件（.class 文件）的解释和执行。

（3）jdb.exe Java 程序调试工具。使用 Java 程序调试工具，可以在 Java 源程序中设置断点（Breakpoint）、检查变量的值，也可以逐行执行 Java 源程序中的代码。

1.3 设置系统环境变量

在"命令提示符"窗口中可以使用 JDK 开发 Java 应用程序，但首先需要设置系统环境变量 Path 和 Classpath。在 Windows 7 中设置系统环境变量的具体步骤和操作方法如下：

（1）在 Windows 桌面上右击"计算机"图标，在弹出的快捷菜单中选择"属性"命令；在打开的窗口中单击"高级系统设置"按钮，在弹出的"系统属性"对话框中选择"高级"选项卡，单击"环境变量"按钮，会弹出"环境变量"对话框。

（2）如图 1-8 所示，在"系统变量"列表框中选择变量 Path，然后单击"编辑"按钮，会弹出"编辑系统变量"对话框。

（3）如图 1-9 所示，将"C:\Program Files\Java\jdk1.6.0_21\bin"添加在"变量值"文

本框的最后面。然后单击"确定"按钮,返回"环境变量"对话框。

图 1-8 "环境变量"对话框

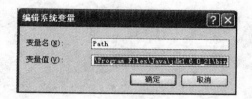

图 1-9 设置环境变量 Path

（4）通常,Windows 中没有系统环境变量 Classpath,因此需要新建该变量。在如图 1-8 所示的"环境变量"对话框中,单击"新建"按钮,会弹出"新建系统变量"对话框。在该对话框的"变量名"文本框中输入 Classpath,在"变量值"文本框中输入"C:\Program Files\Java\jdk1.6.0_21\lib"。然后单击"确定"按钮,返回"环境变量"对话框。在"环境变量"对话框中单击"确定"按钮,返回"系统属性"对话框。在"系统属性"对话框中单击"确定"按钮,关闭该对话框,即可保存系统环境变量 Path 和 Classpath 的设置。

注意：在文件夹...\Java\jdk1.6.0_21 中又有 bin、include、jre 和 lib 四个子文件夹,这四个子文件夹是运行 Java 应用程序所必需的。

1.4 开发 Java 应用程序的一般过程

设置系统环境变量 Path 和 Classpath 后,即可在"命令提示符"窗口中使用 JDK 开发 Java 应用程序。如图 1-10 所示,开发 Java 应用程序的一般过程包括编辑（Edit）、编译（Compile）和运行（Run）3 个步骤。

1. 编辑 Java 源程序

例如,可以使用 Windows"附件"中的"记事本"（Notepad）编辑如下 Java 源程序代码。

```
// 单行注释.这是一个简单的 Java 应用程序
/* 多行注释.简单的 Java 应用程序具有如下基本结构和性质：
  1. 简单的 Java 应用程序可以由一个 Java 源程序文件组成。Java 源程序文件的
     扩展名为 java。
  2. 在 Java 应用程序文件中需要声明一个主类,并且在主类中必须定义 main 方法。
  3. 可以使用关键字 public 修饰主类,此时主类属于 public 类。
```

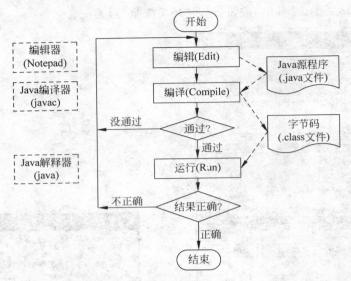

图 1-10 开发 Java 应用程序的一般过程

```
   4. 如果将主类声明为 public 类,则 Java 源程序文件和主类必须同名(包括字母大小写
      也必须相同)。如果不将主类声明为 public 类,则 Java 源程序文件和主类可以不同名。
*/
public class Hello {
  public static void main(String[] args) {
    System.out.println("Hello Java! ");
  }
}
```

然后,将上述代码以文件名 Hello.java 直接保存在 d 或 e 盘上。

2. 编译 Java 源程序

使用 JDK 中的 Java 编译器(javac.exe)能够对 Java 源程序(.java 文件)进行编译。具体方法如下:

(1) 单击 Windows 界面左下角的"开始"菜单,选择"所有程序"|"附件"|"命令提示符"命令,即可打开"命令提示符"窗口。在"命令提示符"窗口中,用户可以使用 DOS 命令行与计算机进行交互。

(2) 如图 1-11 所示,在"命令提示符"窗口中输入 DOS 命令"javac Hello.java",然后单击回车(Enter)键,即可向计算机发送 DOS 命令"javac Hello.java"。该 DOS 命令告诉计算机,使用 Java 编译器(javac.exe)对 Java 源程序(Hello.java 文件)进行编译。

对于 Java 源程序中的语法错误(例如,左右括号不配对),Java 编辑器将给出相应的错误提示。根据语法错误提示,需要重新编辑 Java 源程序文件(即修改 Java 源程序中的代码),然后再次编译 Java 源程序。直至 Java 源程序中不存在语法错误,此时,Java 编译器将根据 Java 源程序生成字节码文件(.class 文件),相应的文件名为 Hello.class。

3. 运行 Java 应用程序

使用 JDK 中的 Java 解释器(java.exe)能够对字节码文件(.class 文件)进行解释,同时

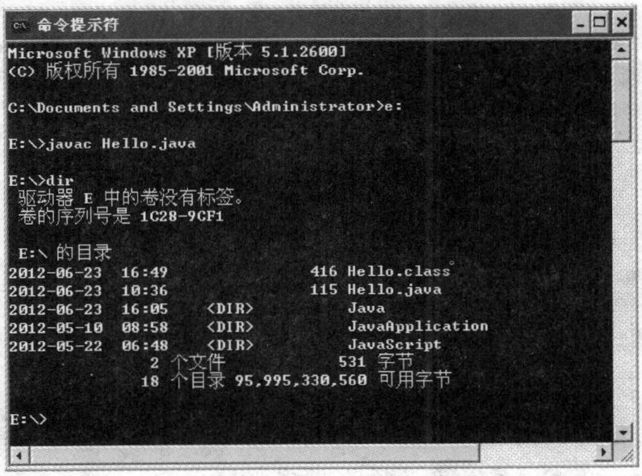

图 1-11　编译 Java 源程序

执行其中的语句和代码,即运行 Java 应用程序。具体方法如下:在"命令提示符"窗口中输入 DOS 命令"java Hello",然后单击回车(Enter)键,即可向计算机发送 DOS 命令"java Hello"。该 DOS 命令告诉计算机,使用 Java 解释器(java.exe)对字节码文件(Hello.class 文件)进行解释,并执行 Java 应用程序中的语句和代码。

运行 Java 应用程序,如果不能得到预期和正确的结果,则表明 Java 源程序中还存在拼写错误或逻辑错误。例如,实际输出的是"Hello Java!",而希望输出的是"Hello World!"。此时,需要查找并修改源程序中的拼写错误或逻辑错误,重新编辑和编译 Java 源程序,然后再次运行 Java 应用程序,直至得到预期和正确的程序运行结果。

注意:

(1) Java 语言的程序执行模式是半编译和半解释型,即首先使用 Java 编译器(javac.exe)将 Java 源程序(.java 文件)转换为字节码文件(.class 文件),然后由 Java 解释器(java.exe)对字节码文件(.class 文件)进行解释执行。

(2) Java 解释器又称 Java 虚拟机(Java Virtual Machine,JVM),是一个专门解释和执行 Java 字节码的特殊程序。另一方面,JVM 就像一个虚构出来的计算机,可以在实际的计算机上仿真模拟计算机的各种功能。

(3) 即使删除 Java 源程序文件(Hello.java),依然能够成功运行 DOS 命令"java Hello"。因此,DOS 命令"java Hello"中的"Hello"指的是字节码文件中(Hello.class)的"Hello",实际上也是主类名称 Hello。

1.5　Java 应用程序的基本结构和性质

下面将分析 1.4 节中的 Java 应用程序,该 Java 应用程序的文件名是 Hello.java,程序代码如下:

```
// 单行注释。这是一个简单的 Java 应用程序
/* 多行注释。简单的 Java 应用程序具有如下基本结构和性质:
  1. 简单的 Java 应用程序可以由一个 Java 源程序文件组成。Java 源程序文件的
```

扩展名为 java。
2. 在 Java 应用程序文件中需要声明一个主类,并且在主类中必须定义 main 方法。
3. 可以使用关键字 public 修饰主类,此时主类属于 public 类。
4. 如果将主类声明为 public 类,则 Java 源程序文件和主类必须同名(包括字母大小写也必须相同)。如果不将主类声明为 public 类,则 Java 源程序文件和主类可以不同名。
*/

```java
public class Hello {
    public static void main(String[] args) {
        System.out.println("Hello Java! ");
    }
}
```

注意:

(1) 在本例中,Java 应用程序即由一个 Java 源程序文件组成,并将主类 Hello 声明为 public 类,因此该 Java 源程序文件名必须是 Hello.java。

(2) 在 Java 源程序中,使用符号"//"可以添加单行注释,而使用前后配对的"/*"和"*/"符号可以添加多行注释。

(3) 在任何一种程序设计语言的源程序中,注释(Comments)非常有用。注释可以帮助编程者自己在日后或他人理解程序的结构、或代码的含义和功能。在源程序中的适当位置添加清晰和简明的注释,是一个程序设计工作者的必备素质和良好习惯。

(4) 在 Java 应用程序中,如果不将主类声明为 public 类,则 Java 源程序文件和主类可以不同名。但是编译 Java 源程序文件后,将生成与主类同名的字节码文件。实际上,Java 源程序文件必须和其中的 public 类同名。

1.6 小结

Java 应用程序的开发需要 Java 开发工具包的支持。

Java 应用程序的开发至少需要经过编辑、编译和运行 3 个步骤。

Java 解释器又称 Java 虚拟机(Java Virtual Machine,JVM),是一个专门解释和执行 Java 字节码的特殊程序。另一方面,JVM 就像一个虚构出来的计算机,可以在实际的计算机上仿真模拟计算机的各种功能。

简单的 Java 应用程序可以由一个 Java 源程序文件组成。一个 Java 应用程序至少包含一个定义有 main 方法的主类。

Java 源程序文件必须和其中的 public 类同名。

注释有助于对程序及其中代码的理解。

1.7 习题

1. 阅读以下 Java 源程序代码:

```java
public class World {
    public static void main(String[] args) {
```

```
    System.out.println("Hello World! ");
  }
}
```

首先，回答以下问题：以上程序代码能否保存在名称为 Hello.java 的文件中？为什么？然后，通过上机练习验证你的分析和判断。

2. 阅读以下 Java 源程序代码：

```
class JDK {
  public static void main(String[] args) {
    System.out.println("Hello Java Development Kit! ");
  }
}
```

首先，回答以下问题：以上程序代码能否保存在名称为 Hello.java 的文件中？为什么？然后，编译保存以上程序代码的 Java 源程序文件，生成的字节码文件的名称是什么？最后，运行字节码文件，并写出相应的 DOS 命令。

第 2 章

使用NetBeans IDE开发Java应用程序

在JDK基础上可以建立集成开发环境(Integrated Development Environment,IDE)。与在"命令提示符"窗口中使用JDK开发Java应用程序有很大不同,IDE提供了一个可以与程序员轻松交互的图形用户界面(Graphical User Interface,GUI)。在IDE中,程序员能够更方便地编辑(Edit)、编译(Compile)、运行(Run)和调试(Debug)Java应用程序。

2.1 Java IDE 软件简介

在JDK的基础上,有很多公司提供免费的Java IDE软件。常见的Java IDE软件有NetBeans、Eclipse和JBuilder。

本书使用的JDK是Java SE Development Kit 6u21,Java IDE软件是NetBeans IDE 6.9.1。

2.2 安装 NetBeans IDE

成功安装Java SE Development Kit之后,即可安装NetBeans IDE。与Windows系统和Java SE Development Kit 6u21相对应,NetBeans IDE软件的安装程序的文件名是netbeans-6.9.1-ml-javase-windows.exe。

在Windows操作系统环境下安装NetBeans IDE软件的具体过程如下:

(1) 启动安装向导。运行安装程序netbeans-6.9.1-ml-javase-windows.exe后,会启动安装向导,并进入欢迎界面。如图2-1所示,单击"下一步"按钮。

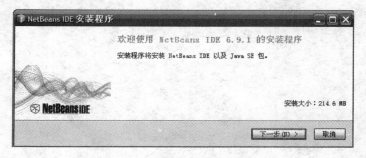

图 2-1　安装向导的欢迎界面

（2）接受许可证协议。如图 2-2 所示，在安装向导中单击"我接受许可证协议中的条款"选项，然后，单击"下一步"按钮。

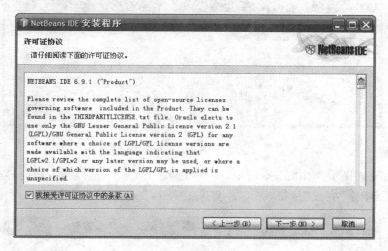

图 2-2　接受许可证协议

（3）选择安装文件夹和 JDK。如图 2-3 所示，安装向导会自动设置 NetBeans IDE 的安装文件夹、并自动识别用于 NetBeans IDE 的 JDK 及其所在文件夹。因此无须修改这两个文件夹。然后，单击"下一步"按钮。

图 2-3　选择安装文件和 JDK

（4）启动安装操作。如图 2-4 所示，确认 NetBeans IDE 安装文件夹后，在安装向导中单击"安装"按钮，即可启动安装操作。

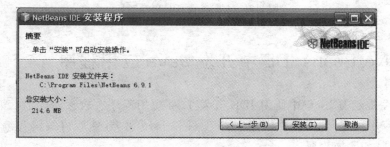

图 2-4　启动安装操作

(5) 自动安装 NetBeans IDE。如图 2-5 所示,安装向导会自动安装 NetBeans IDE。

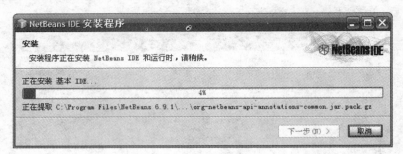

图 2-5　自动安装 NetBeans IDE

(6) 安装完成提示。如图 2-6 所示,NetBeans IDE 成功安装后,安装向导会显示安装完成提示。然后,单击"完成"按钮,即可完成 NetBeans IDE 软件的安装。

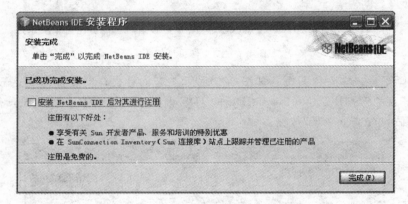

图 2-6　安装完成提示

如图 2-7 所示,安装程序会在桌面上创建 NetBeans IDE 启动图标。双击该图标,即可启动 NetBeans IDE。

图 2-7　NetBeans IDE 启动图标

2.3　在 NetBeans IDE 中开发 Java 应用程序

与在"命令提示符"窗口中使用 JDK 开发 Java 应用程序有较大不同,在 NetBeans IDE 中开发 Java 应用程序,首先需要创建 Java 项目和 Java 主类,然后再编辑和编译 Java 源程序,最后运行 Java 应用程序。

2.3.1 创建 Java 项目

创建 Java 项目的具体过程和操作步骤如下：

（1）启动 NetBeans IDE。在 Windows XP 操作系统环境下，执行"开始"|"所有程序"|NetBeans|NetBeans IDE 6.9.1 命令，或者在 Windows 桌面上双击 NetBeans IDE 图标，即可启动 NetBeans IDE。如图 2-8 所示，NetBeans IDE 软件提供了一个图形用户界面和集成开发环境。在其中，程序员能够通过执行菜单命令以及键盘和鼠标操作完成开发 Java 应用程序的任务。

图 2-8　NetBeans IDE 软件的界面

（2）启动新建项目向导。在菜单栏中选择"文件"|"新建项目"命令，将启动新建项目向导。

（3）设定项目类型。如图 2-9 所示，在新建项目向导的"类别"列表中选择 Java 选项，在"项目"列表中选择"Java 应用程序"选项。然后，单击"下一步"按钮。

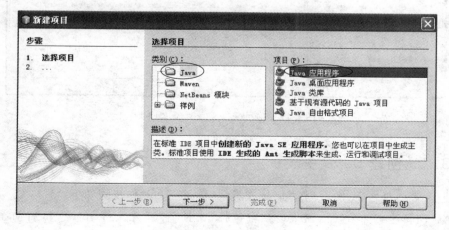

图 2-9　设定项目类型

（4）设定项目名称和位置。如图 2-10 所示，在新建项目向导的"项目名称"文本框中输入 JavaApplication，即可设定项目名称；在"项目位置"文本框中输入"E:\"，即可设定项目文件夹"E:\JavaApplication"；取消选中"创建主类"和"设置为主项目"复选框。然后，单击"完成"按钮。

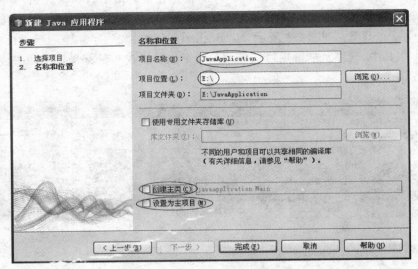

图 2-10　设定项目名称和位置

如图 2-11 所示，新建项目向导将自动创建项目文件夹 JavaApplication 及其若干子文件夹。一般情况下，NetBeans ID 会自动选择子文件夹 src 保存 Java 源程序文件。

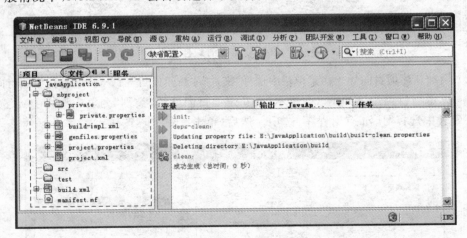

图 2-11　项目文件夹及其子文件夹

2.3.2　创建 Java 主类

创建 Java 项目之后，即可创建 Java 主类，具体过程和操作步骤如下：

（1）启动新建文件向导。在菜单栏中选择"文件"|"新建文件"命令，将启动新建文件向导。

（2）设定文件类型。如图2-12所示，在新建文件向导的"项目"下拉列表中选择已建项目JavaApplication，在"类别"列表中选择Java，在"文件类型"列表中选择"Java主类"。然后，单击"下一步"按钮。

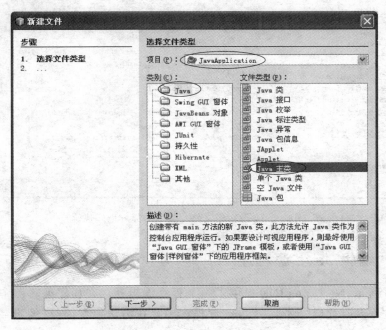

图2-12 设定文件类型

（3）设定Java主类名及Java源程序的文件位置。如图2-13所示，在新建文件向导的"类名"文本框中输入Hello，即可设定将要创建的主类及其名称。然后，单击"完成"按钮。

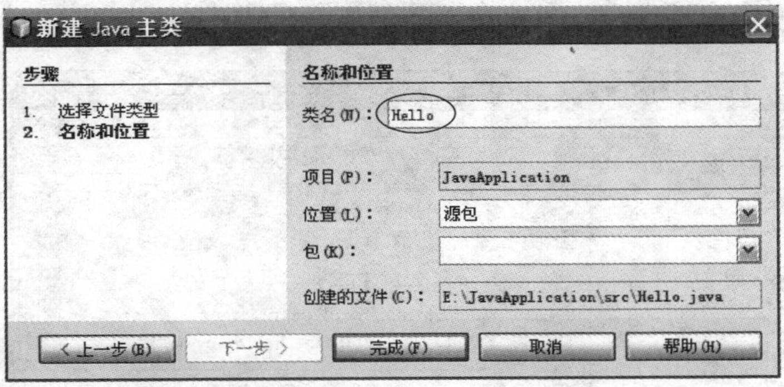

图2-13 设定Java主类名及Java源程序文件的存放位置

如图2-14所示，新建文件向导将自动在项目文件夹JavaApplication的子文件夹src中创建Java源程序文件Hello.java。同时，在Java源程序文件Hello.java中会自动生成一些基本的程序代码，并且NetBeans IDE会将主类Hello自动设置为public类——正如1.5节所述，Java源程序文件必须和其中的public类同名。

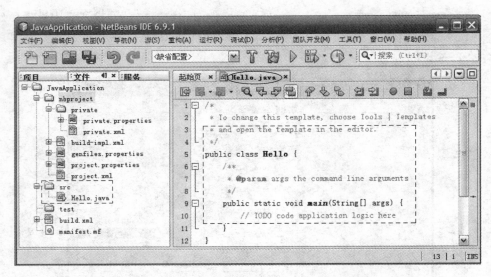

图 2-14 Java 源程序文件及其中的部分程序代码

2.3.3 编辑 Java 源程序

如图 2-15 所示,NetBeans IDE 提供了一个程序编辑器。在程序编辑器中可以输入或修改 Java 源程序及其代码。如果在 Java 源程序中存在语法错误,程序编辑器中会立即显示相应的错误提示符号。

在一个 Java 源程序文件中可以声明一个或多个类(Class),并且 Java 源程序代码必须写在一个类中。

如图 2-15 所示,在 Java 源程序文件 Hello.java 中定义了 Hello 类,并且在其中定义了 main 方法。因此,Hello 类是一个主类(Main Class),并且是一个 public 类。

一个 Java 应用程序必须且只能包含一个主类。

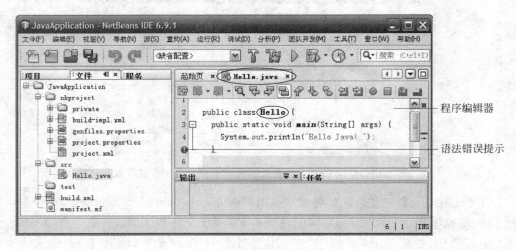

图 2-15 编辑 Java 源程序

注意：Java 语言是区分字母大小写的(Case-sensitive)。所以，Java 应用程序的文件名 Hello 与主类名 Hello 必须完全相同，包括字母大小写。

2.3.4 编译 Java 源程序

确认 Java 源程序不存在语法错误之后，即可对 Java 源程序进行编译。如图 2-16 所示，在菜单栏中选择"运行"|"编译文件"命令，即可编译 Java 源程序，同时在项目文件夹 JavaApplication 中依次创建两级子文件夹 build 和 classes。

图 2-16 编译 Java 源程序

对 Java 源程序 Hello.java 进行编译后，将生成相应的字节码(Byte Code)文件 Hello.class，其中 Hello 是主类名。

字节码是一种与计算机硬件、Windows 操作系统等平台无关的文件格式，可以在不同的平台上传输和运行。

注意：
(1) 字节码文件的扩展名是.class。
(2) 在 Java 语言中，字节码文件又称虚拟机代码(Virtual Machine Code)。

2.3.5 运行 Java 应用程序

在对 Java 源程序 Hello.java 进行编译并确认 Java 源程序不存在语法错误之后，即可运行 Java 应用程序。如图 2-17 所示，在菜单栏中选择"运行"|"运行文件"命令，将运行 Java 应用程序并在 NetBeans IDE 窗口下方的"输出"窗格中显示"Hello Java!"。

在程序编辑器中单击鼠标右键，然后在弹出菜单中选择"运行文件"命令，或者直接使用组合键 Shift+F6，也可以运行 Java 应用程序。

运行 Java 应用程序的过程又可进一步分解为以下几个子步骤：

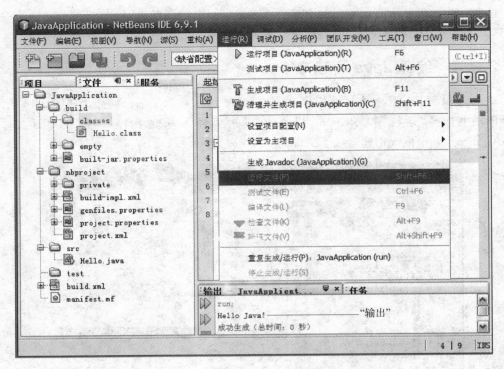

图 2-17　运行 Java 应用程序

（1）Java 装载器将.class 字节码文件装入内存。

（2）Java 字节码检验器对.class 字节码文件中的代码进行安全检查。如果字节码文件中的代码不违背 Java 的安全性，将继续运行 Java 应用程序。否则，将终止 Java 应用程序的运行。

（3）Java 解释器对.class 字节码文件中的代码进行解释，并执行 Java 应用程序中的语句和代码。

2.4　在 NetBeans IDE 中调试 Java 应用程序

在 NetBeans IDE 中，不仅能够方便地编辑、编译和运行 Java 应用程序，而且能够方便地通过调试（Debug）查找和发现 Java 源程序中的拼写错误或逻辑错误。

2.4.1　在 Java 项目中创建第二个 Java 应用程序

在同一 Java 项目中，可以创建多个 Java 应用程序。参照 2.3 节中创建主类、编辑源程序的过程和操作步骤，创建主类名为 IPO、文件名也为 IPO 的 Java 应用程序，其中的 Java 源程序代码如下：

```
import java.util.*;      //为了使用 java.util 包中的 Scanner 类，需要导入 java.util 包

public class IPO {
```

```
public static void main(String[] args) {
    int a,b,c;
    Scanner scanner = new Scanner(System.in);

    //输入(Input)
    System.out.println("请用键盘输入两个整数,然后单击回车键: ");
    a = scanner.nextInt();
    b = scanner.nextInt();

    //处理(Process)
    c = a + b;

    //输出(Output)
    System.out.println("a = " + a + "  b = " + b + "  c = " + c);
  }
}
```

上述Java源程序代码描述了一个程序的通常结构。一般情况下,一个程序依次包含输入(Input)、处理(Process)和输出(Output)3个部分,并且这3个部分是顺序结构的——首先执行输入部分,然后执行处理部分,最后执行输出部分。输入部分从键盘接收数据,处理部分对输入的数据进行加工和处理,输出部分将数据加工和处理结果显示在屏幕上。

2.4.2 在NetBeans IDE中调试Java应用程序

通过调试(Debug)可以查找和发现Java源程序中的拼写错误或逻辑错误。调试程序的主要方法有设置断点(Breakpoint)、监视变量的值等。在NetBeans IDE中调试Java应用程序的具体过程和操作步骤如下:

(1) 设置断点。如图2-18所示,在程序编辑器窗口的左侧,单击语句"System.out.println"、语句"c=a+b;"和语句"System.out.println"左侧的行号,即可在这3条语句上设置断点。这样,如果一旦开始运行程序,在这3个断点处Java应用程序将自动暂停运行。

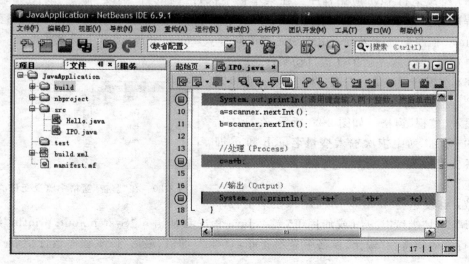

图 2-18 设置断点

（2）启动调试。在菜单栏中执行"调试"|"调试文件"命令（或使用组合键 Ctrl+Shift+F5），将启动 Java 程序调试工具，并开始对 Java 应用程序进行调试。由于预先在语句"System.out.println"上设置了断点，当执行到该语句时 Java 程序会自动暂停运行。

（3）继续运行 Java 应用程序。在菜单栏中执行"调试"|"继续"命令（或使用 F5 键），Java 程序将从语句"System.out.println"继续运行，执行该语句将在"输出"窗格中显示输入数据的提示信息"请用键盘输入两个整数，然后单击回车键："，并继续执行下一条语句"a=scanner.nextInt();"。

（4）使用键盘输入两个整数。如图 2-19 所示，当执行到语句"a=scanner.nextInt();"时，Java 程序的运行又将暂停，等待用户输入整数。用键盘输入两个整数（在两个整数之间输入一个空格），然后按回车键，Java 程序又会继续运行。由于预先在语句"c=a+b;"上设置了断点，当执行到该语句时 Java 程序会再次自动暂停运行。

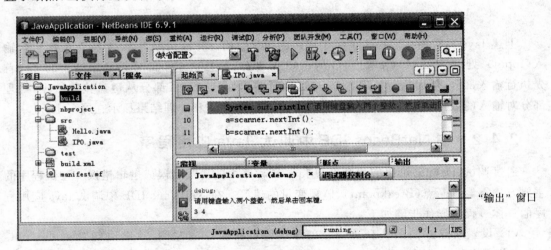

图 2-19　用键盘输入两个整数

（5）继续运行 Java 应用程序。在菜单栏中执行"调试"|"继续"命令（或使用 F5 键），Java 程序将从语句"c=a+b;"继续运行，该语句将变量 a 和变量 b 相加的结果赋值给变量 c。然后，Java 程序会继续运行。由于预先在语句"System.out.println"上设置了断点，当执行到该语句时 Java 程序会第 3 次自动暂停运行。

（6）监视变量的值。在菜单栏中执行"窗口"|"调试"|"监视"命令，会在 NetBeans IDE 窗口右下方显示"监视"窗格。如图 2-20 所示，在"监视"窗格的"名称"列中依次输入变量名 a、b 和 c，即可查看变量 a、b 和 c 的数据类型、并监视这些变量的值。

图 2-20　在"监视"窗格中监视变量的值

（7）继续运行 Java 应用程序。在菜单栏中执行"调试"|"继续"命令（或使用 F5 键），Java 程序将从语句"System.out.println"继续运行，执行该语句将在"输出"窗格中显示变量 a、b 和 c 的值，最后，Java 程序运行结束。

2.5 在 NetBeans IDE 中开发 Java 应用程序的过程

如图 2-21 所示,在 NetBeans IDE 中开发 Java 应用程序的过程主要包括编辑、编译、运行和调试 4 个步骤。

(1) 编辑。在 NetBeans IDE 中,使用程序编辑器可以编辑 Java 源程序(.java 文件)。实际上,程序编辑器还能够随时检查 Java 源程序中的语法错误,并给出相应的错误提示。常见的语法错误有左右括弧不匹配、语句后面漏掉分号、使用全角标点符号等。

(2) 编译。在 NetBeans IDE 中,调用 Java 编译器可以将 Java 源程序(.java 文件)转换为字节码文件(.class 文件),并能发现 Java 源程序中的更多语法错误。

(3) 运行。在 NetBeans IDE 中,调用 Java 解释器能够对字节码文件(.class 文件)进行解释,同时执行其中的语句和代码,即运行 Java 应用程序。但是,运行 Java 应用程序并不意味着能够得到预期的结果,这时就需要对 Java 源程序进行调试。

(4) 调试。在 NetBeans IDE 中,通过调试(Debug)能够查找和发现 Java 源程序中的拼写错误或逻辑错误。拼写错误或逻辑错误常常导致程序运行结果与预期不相符合。调试程序的主要方法有设置断点、监视变量的值等。

注意:经过调试,可以发现 Java 源程序中的一些拼写错误或逻辑错误,但不能保证发现 Java 源程序中的所有错误。从这个意义上讲,任何程序和软件都会存在错误,不存在没有错误的程序和软件。只是说,程序和软件中的某些错误还没有被发现。

经过调试、排除在 Java 源程序中发现的拼写错误或逻辑错误后,Java 应用程序才可能基本正确地运行。

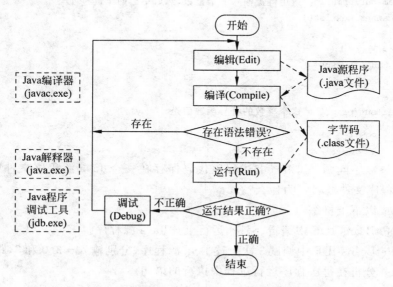

图 2-21 在 IDE 中开发 Java 应用程序的完整过程

2.6 小结

在 JDK 的基础上，NetBeans IDE 提供了一个 Java 应用程序的集成开发环境。

在 IDE 中，程序员能够更方便地编辑、编译、运行和调试 Java 源程序。

NetBeans IDE 提供了一个 Java 源程序编辑器。程序编辑器能够随时检查 Java 源程序中的语法错误，并给出相应的错误提示。

在 NetBeans IDE 中调试 Java 源程序，能够查找和发现 Java 源程序中的拼写错误或逻辑错误。

拼写错误或逻辑错误常常导致程序运行结果与预期不符。

调试程序的主要方法有设置断点、监视变量的值等。

2.7 习题

首先，仔细阅读以下一段 Java 源程序代码：

```java
import java.util.*;

public class SignFunction {
  public static void main(String[] args) {
    int x,y;
    Scanner scanner = new Scanner(System.in);

    System.out.println("请用键盘输入一个整数,然后单击回车键: ");
    x = scanner.nextInt();

    if (x>0) y = 1;
    else if (x==0) y = 0;
        else y = -1;

    System.out.println("这个整数的符号函数值是: " + y);
  }
}
```

然后，回答以下问题：如果将上述程序代码保存在一个 Java 源程序文件中，应该如何为该 Java 源程序文件取名？为什么？

最后，完成以下上机练习：

(1) 在 NetBeans IDE 中编辑、编译、运行上述 Java 源程序。

(2) 在 NetBeans IDE 中调试 3 次上述 Java 源程序，分别输入 -3、0 和 3，跟踪程序的运行过程，记录并分析在每次程序运行过程中执行的语句。

第3章 基本类型、变量和表达式

基本类型（Primitive Types）、变量（Variables）和表达式（Expression）是 Java 语言的基础。

本章各例的程序代码均保存在文件名为 Demo.java 的 Java 源程序文件中，其中的程序代码采用如下格式：

```
public class Demo {
  public static void main(String[] args) {
    ⋮
    在此处添加或替换各例中的 Java 源程序代码
    ⋮
  }
}
```

3.1 基本类型

数据是程序的必要组成部分，也是程序处理的对象。不同的数据有不同的类型，不同类型的数据有不同的存储方式和使用方法。在 Java 语言中，数据类型（data type）分为基本类型（primitive type）和引用类型（reference type）。本章首先介绍基本类型。

Java 语言提供 8 种基本类型（Primitive Types），表 3-1 列出了定义基本类型所使用的关键字（Keywords）和字面值（Literals）的表示形式。

表 3-1 基本类型及其关键字和字面值

类型	关键字	占用内存空间	备注
整型	byte	8 bits	用途：表示和处理整数 字面值：037（八进制）、31（十进制）、0x1f（十六进制）
	short	16 bits	
	int	32 bits	
	long	64 bits	
浮点型	float	32 bits	用途：表示和处理浮点数（即实数） 字面值：1.2345f(float)、1.2345(double)、1.2345d(double)
	double	64 bits	
字符型	char	16 bits	用途：表示和处理单个字符 字面值：'0'、'a'
布尔型	boolean		可能取值：true、false

注意：

（1）byte、short、int 和 long 所表示和处理的整数范围依次增大。

（2）在整数的字面值前使用 0x 表示十六进制（Hexadecimal），在整数的字面值前使用 0 表示八进制（Octal）。否则，整数表示十进制（Decimal）。

（3）float 类型的字面值必须以 f 结尾，如 1.2345f。

（4）double 类型的字面值可以用、也可以不用 d 结尾。例如，1.2345 和 1.2345d 都表示 double 类型的字面值。

（5）boolean 类型的数据只有两个值，即布尔值 true 和 false。

3.2 局部变量

在程序中需要使用变量（Variables）存储和表示可以变化的数据。与数据的基本类型和引用类型相对应，Java 语言中的变量分为基本类型变量和引用类型变量。本章主要介绍基本类型变量。

在程序运行过程中，Java 系统会为每个变量分配一定的内存空间。在 Java 系统为基本类型变量分配的内存空间中，可以直接存储并改变程序运行需要使用的数据。

根据变量在 Java 源程序中出现的位置，又可以将变量分为局部变量（Local Variables）、形式参数（Parameters）、实例变量（Instance Variables）和类变量（Class Variables）共 4 种。

本章首先介绍局部变量。局部变量只能在一个方法内定义和使用。

【例 3-1】 基本类型和局部变量。Java 源程序代码如下：

```
int iVarD, iVarO, iVarH = 0x1f;
float f = 12.3456789f;
double d = 12.3456789;

iVarO = 037; iVarD = 31;
System.out.println("iVarD = " + iVarD + " iVarO = " + iVarO + " iVarH = " + iVarH);

System.out.println("f = " + f + " d = " + d);
```

程序运行结果如下：

```
iVarD = 31    iVarO = 31    iVarH = 31
f = 12.345679    d = 12.3456789
```

注意：

（1）第二行输出表明，double 类型比 float 类型能够存储更多的有效数字。

（2）Java 是一种静态类型（Statically-typed）语言——在 Java 源程序中，所有变量在使用或被赋值之前都必须先定义并指定其类型。

【例 3-2】 字符型变量与 ASCII 码。Java 源程序代码如下：

```
char c1, c2, c3;

c1 = 97; c2 = '\u0061'; c3 = 'a';        //'\u0061'是无符号(unsigned)的十六进制
```

//(int)c1 是一种强制类型转换,将变量 c1 中的字符型数据强制转换为 int 型整数
System.out.println("c1 的值 = " + (int)c1 + " 对应的字符 = " + c1);
System.out.println("c2 的值 = " + (int)c2 + " 对应的字符 = " + c2);
System.out.println("字符 c3 = " + c3 + " 对应的 ASCII 码" + (int)c3);

程序运行结果如下:

c1 的值 = 97   对应的字符 = a
c2 的值 = 97   对应的字符 = a
字符 c3 = a   对应的 ASCII 码 97

3.3 算术运算符

算术运算符(Arithmetic Operators)包括+(加)、-(减)、*(乘)、/(除)和%(求余)。
注意:运算符"%"的两侧应该是整型数据。
使用算术运算符,可以构成算术表达式。例如,表达式"10 % 3"表示 10 除以 3 的余数。

3.4 自增、自减运算符

在整型变量的前面或后面可以使用自增运算符(Increment Operator)"++"和自减运算符(Decrement Operator)"--"。
自增、自减运算符的作用是使整型变量的值增加 1 或减少 1。例如,
++i,--i   在使用 i 之前,先使变量 i 的值增加(减少)1
i++,i--   在使用 i 之后,再使变量 i 的值增加(减少)1

3.5 赋值运算符

赋值运算符(Assignment Operator)用符号"="表示。
使用赋值运算符可以为变量赋值。例如,

iVar0 = 037;

注意:赋值运算符的左边通常是变量,右边可以是字面值、其他变量或表达式。

【例 3-3】 不使用第三个变量,直接交换两个变量 x 和 y 的值。Java 源程序代码如下:

int x,y;
x = 2;   y = 3;

x = x + y;   y = x - y;   x = x - y;
System.out.println("x = " + x + "   y = " + y);

程序运行结果如下:

x = 3   y = 2

3.6 复合的赋值运算符

在赋值运算符"="之前使用算术运算符,可以构成复合的赋值运算符。例如,

a+=3;   等价于   a=a+3;
x*=y+8;   等价于   x=x*(y+8);
x%=3;   等价于   x=x%3;

由此可见,当赋值运算符左边的变量在赋值运算符右边也作为第一个操作数参与运算时,可以使用复合的赋值运算符。

【例3-4】 使用自增、自减运算符和复合的赋值运算符。Java源程序代码如下:

```
int a,b,c;

a = 1;     b = 2;     c = 3;
a -= b * b;   b %= c;   c = (++b) - c;
System.out.println("a = " + a + "   b = " + b + "   c = " + c);
```

程序运行结果如下:

a = -3   b = 3   c = 0

3.7 类型转换

在Java应用程序中,可以有条件地将一种类型的数据赋值给另一种类型的变量。前一种类型称为源类型,后一种类型称为目标类型。将源类型的数据赋值给目标类型的变量的过程也称为类型转换。

3.7.1 自动类型转换

在类型转换中,如果源类型与目标类型都属于整型或浮点型,而且目标类型占用的存储空间大于源类型占用的存储空间,就可以进行自动类型转换。例如,将byte类型变量的整数赋值给short、int和long类型的变量,就可以进行自动类型转换。类似地,将float类型变量的浮点数赋值给double类型的变量,也可以进行自动类型转换。

在自动类型转换中,由于目标类型占用的存储空间大于源类型占用的存储空间,源类型的数据能够完整地赋值给目标类型的变量。

3.7.2 强制类型转换

在类型转换中,如果目标类型占用的存储空间小于源类型占用的存储空间,则不能进行自动类型转换,但可以通过强制类型转换将源类型的数据赋值给目标类型的变量。

在强制类型转换中,由于目标类型占用的存储空间小于源类型占用的存储空间,源类型的数据不能够完整地赋值给目标类型的变量。

强制类型转换经常出现在赋值语句中,其基本语法格式如下:

target-type-variable = (target-type) source-type-value;

【例 3-5】 类型转换。Java 源程序代码如下:

```
byte b = 123; short s1,s2 = 12345;
s1 = b;                    //自动类型转换
b = (byte)s2;              //强制类型转换
System.out.println("b = " + b + " s1 = " + s1 + " s2 = " + s2);

float f = 1.2f; double d1,d2 = 1.23456789;
d1 = f;                    //自动类型转换
f = (float)d2;             //强制类型转换
System.out.println("f = " + f + " d1 = " + d1 + " d2 = " + d2);

char c = 'a'; int i1,i2 = 98;
i1 = c;                    //自动类型转换
c = (char)i2;              //强制类型转换
System.out.println("c = " + c + " i1 = " + i1 + " i2 = " + i2);

b = (byte)d2;
System.out.println("b = " + b);
```

程序运行结果如下:

```
b = 57 s1 = 123 s2 = 12345
f = 1.2345679 d1 = 1.2000000476837158 d2 = 1.23456789
c = b i1 = 97 i2 = 98
b = 1
```

注意:

(1) 变量 b 属于 byte 类型,能够存储的整数范围是 $-128\sim127$。变量 s2 属于 short 类型,所以只能通过强制类型转换将变量 s2 中的整数 12345 赋值给变量 b。但由于整数 12345 超出了变量 b 能够存储的整数范围,变量 b 中的整数 12345 不能够完整地赋值给变量 b,所以最后变量 b 中的整数不是 12345,而是 57。

(2) 类似地,由于 float 类型的变量 f 比 double 类型的变量 d2 占有较少的存储空间,因此变量 f 能够存储的浮点数的有效数字比变量 d2 要少。所以只能通过强制类型转换将变量 d2 中的浮点数赋值给变量 f,但变量 f 存储的浮点数的有效数字比变量 d2 要少。

(3) 在强制类型转换中,由于必须指定目标类型,所以强制类型转换也称显示类型转换。相应地,自动类型转换也称为隐式类型转换。

(4) 当将浮点型变量 d2 中的浮点数 1.23456789 赋值给整型变量 b 时,将截去浮点数其中的小数部分,而只保留整数部分。

3.8 小结

在 Java 语言中,基本类型包括 byte、short、int、long、float、double、char 和 boolean 共 8 种。

根据变量在 Java 源程序中出现的位置,可以将变量分为局部变量、形式参数、实例变量和类变量共 4 种。其中,局部变量只能在一个方法内定义和使用。

在 Java 应用程序中,将源类型的数据赋值给目标类型的变量的过程称为类型转换。在类型转换中,如果源类型与目标类型都属于整型或浮点型、而且目标类型占用的存储空间大于源类型占用的存储空间,就可以进行自动类型转换。在强制类型转换中,由于目标类型占用的存储空间小于源类型占用的存储空间,源类型的数据不能够完整地赋值给目标类型的变量。

3.9 习题

1. 以下是一段不完整的 Java 源程序片段:

```
int x, y;
x = 2;    y = 3;

x -= y;            (    )    (    )
System.out.println("x = " + x + " y = " + y);
```

在两个括号中使用相应的 Java 语句,要求在语句中出现的变量只能是 x 和 y,以便得到如下程序运行结果:

```
x = 3   y = 2
```

2. 分析和判断以下 Java 源程序片段的运行结果,并上机编程验证你的分析和判断。

```
int h = 2, i = 3, j = 4, k, l;

k = (h + i) % j; l = (h - i) % j;
System.out.println("k = " + k + " l = " + l);

k = ( + + h) % j; l = (i + + ) % j;
System.out.println("k = " + k + " l = " + l);

k = (h + i) % j; l = (h + i - - ) % j;
System.out.println("k = " + k + " l = " + l);
```

3. 分析和判断以下 Java 源程序片段的运行结果,并上机编程验证你的分析和判断。

```
byte b1, b2; short s1 = 123, s2 = 1234;
b1 = (byte)s1;
b2 = (byte)s2;
System.out.println("b1 = " + b1 + " b2 = " + b2);

double d1 = 123.456789, d2 = 1234.56789;
b1 = (byte)d1;
b2 = (byte)d2;
System.out.println("b1 = " + b1 + " b2 = " + b2);

char c1, c2; short s = 97; int i = 97;
c1 = (char)s;
c2 = (char)i;
System.out.println("c1 = " + c1 + " c2 = " + c2);
```

第4章 程序流程图与结构化程序设计

使用程序流程图(Program Flow Chart),可以描述数据处理过程,或表示程序中语句的执行过程。在Java语言以及其他程序设计语言中,程序包括顺序结构(Sequential Structure)、选择结构(Selection Structure)和循环结构(Repetition Structure)3种基本结构。这3种基本结构均可以使用程序流程图表示。

4.1 基本图形符号

图4-1列出了在程序流程图中使用的基本图形符号。

图4-1 程序流程图中的基本图形符号

在程序流程图中,每种图形符号表示特定的含义或者完成特定的功能。

起止框表示程序的起始或终止。

输入输出框表示数据的输入或输出。例如,从键盘上接收基本类型数据,或将数据处理和加工结果显示在屏幕上。

处理框表示数据的处理、加工或转化。例如,对两个浮点数进行算术运算,然后赋值给一个float或double类型的变量。

流程线表示程序的执行过程或路径。

决策框表示条件判断。决策框只有一个入口,但可以有若干个可供选择的出口。在对决策框中定义的条件进行求值后,有且只有一个出口被激活。条件求值结果标识在某一出口路径的流程线上。

4.2 顺序结构

在程序流程图中,顺序结构(Sequential Structure)的表示形式如图4-2所示。其中左边是程序流程图的表示形式,右边是N-S流程图的表示形式。两种表示形式既是相互独立的,又是相互对应的。

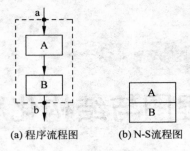

(a) 程序流程图　　(b) N-S流程图

图 4-2　顺序结构

如图 4-2(a)所示,在顺序结构中,程序从 a 点开始,先执行 A 处理框,再执行 B 处理框。之后,程序从 b 点离开顺序结构。

注意:顺序结构中的处理框也可以替换为输入输出框。

【例 4-1】 顺序结构举例。图 4-3 分别以程序流程图和 N-S 流程图两种形式描述了一个程序的执行过程。

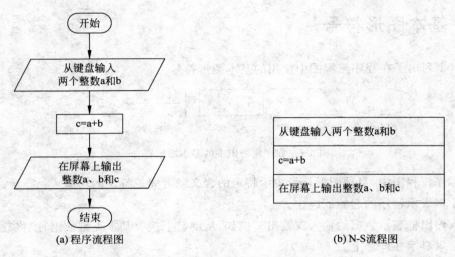

(a) 程序流程图　　　　　　　　　　　　(b) N-S流程图

图 4-3　顺序结构举例

与图 4-3 对应的 Java 源程序代码如下:

```java
//以下代码保存在 IPO.java 中
import java.util.*;  //为了使用 java.util 包中的 Scanner 类,需要导入 java.util 包

public class IPO {
  public static void main(String[] args) {
    int a,b,c;
    Scanner scanner = new Scanner(System.in);

    //输入(Input),使用以下 3 条语句实现程序流程图中的第一个输入输出处理框所表示的数据处
    //理功能
    System.out.println("从键盘输入两个整数,然后按回车键:");
    a = scanner.nextInt();
    b = scanner.nextInt();
```

```
        //处理(Process)
        c = a + b;

        //输出(Output)
        System.out.println("a = " + a + "  b = " + b + "  c = " + c);
    }
}
```

程序运行结果如下：

从键盘输入两个整数,然后单击回车键:
2 4
a = 2 b = 4 c = 6

注意：程序流程图中的一个输入输出框或处理框所表示的数据处理或数据输入输出功能,在 Java 源程序代码中可能需要使用多条语句才能实现。

4.3 选择结构

选择结构(Selection Structure)又称分支结构,或选取结构。使用选择结构,能够在不同条件下执行相应的数据处理任务。选择结构与关系运算符和逻辑运算符密切相关,并可进一步分为单分支、双分支、多层次和多分支 4 种类型。

4.3.1 关系运算符和逻辑运算符

选择结构中的条件通常由关系运算符(Relational Operators)和逻辑运算符(Logical Operators)构成。

1. 关系运算符(Relational Operators)

很多情况下,关系运算符用于比较整型或浮点型数据之间的大小,同时构成简单条件及其表达式,如表 4-1 所示。在 Java 语言中,简单条件表达式的值只能是布尔值,即 true 或 false。

表 4-1 关系运算符和简单条件表达式

关系运算符	含 义	条件表达式(假设变量 $x=5, y=8$)	运算结果
==	是否等于	$x == y$	false
!=	是否不等于	$x != y$	true
>	是否大于	$x > y$	false
>=	是否大于等于	$x >= y$	false
<	是否小于	$x < y$	true
<=	是否小于等于	$x <= y$	true

2. 逻辑运算符(Logical Operators)

如表 4-2 所示,使用逻辑运算符,可以将两个简单条件组合为复合条件。与简单条件表达式类似,复合条件表达式的值也只能是布尔值,即 true 或 false。

表 4-2 逻辑运算符和复合条件表达式

逻辑运算符	含义	条件表达式(假设变量 x=6,y=3)	运算结果
&&	与(AND)	(x<10)&&(y>1)	true
||	或(OR)	(x==5)||(y==5)	false
!	非(NOT)	!(x==y)	true

由于简单条件表达式和复合条件表达式的值均是布尔值,因此,两者又统称为布尔表达式(Boolean Expression)。

【例 4-2】 布尔表达式及其 Java 源程序举例。代码如下,并找出其中的布尔表达式。

```java
//以下代码保存在 BooleanExpression.java 中
public class BooleanExpression {
    public static void main(String[] args) {
        int i,j;
        float f;
        boolean b;
        i = 1;   j = 3;   f = 1.2f;

        b = i == j;   System.out.println("b = " + b);   //关系运算符的优先级高于赋值运算符
        b = i <= f;   System.out.println("b = " + b);
        b = (i <= f)&&(f <= j);   System.out.println("b = " + b);
        b = !((i > f)||(f > j));   System.out.println("b = " + b);
        b = (i <= f)||(f <= j);   System.out.println("b = " + b);
    }
}
```

程序运行结果如下:

```
b = false
b = true
b = true
b = true
b = true
```

4.3.2 使用 if 语句实现单分支选择结构

图 4-4 是单分支选择结构在程序流程图和 N-S 流程图中的表示形式。

如图 4-4(a)所示,在单分支选择结构中,程序从 a 点开始,然后在决策框处判断 p 条件是否成立。如果 p 条件成立,则执行 A 处理框;否则(即 p 条件不成立),不进行任何处理。之后,程序从 b 点离开单分支选择结构。

在 Java 语言中,单分支选择结构可以使用 if 语句实现。if 语句的语法格式如下:

```
if ( boolean-expression )
    statement | statement-block
```

其中,statement 表示一条语句,statement-block 表示用一对花括号"{"和"}"组合在一起的一组语句。这对花括号及其中的语句组统称语句块(Statement Block)。

第4章 程序流程图与结构化程序设计   33

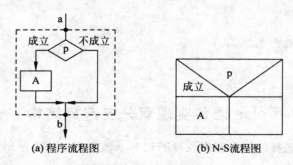

(a) 程序流程图   (b) N-S流程图

图 4-4 单分支选择结构

【例 4-3】 单分支选择结构的程序流程图和 N-S 流程图及其 Java 源程序举例。

（1）程序流程图和 N-S 流程图如图 4-5 所示。

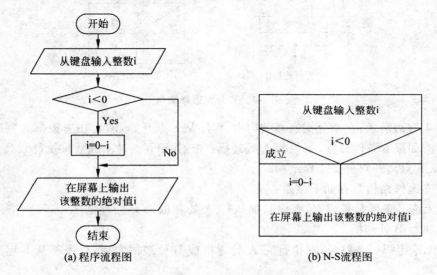

(a) 程序流程图   (b) N-S流程图

图 4-5 单分支选择结构

（2）与图 4-5 对应的 Java 源程序代码如下：

```
//以下代码保存在 Absolute_If.java 中
import java.util.*;

public class Absolute_If{
  public static void main(String[] args) {
    int i;
    Scanner scanner = new Scanner(System.in);

    System.out.println("请用键盘输入一个整数,然后单击回车键: ");
    i = scanner.nextInt();

    if (i<0) i = -i;

    System.out.println("该整数的绝对值是: " + i);
  }
}
```

程序运行结果如下：

请用键盘输入一个整数,然后单击回车键：
-12
该整数的绝对值是：12

4.3.3 使用 if-else 语句实现双分支选择结构

图 4-6 是双分支选择结构在程序流程图和 N-S 流程图中的表示形式。

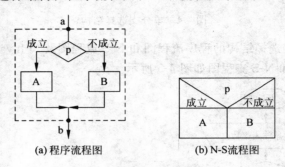

图 4-6 双分支选择结构

如图 4-6(a)所示,在双分支选择结构中,程序从 a 点开始,然后在决策框处判断 p 条件是否成立。如果 p 条件成立,则执行 A 处理框；否则(即 p 条件不成立),执行 B 处理框。之后,程序从 b 点离开双分支选择结构。

双分支选择结构具有如下性质：

(1) 无论 p 条件是否成立,程序只能执行 A 处理框或 B 处理框之一,不可能既执行 A 处理框又执行 B 处理框。

(2) 无论走哪一条路径,在执行完 A 处理框或 B 处理框之后,程序都从 b 点离开双分支选择结构。

(3) 如果 B 处理框是空的,即不执行任何操作,双分支选择结构就退化为单分支选择结构。因此,单分支选择结构可以看作双分支选择结构的特例。

在 Java 语言中,双分支选择结构可以使用 if-else 语句实现。if-else 语句的语法格式如下：

```
if ( boolean - expression )
    statement | statement - block
 else
    statement | statement - block
```

其中,statement 表示一条语句,statement-block 表示语句块。

【例 4-4】 双分支选择结构的程序流程图和 N-S 流程图及其 Java 源程序举例。

(1) 程序流程图和 N-S 流程图如图 4-7 所示。

(2) 与图 4-7 对应的 Java 源程序代码如下：

```
//以下代码保存在 Absolute If Else.java 中
import java.util. * ;
```

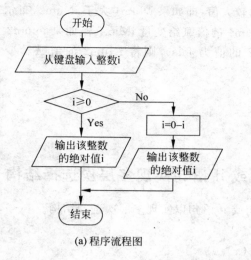
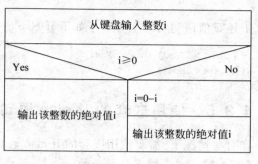

(a) 程序流程图　　　　　　　　　　(b) N-S流程图

图 4-7　双分支选择结构

```
public class Absolute If Else {
  public static void main(String[] args) {
    int i;
    Scanner scanner = new Scanner(System.in);

    System.out.println("请用键盘输入一个整数,然后单击回车键: ");
    i = scanner.nextInt();

    if (i >= 0) System.out.println("这个整数的绝对值是: " + i);
    else {    //用一对花括号构成语句块
      i = - i;
      System.out.println("这个整数的绝对值是: " + i);
    }
  }
}
```

4.3.4　条件运算符

在 Java 语言中,条件运算符(Conditional Operator)不仅可以实现简单的双分支选择结构,而且经常和赋值运算符共同构成赋值语句,其基本语法格式如下:

```
variable = boolean_expression ? true_value : false_value;
```

该赋值语句将根据布尔表达式 boolean_expression 的值有条件地给变量 variable 赋值。如果布尔表达式 boolean_expression 的值为 true,就将表达式 true_value 的值赋给变量 variable;如果布尔表达式 boolean_expression 的值为 false,就将表达式 false_value 的值赋给变量 variable。

在以下赋值语句中,

```
iMax = (iNum1 > iNum2) ? iNum1 : iNum2;
```

变量 iMax 将被赋予变量 iNum1 和 iNum2 中的较大值,即如果 iNum1 大于 iNum2,布尔表达式 iNum1>iNum2 的值为 true,就将变量 iNum1 的值赋给变量 iMax;但如果 iNum2 大于或等于 iNum1,布尔表达式 iNum1>iNum2 的值为 false,则将 iNum2 的值赋给变量 iMax。

上述赋值语句实际上等价于如下 if-else 语句:

```
if (iNum1 > iNum2) iMax = iNum1;
else iMax = iNum2;
```

4.3.5 使用嵌套的 if-else 语句或 if 语句实现多层次选择结构

在有些情况下,需要使用嵌套的 if-else 语句或 if 语句以实现多层次选择结构。

【例 4-5】 定义如下符号函数:

$$y = \begin{cases} 1 & (x>0) \\ 0 & (x=0) \\ -1 & (x<0) \end{cases}$$

编写一个程序,从键盘上输入一个整数 x,然后输出符号函数值 y。

(1) 程序流程图和 N-S 流程图如图 4-8 所示。

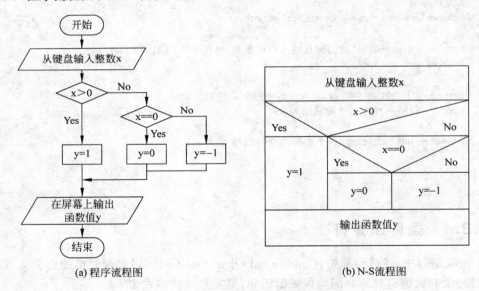

(a) 程序流程图　　　　　　　　　　(b) N-S 流程图

图 4-8　双分支选择结构

注意:上述程序流程图包括了两个双分支选择结构(x>0 和 x==0),并且第二个双分支选择结构(x==0)嵌套在第一个双分支选择结构(x>0)的 No 分支中。因此,这两个双分支选择结构之间就具有内、外层之间的嵌套关系。其中,第二个双分支选择结构(x==0)处于内层,第一个双分支选择结构(x>0)处于外层。

(2) 与图 4-8 对应的 Java 源程序代码如下:

```
//以下代码保存在 SignFunction.java 中
import java.util.*;
```

```
public class SignFunction {
  public static void main(String[] args) {
    int x,y;
    Scanner scanner = new Scanner(System.in);

    System.out.println("请用键盘输入一个整数,然后单击回车键: ");
    x = scanner.nextInt();

    if (x > 0) y = 1;
    else if (x == 0) y = 0;
        else y = -1;

    System.out.println("这个整数的符号函数值是: " + y);
  }
}
```

注意:

(1) 在程序中编写嵌套的 if-else 语句时,应该注意 if 与 else 的配对关系,并将配对的 if 与 else 写在同一列上。

(2) 从最内层开始,else 总是与它上面最近的(且尚未配对的)if 配对。

如有以下一段程序代码:

```
if ( )
    if ( ) statement1
else
    if ( ) statement2
    else statement3
```

虽然其中的第一个 else 与第一个 if 在同一列上,但实际上是与第二个 if 配对的。因此,规范的书写格式应该是:

```
if ( )
    if ( ) statement1
    else
        if ( ) statement2
        else statement3
```

4.3.6 使用 switch 语句实现多分支选择结构

图 4-9 是多分支选择结构在程序流程图中的表示形式。

在如图 4-9 所示的多分支选择结构中,程序从 a 点开始,首先计算表达式 e 的值;然后将表达式 e 的值与每个常量 vi 依次并逐一进行比较;如果存在相等者,则执行对应的 Ci 处理框;否则(即没有与表达式 e 的值相等的常量 vi),则执行 D 处理框。之后,程序从 b 点离开多分支选择结构。

注意:

(1) 在多分支选择结构中,共有 n+1 个分支,分别对应处理框 C1、C2、…、Cn 和 D。其中处理框 C1、C2、…、Cn 的执行需要比较表达式 e 的值与常量 vi 是否相等。

(2) 在多分支选择结构中,每次只能执行处理框 C1、C2、…、Cn 和 D 中的一个。

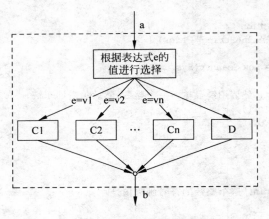

图 4-9 多分支选择结构

在 Java 语言中，多分支选择结构可以使用 switch 语句实现。switch 语句的语法格式如下：

```
switch ( expression ) {
  case value_1: statement1;
    break;
  case value_2: statement2;
    break;
  …
  case value_n: statementn;
    break;
  default: statement;
}
```

其中，表达式 expression 最终值的类型必须是 int 型或者是可以自动转换为 int 型的类型，如 byte、short 或 char。否则，必须进行强制类型转换。常量 value_i 应该与表达式 expression 的值具有相同的基本类型。

【例 4-6】 多分支选择结构及其 Java 源程序举例。

```
//以下代码保存在 SwitchDemo.java 中
public class SwitchDemo {
  public static void main(String[] args) {
    int day = 5;
    switch (day) {
      case 0:  System.out.println("Sunday");
               break;
      case 1:  System.out.println("Monday");
               break;
      case 2:  System.out.println("Tuesday");
               break;
      case 3:  System.out.println("Wednesday");
               break;
      case 4:  System.out.println("Thursday");
               break;
```

```
        case 5:  System.out.println("Friday");
                 break;
        case 6:  System.out.println("Saturday");
                 break;
        default: System.out.println("Invalid day");
    }
  }
}
```

注意：每个 case 语句后面的 break 语句是不能省略的。在执行对应的分支处理后，break 语句能够确保立即离开多分支选择结构。如果省略 break 语句，程序将继续比较表达式 e 的值与下一个分支中的常量 vi 是否相等，而不会立即离开多分支选择结构。

4.4 循环结构

循环结构(Repetition Structure)又称重复结构，主要有 while 型和 do-while 型两种，分别使用 while 语句和 do-while 语句实现。此外，在 while 型循环结构的基础上，还可以派生出 for 型循环结构。

4.4.1 while 型循环结构

while 型循环结构又称当型循环结构，其在程序流程图和 N-S 流程图中的表示形式如图 4-10 所示。

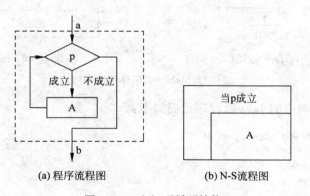

(a) 程序流程图　　　　(b) N-S 流程图

图 4-10　while 型循环结构

如图 4-10(a)所示，在 while 型循环结构中，程序从 a 点开始。当给定的条件 p 成立时，程序执行 A 处理框。之后，再次判断条件 p 是否成立；如果条件 p 仍然成立，则再次执行 A 处理框……如此反复执行 A 处理框。当某一次 p 条件不成立时，程序不再执行 A 处理框，而是从 b 点离开 while 型循环结构。

在 Java 语言中，while 型循环结构可以使用 while 语句实现。while 语句的语法格式如下：

```
while ( boolean_expression )
   statement | statement_block
```

其中,statement 或 statement_block 称为循环体,布尔表达式 boolean_expression 表示是否执行循环体的控制条件。

while 语句的执行过程如下:在每次循环开始之前判断一次布尔表达式 boolean_expression。如果布尔表达式 boolean_expression 的值为 true,就会反复执行循环体中的语句;如果布尔表达式 boolean_expression 的值为 false,while 语句的执行就会结束。

【例 4-7】 使用 while 型循环结构计算 5 的阶乘并编写 Java 源程序。

(1) 如图 4-11 所示,可以使用程序流程图和 N-S 流程图描述 5 的阶乘的计算过程。

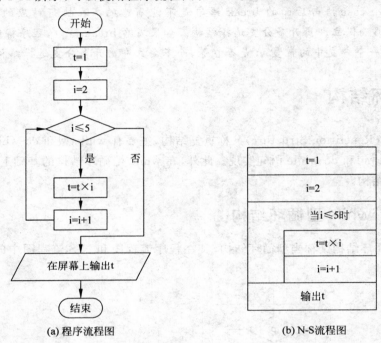

(a) 程序流程图　　　　　　(b) N-S流程图

图 4-11　while 型循环结构举例

(2) 与图 4-11 对应的 Java 源程序代码如下:

```java
//以下代码保存在 WhileDemo.java 中
public class WhileDemo {
  public static void main(String[] args) {
    int t,i;

    t = 1;
    i = 2;
    while (i <= 5) {
      t = t * i;
      i = i + 1;
    }
    System.out.println("5 的阶乘是: " + t);
  }
}
```

在上述 while 语句中,循环控制条件是由关系运算符构成的简单条件表达式"i<=5";循环体包括两条语句,执行其中的第 2 条语句"i=i+1;"会修改变量 i 的值,且该变量也出现在循环控制条件中。因此,变量 i 称为循环控制变量,用来控制循环的次数。

4.4.2　do-while 型循环结构

do-while 型循环结构又称直到型循环结构,其在程序流程图和 N-S 流程图中的表示形式如图 4-12 所示。

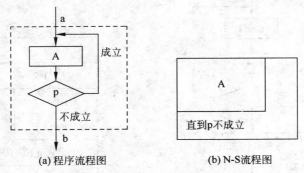

(a) 程序流程图　　　　(b) N-S 流程图

图 4-12　do-while 型循环结构

如图 4-12(a)所示,在 do-while 型循环结构中,程序从 a 点开始。首先执行一次 A 处理框,然后判断 p 条件是否成立;如果 p 条件成立,则再次执行 A 处理框,然后再次判断 p 条件;如果 p 条件仍然成立,则再次执行 A 处理框……如此反复执行 A 处理框,直到 p 条件不成立为止,此时程序不再执行 A 处理框,而是从 b 点离开 do-while 型循环结构。

在 Java 语言中,do-while 型循环结构可以使用 do-while 语句实现。do-while 语句的语法格式如下:

```
do {
  statements;
} while ( boolean_expression );
```

其中,花括号及其中的语句称为循环体,布尔表达式 boolean_expression 是判断是否执行循环体的循环控制条件。

do-while 语句的执行过程如下:在每次循环体结束之后判断一次布尔表达式 boolean_expression。如果布尔表达式 boolean_expression 的值为 true,就会反复执行循环体中的语句;直到布尔表达式 boolean_expression 的值为 false,do-while 语句的执行就会结束。

while 语句和 do-while 语句的区别在于,while 语句是先判断循环控制条件再执行循环体,如果第一次循环控制条件就不成立,则一次也不执行循环体;do-while 语句是首先执行一次循环体,然后再判断循环控制条件,因此,至少执行一次循环体。

【例 4-8】　使用 do-while 型循环结构计算 5 的阶乘并编写 Java 源程序。

(1) 如图 4-13 所示,可以使用程序流程图和 N-S 流程图描述 5 的阶乘的计算过程。

(2) 与图 4-13 对应的 Java 源程序代码如下:

```
//以下代码保存在 DoWhile.java 中
public class DoWhile {
  public static void main(String[] args) {
    int t,i;

    t = 1;    i = 2;
```

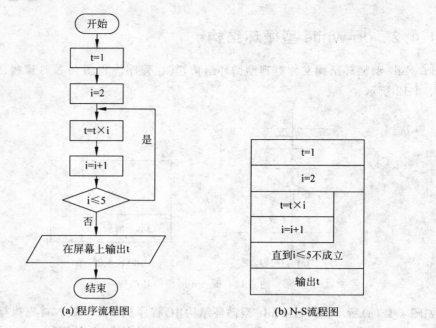

图 4-13 do-while 型循环结构举例

```
do {
    t = t * i;
    i = i + 1;
} while (i <= 5);
System.out.println("5 的阶乘是: " + t);
}
}
```

在上述 do-while 语句中,循环控制条件是由关系运算符构成的简单条件表达式"i<=5";循环体包括两条语句,执行其中的第 2 条语句"i=i+1;"会修改变量 i 的值,且该变量也出现在循环控制条件中。因此,变量 i 即是循环控制变量,用来控制循环的次数。

4.4.3 for 型循环结构

在 while 型循环结构的基础上,还可以派生出 for 型循环结构。

在 Java 语言中,for 型循环结构可以使用 for 语句实现。for 语句的语法格式如下:

for (赋值语句; 循环控制条件; 自增或自减运算) 循环体

for 语句的执行过程如下:

(1) 通过赋值语句为循环控制变量赋初值。
(2) 计算并判断循环控制条件。若其值为 true,则执行循环体中的语句,然后执行下面第(3)步。若为 false,则结束循环,转到第(5)步。
(3) 通过自增或自减运算改变循环控制变量的值。
(4) 转回上面第(2)步继续执行。
(5) 循环结束,执行 for 语句下面的一条语句。

图 4-14 对比了 while 型循环结构与 for 语句的执行过程。

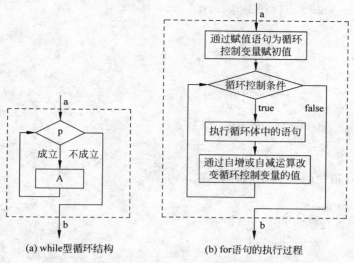

(a) while 型循环结构　　　　(b) for 语句的执行过程

图 4-14　while 型循环结构与 for 语句执行过程的对比

【思考题】　在图 4-14(b) 中，哪些部分对应 for 语句中的循环体？

图 4-15(a) 和 (b) 中的程序流程图是完全一样的。但图 4-15(a) 中的虚线部分是一个 while 型循环结构，而图 4-15(b) 中的虚线部分则是一个 for 型循环结构。因此，该程序流程图可以分别使用 while 语句和 for 语句实现。

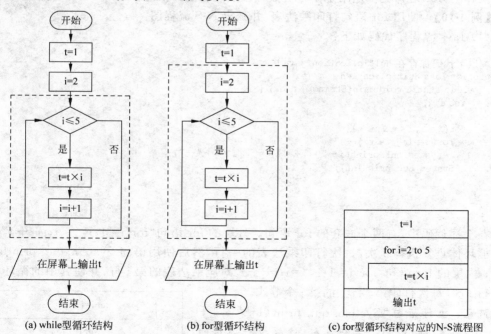

(a) while 型循环结构　　　(b) for 型循环结构　　　(c) for 型循环结构对应的 N-S 流程图

图 4-15　同一程序流程图可以采用不同的循环结构实现

【例 4-9】　分别使用 while 语句和 for 语句实现图 4-15 中的程序流程图。
(1) 使用 while 语句的 Java 源程序代码。

```
public class WhileDemo{
```

```
    public static void main(String[]args){
        int t,i;

        t = 1;
        i = 2;
        while(i<=5){
            t = t * i;
            i = i + 1;
        }
        Svstem.out.println("5 的阶乘是:" + t);
    }
}
```

(2) 使用 for 语句的 Java 源程序代码。

```
public class ForDemo{
    public static void main(String[] args){
        int t,i;

        t = 1;
        for(i = 2;i<=5;i++)t = t * i;
        Svstem.out.println("5 的阶乘是:" + t);
    }
}
```

与使用 for 型循环结构的图 4-15(b)对应的 N-S 流程图如图 4-15(c)所示。实际上,for 语句更多地用于循环次数可以预先确定的情况。

【例 4-10】 使用 for 语句打印乘法表,并画出 N-S 流程图。

(1) Java 源程序代码如下:

```
//以下代码保存在 Multiplication.java 中
public class Multiplication {
    public static void main(String[] args) {
        int i,j;

        for(i = 1;i<=9;i++){
            for(j = 1;j<=i;j++)
                System.out.print(i+" * "+j+" = "+i*j+"\t");
            System.out.println();
        }
    }
}
```

在上述代码中,有两个嵌套的 for 语句。外层的 for 语句"for(i=1;i<=9;i++)"使其中的循环体重复执行 9 次,每次打印乘法表的一行,然后使用语句 System.out.println();换行;内层的 for 语句"for(j=1;j<=i;j++)"对应乘法表的第 i 行,并使其中的循环体重复执行 i 次,每次打印第 i 行上的第 j 个等式。

注意:执行语句"System.out.print(i+" * "+j+" = "+i*j+"\t");"不会换行,这样执行内层 for 语句可以在第 i 行上连续打印 i 个等式。其中的"\t"表示制表符,其功能是在垂直方向按列对齐上方和下方的等式。

(2) 对应的 N-S 流程图如图 4-16 所示。

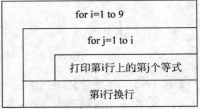

图 4-16 打印乘法表的 N-S 流程图

4.5 三种基本结构的共同特点

图 4-17 汇总了顺序结构、选择结构和循环结构三种程序基本结构的程序流程图。

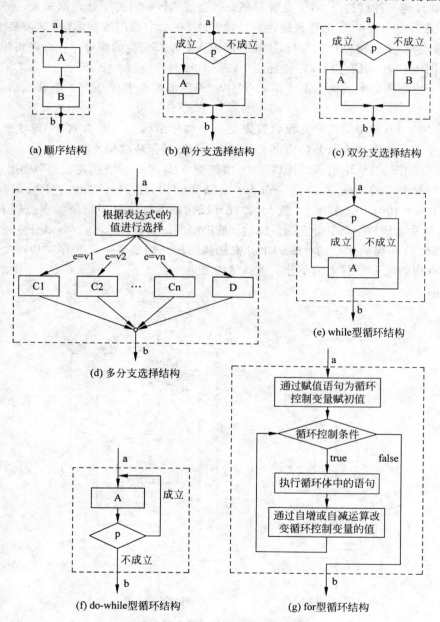

图 4-17 三种基本结构的程序流程图汇总

如图 4-17 所示,无论是顺序结构,还是选择结构,或是循环结构,都具有以下共同特点:

(1) 每种结构只有一个入口,即 a 点。注意,在 while 型循环结构(或 for 型循环结构)中,决策框有两个入口,而整个 while 型循环结构(或 for 型循环结构)只有一个入口。不要将决策框的入口与while型循环结构(或for型循环结构)的入口混淆。

(2) 每种结构只有一个出口,即b点。注意,在选择结构或循环结构中,决策框有两个出口,而整个选择结构或循环结构只有一个出口。不要将决策框的出口与选择结构或循环结构的出口混淆。

(3) 在任何一种结构内,每个处理框都有机会被执行。对每个处理框来说,都应有一条从入口(a点)到出口(b点)的路径通过它。换言之,在一个程序流程图中,如果某个处理框(或输入输出框)永远没机会被执行,则该程序流程图及其对应的源程序存在逻辑错误。

在如图4-17所示的各种程序流程图中,每个矩形处理框(A、B、C1、C2、…、Cn、D等)又可以是一个更细的基本结构。因此,一个程序流程图都可以看作是若干个基本结构的组合或嵌套。

例如,图4-18(a)中的程序流程图首先是一个顺序结构——由A和B(虚线框表示)两个操作顺序组成。而虚线框B的内部又是一个while型循环结构。

又如,在如图4-18(b)的程序流程图中,虚线框A、B和C分别代表了三个逐层嵌套的基本结构——最外层的虚线框A是一个for型循环结构,在Java源程序中可以使用语句"for(i=1;i<=100;i++)"实现,该for型循环结构的循环体是中间层的虚线框B;同时,中间层的虚线框B是一个单分支选择结构;最里层的虚线框C也是一个单分支选择结构。此外,处理框D和虚线框C所代表的单分支选择结构又构成了一个顺序结构,并且该顺序结构包含在虚线框B所代表的单分支选择结构之中。

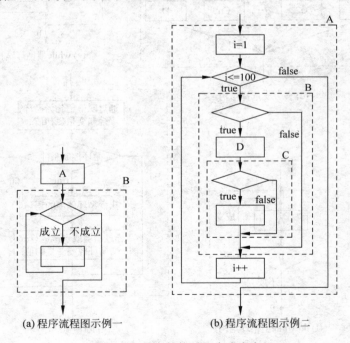

(a) 程序流程图示例一　　(b) 程序流程图示例二

图4-18　基本结构的组合或嵌套

由以上三种基本结构(顺序结构、选择结构和循环结构)按照一定次序组合或嵌套而构成的程序流程,可以描述复杂的数据处理任务和过程。相应的程序设计方法也被称为结构化程序设计(Structured Programming)。

4.6 运算符的优先级

图 4-19 列出了各种运算符的优先级,在 Java 语言的程序语句中,各种运算将根据运算符优先级的高低依次进行。

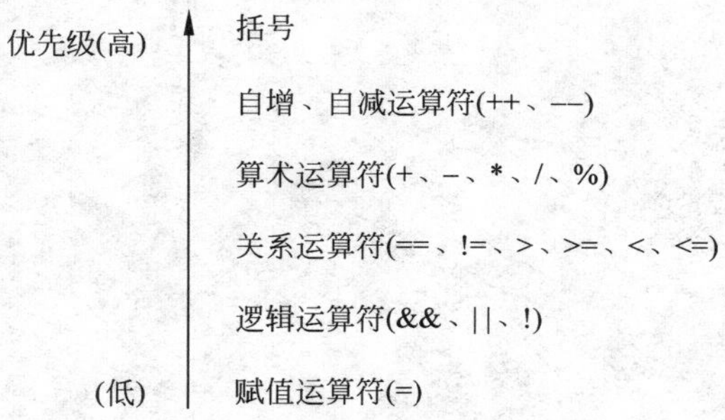

```
优先级(高) ↑    括号

                自增、自减运算符(++、--)

                算术运算符(+、-、*、/、%)

                关系运算符(==、!=、>、>=、<、<=)

                逻辑运算符(&&、||、!)

    (低)        赋值运算符(=)
```

图 4-19 各种运算符的优先级

注意:在包含 &&(逻辑与)或 ||(逻辑或)的复合条件表达式中,有时并不需要判断其中所有的简单条件表达式的布尔值。例如,假设 a、b 和 c 为简单条件表达式:

(1) a && b && c。一方面,只有 a 为 true,才需要判断 b 的布尔值;只有 a 和 b 都为 true,才需要判断 c 的布尔值。另一方面,如果已经确定 a 为 false,就不需要再判断 b 和 c 的布尔值,因为此时已经能够确定整个布尔表达式"a && b && c"的值为 false。同理,如果已经确定 a 为 true,但 b 为 false,同样不需要再判断 c 的布尔值。

(2) a || b || c。一方面,只有 a 为 false,才需要判断 b 的布尔值;只有 a 和 b 都为 false,才需要判断 c 的布尔值。另一方面,如果已经确定 a 为 true,就不需要再判断 b 和 c 的布尔值,因为此时已经能够确定整个布尔表达式"a || b || c"的值为 true。同理,如果已经确定 a 为 false,但 b 为 true,同样不需要再判断 c 的布尔值。

换言之,对于 &&(逻辑与)运算,只有左边的布尔表达式的值为 true 才需要继续判断右边的布尔表达式的值。而对于 ||(逻辑或)运算,只有左边的布尔表达式的值为 false 才需要继续判断右边的布尔表达式的值。

【例 4-11】 运算符的优先级。Java 源程序代码如下:

```java
//以下代码保存在 OperatorPriority.java 中
public class OperatorPriority {
  public static void main(String[] args) {
    int i,j,k,h;

    i = 1;    j = 2;    k = 3;    h = 4;
    if ((i<j)||(++j<k)) h++;                //||表示 OR 运算
    System.out.println("i = " + i + "   j = " + j + "   k = " + k + "   h = " + h);

    i = 1;    j = 2;    k = 3;    h = 4;
    if ((i<j)&&(++j<k)) h++;                //&& 表示 AND 运算
```

```
        System.out.println("i = " + i + "   j = " + j + "   k = " + k + "   h = " + h);

        i = 1;      j = 2;      k = 3;      h = 4;
        h = ++i - j;
        System.out.println("i = " + i + "   j = " + j + "   k = " + k + "   h = " + h);
    }
}
```

程序运行结果如下：

```
i = 1   j = 2   k = 3   h = 5
i = 1   j = 3   k = 3   h = 4
i = 2   j = 2   k = 3   h = 0
```

4.7 小结

按照结构化程序设计的理论和方法，数据处理过程及程序中的语句关系可以分解为顺序、选择和循环三种基本结构。

在顺序结构中，语句按照在程序中出现的前后顺序依次执行。

以关系运算符和逻辑运算符为主要元素构成的布尔表达式，可以在选择结构和循环结构中控制语句的执行顺序。

选择结构可以进一步分为单分支、双分支、多层次和多分支共 4 种类型，可以分别使用 if 语句、if-else 语句、嵌套的 if-else 语句或 if 语句以及 switch 语句实现。

循环结构主要有 while 型和 do-while 型两种。在 while 型循环结构的基础上，还可以派生出 for 型循环结构。这三种类型的循环结构可以分别使用 while 语句、do-while 语句和 for 语句实现。

对于某些需要采用循环结构进行数据处理和加工的程序，可以在 while 型、do-while 型和 for 型三者之间自由选择。

在结构化程序设计中，顺序、选择和循环三种基本结构可以进行嵌套式的组合。选择结构的一个分支既可以是一个顺序结构，也可以是一个循环结构。类似地，循环结构中的循环体既可以是一个顺序结构，也可以是一个选择结构。

4.8 习题

1. 画出与图 4-20(a)对应的 N-S 流程图，并编写 Java 源程序，以实现图 4-20(a)所表示的数据处理过程及功能。

2. 画出与图 4-20(b)对应的 N-S 流程图，并编写 Java 源程序，以实现图 4-20(b)所表示的数据处理过程及功能。

3. 画出与图 4-20(c)对应的 N-S 流程图，并编写 Java 源程序，以实现图 4-20(c)所表示的数据处理过程及功能。

4. 编写 Java 源程序，分别使用多层次选择结构和多分支选择结构实现如下功能：从键

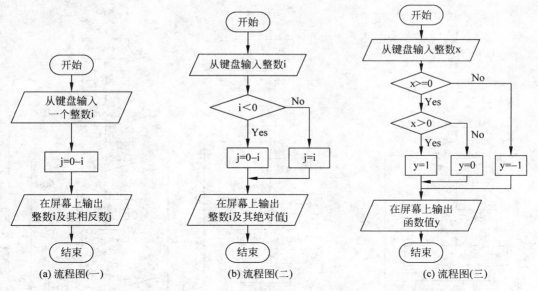

图 4-20 程序流程图(第 1~3 题)

盘输入一个整数,如果该整数是 1,则在屏幕上输出"春季";如果是 2,则输出"夏季";如果是 3,则输出"秋季";如果是 4,则输出"冬季";如果是其他整数,则输出"输入的整数无效"。

5. 图 4-21(a)和(b)描述了级数 $1-1/2+1/3-1/4+\cdots+1/99-1/100$ 的计算过程。其中,sign 表示级数中各项的符号,sum 表示级数的中间及最后结果,deno 表示级数中各项的分母,term 表示级数中的各项。

分别画出与图 4-21(a)和(b)对应的 N-S 流程图,并编写对应的 Java 源程序,以实现图 4-21(a)和(b)所表示的数据处理过程及功能。

然后,针对 Java 源程序回答以下问题:(1)循环体包括哪些语句?(2)循环控制变量是哪个?

6. 用公式 $\pi/4 \approx 1-1/3+1/5-1/7+\cdots$ 求 π 的近似值,直到最后一项的绝对值小于 0.000000001 为止。

7. 参照对图 4-18(b)中程序流程图的基本结构分析,并根据图 4-21(c)完成以下任务:
(1) 画出与图 4-21(c)对应的 N-S 流程图。
(2) 根据图 4-21(c)或其对应的 N-S 流程图,编辑、调试并运行 Java 源程序。
(3) 结合 Java 源程序运行结果,分析程序流程图及 Java 源程序实现的功能。

8. 将【例 4-10】中的 N-S 流程图转换为用 while 型循环结构表示的程序流程图,然后编写相应的 Java 源程序,并使用嵌套的 while 语句打印乘法表。

9. 以下 Java 源程序不存在语法错误。分析 Java 源程序,判断其中的三条输出语句"System. out. println"是否都有可能被执行。如果不能,请说明理由,并设计测试数据验证你的判断。

```
import java.util.*;

public class LogicalError {
```

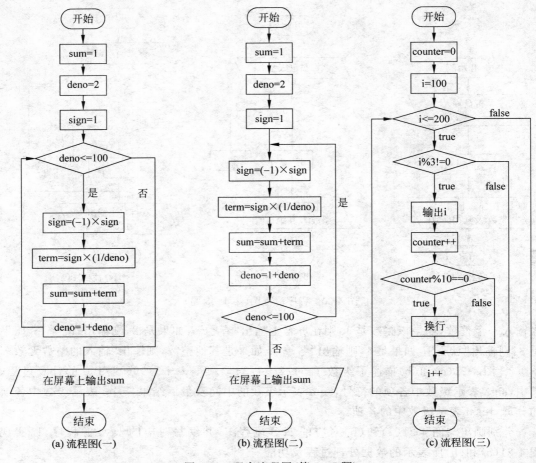

图 4-21　程序流程图(第 5～7 题)

```
public static void main(String[] args) {
    int i,j;
    Scanner scanner = new Scanner(System.in);

    System.out.println("随机输入两个整数:");
    i = scanner.nextInt();
    j = scanner.nextInt();
    if (i<5) System.out.println("执行第一个处理框");
    else if ((j<5)&&(j>10)) System.out.println("执行第二个处理框");
}
}
```

10. 分析和判断以下 Java 源程序片段的运行结果,并上机编程验证你的分析和判断。

```
int i,j,k,h;

i = 1;    j = 2;    k = 3;    h = 4;
if ((i>j)||(++j<k)) h++;                    //||表示 OR 运算
System.out.println("i = " + i + "   j = " + j + "   k = " + k + "   h = " + h);
```

```
i = 1;    j = 2;    k = 3;    h = 4;
if ((i>j)&&(++j<k)) h++;                    //&& 表示 AND 运算
System.out.println("i = " + i + "   j = " + j + "   k = " + k + "   h = " + h);

i = 1;    j = 2;    k = 3;    h = 4;
if ((i<j)&&(j++<k)) h++;                    //&& 表示 AND 运算
System.out.println("i = " + i + "   j = " + j + "   k = " + k + "   h = " + h);

i = 1;    j = 2;    k = 3;    h = 4;
h = i++ - j;
System.out.println("i = " + i + "   j = " + j + "   k = " + k + "   h = " + h);
```

第 5 章 类与对象基础

使用 Java 语言,不仅可以实现结构化程序设计,而且可以实现面向对象程序设计。

在面向对象程序设计(Object Oriented Programming,OOP)中,类(Class)和对象(Object)是两个既相互联系又相互区别的重要概念。类是在一组具体对象的基础上、通过抽象和概括所获得的一个概念。因此,对象是类的实例(Instance),类具有抽象性,而对象具有具体性。

在 Java 语言及程序中,首先进行类的声明,然后以类为模板创建对象,之后就可以引用对象。

5.1 类的声明

在 Java 语言中,可以采用如下基本语法格式进行类的声明,同时定义实例变量和实例方法。

```
class ClassName {
  type instanceVariable;
  ⋮
  returnType methodName(type parameter1, …, type parameterN){
    method_body;
  }
  ⋮
}
```

其中,关键字 class 表示类的声明。ClassName 是类名。在类名中通常使用名词,且每个名词的首字母大写、其他字母小写。

instanceVariable 称为实例变量(Instance Variable)。在变量名中通常使用名词,且第一个名词所有字母小写,其后每个名词首字母大写、其他字母小写。在一个类中可以定义零个或多个实例变量。type 通常指定实例变量的基本类型,即 byte、short、int、long、float、double、char 和 boolean 之一。

methodName 称为实例方法(Instance Method)。在方法名中通常使用动词和名词的组合,且第一个动词所有字母小写,其后每个名词首字母大写、其他字母小写。在一个类中可以定义零个或多个实例方法。

实例方法可以返回一个某种类型的数据(值)。此时,returnType 通常指定返回值的基本类型，即 byte、short、int、long、float、double、char 和 boolean 之一。

实例方法也可以没有返回值。此时，returnType 需要使用关键字 void。

在一个类中，实例变量和实例方法又统称为类的成员（Member），实例变量和实例方法具有相同的层次，并且都必须在类的声明中进行定义。

方法名后面圆括号中是方法的形式参数列表（Parameter List）。其中，parameter 是形式参数名，type 指定形式参数的基本类型，即 byte、short、int、long、float、double、char 和 boolean 之一。形式参数之间用逗号分隔。

实例方法也可以不带任何参数，但必须保留圆括号。

方法的名称和形式参数的个数、类型以及类型顺序共同称为方法的特征（Signature），也称方法的签名。

例如，以下代码即对 Point 类进行了声明。

```
class Point {                          //Point 是类名
  int x, y;                            //x 和 y 是实例变量

  void assignValue(int a, int b){      //assignValue 是实例方法，a 和 b 是形式参数
    x = a; y = b;                      //x 和 y 是实例变量
  }
}
```

注意：实例方法 assignValue 的作用是对实例变量 x 和 y 赋值。

5.2 对象的创建和引用

在类的声明中定义实例变量之后，就可以在该类的方法中定义能够指向该类对象的引用类型变量（Reference Variable，简称引用变量）。例如，语句

```
Point p1;
```

就定义了能够指向 Point 对象的引用变量 p1。但在此时，引用变量 p1 还没有指向任何 Point 对象。

定义引用变量之后，可以使用 new 运算符创建对象（同时由 Java 系统为对象分配内存空间），然后使用赋值运算符将引用变量指向新创建的对象。例如，语句

```
p1 = new Point();
```

就能够创建一个 Point 对象、并由 Java 系统为该对象分配内存空间，然后将引用变量 p1 指向新创建的 Point 对象。

注意：在使用 new 运算符创建对象时，Java 系统将参照类的声明中有关实例变量的定义，为该对象创建相应的实例变量。因此，实例变量属于每个对象，不同对象的实例变量是不相同的。

上述定义引用变量、使用 new 运算符创建对象、将引用变量指向新创建的对象三个步骤，也可以使用如下一条语句实现和完成：

```
Point p1 = new Point();
```

引用变量指向已创建的对象后,既可以通过引用变量访问属于对象的实例变量,又可以通过引用变量调用在类的声明中定义的实例方法,具体语法格式如下:

引用变量名.实例变量名
引用变量名.实例方法名(实际参数列表)

【例 5-1】 类的声明、对象的创建和引用。Java 源程序代码如下:

```java
public class Point {                                //Point 是类名
    int x,y;                                        //x 和 y 是实例变量
    void assignValue(int a,int b) {                 //assignValue 是实例方法,a 和 b 是形式参数
        x = a; y = b;                               //x 和 y 是实例变量
    }
    public static void main(String[] args) {        //main 是主方法
        Point p1 = new Point(),p2;                  //p1 和 p2 是引用变量
        p2 = new Point();
        System.out.println("p1.x = " + p1.x + "   p1.y = " + p1.y + "   p2.x = " + p2.x + "   p2.y = " + p2.y);

        p1.x = 1;    p1.y = 2;                      //直接对实例变量赋值
        p2.assignValue(3,4);                        //通过引用变量 p2 调用实例方法 assignValue 对实例变量赋值
        System.out.println("p1.x = " + p1.x + "   p1.y = " + p1.y + "   p2.x = " + p2.x + "   p2.y = " + p2.y);

        p1 = p2;                                    //使引用变量 p1 指向引用变量 p2 所指向的 Point 对象
        System.out.println("p1.x = " + p1.x + "   p1.y = " + p1.y + "   p2.x = " + p2.x + "   p2.y = " + p2.y);
    }
}
```

程序运行结果如下:

```
p1.x = 0   p1.y = 0   p2.x = 0   p2.y = 0
p1.x = 1   p1.y = 2   p2.x = 3   p2.y = 4
p1.x = 3   p1.y = 4   p2.x = 3   p2.y = 4
```

注意:

(1) 在 Java 语言中,有一种称为构造器(Constructor)的特殊方法。构造器与类具有相同的名称。如果在类的声明中没有定义构造器,Java 系统将调用默认的构造器创建对象。例如,上述程序中的代码 new Point()即是使用 new 运算符并调用系统默认的构造器创建 Point 对象。

(2) 在面向对象程序设计中,对象又称为类的实例(Instance),并且使用 new 运算符创建的每个对象都拥有自己的实例变量。因此,改变一个对象的实例变量的值不会影响另一个对象的实例变量的值。例如,在上述程序中,p1.x 和 p1.y 与 p2.x 和 p2.y 的值就可以不同。

(3) 在代码 p2.assignValue(3,4)中,3 和 4 称为实际参数。通过引用变量 p2 调用实例方法 assignValue 时,3 和 4 这两个实际参数传递给实例方法 assignValue 的形式参数 a 和 b;然后,通过 assignValue 方法中的赋值语句将形式参数 a 和 b 的值(3 和 4)分别赋值给引

用变量 p2 所指向对象的实例变量 x 和 y。

(4) 在 main 方法中,引用变量 p1 和 p2 也是局部变量,但不同于基本类型的局部变量,而是一种指向对象的局部变量。实际上,引用变量存放的是对象占用的内存空间的地址。

图 5-1 说明了 main 方法中 Point 对象的创建和引用过程。

(1) 执行语句"Point p1=new Point(),p2;",Java 系统首先创建引用变量 p1 和 p2。然后,系统将创建第 1 个 Point 对象(实线表示)并为该对象分配内存空间,同时为该对象的实例变量 x 和 y 都赋予初始值 0,然后将引用变量 p1 指向该 Point 对象。而引用变量 p2 则不指向任何 Point 对象。

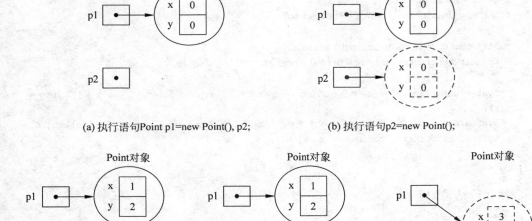

图 5-1 Point 对象的创建和引用过程

(2) 执行语句"p2=new Point();",系统将创建第 2 个 Point 对象(虚线表示)并为该对象分配内存空间,同时为该对象的实例变量 x 和 y 都赋予初始值 0,然后将引用变量 p2 指向该 Point 对象。

(3) 执行语句"p1.x=1;"和"p1.y=2;",通过引用变量 p1、系统将第 1 个 Point 对象的实例变量 x 和 y 的值修改为 1 和 2。

(4) 执行语句"p2.assignValue(3,4);",Java 系统将通过引用变量 p2 调用实例方法 assignValue,进而将第 2 个 Point 对象的实例变量 x 和 y 的值修改为 3 和 4。

(5) 执行语句"p1=p2;",Java 系统将回收第 1 个 Point 对象占用的内存空间,然后将引用变量 p1 也指向第 2 个 Point 对象。这样,引用变量 p1 和 p2 都指向第 2 个 Point 对象。

5.3 构造器

构造器(Constructor)又称构造方法或构造函数,是一种与类同名的特殊方法。如果在类的声明中没有定义构造器,Java 编辑器会自动创建一个不带参数的构造器,称为系统默认的构造器。系统默认的构造器能够对某个对象的实例变量进行初始化,具体规则为:将 byte、short、int、long、float、double 和 char 类型的实例变量的值初始化为 0,将 boolean 类型的实例变量的值初始化为 false。

【例 5-2】 系统默认的构造器。Java 源程序代码如下:

```java
public class DefaultConstructor {
  byte b;   short s;   int i;   long l;
  float f;  double d;  char c;  boolean bo;

  public static void main(String[] args) {
    DefaultConstructor obj = new DefaultConstructor();   //系统默认的构造器

    System.out.println("byte = " + obj.b + " short = " + obj.s + " int = " + obj.i + " long = " + obj.l);
    System.out.println("float = " + obj.f + "  double = " + obj.d + "  char = " + (int)obj.c);
    System.out.println("boolean = " + obj.bo);
  }
}
```

程序运行结果如下:

```
byte = 0   short = 0   int = 0   long = 0
float = 0.0   double = 0.0   char = 0
boolean = false
```

作为一种特殊方法,构造器具有如下一些性质:
(1) 构造器与类同名。除构造器外,在类的声明中不能定义与类同名的其他方法。
(2) 构造器的主要作用是在创建对象时对实例变量的值进行初始化。
(3) 构造器没有返回值和返回类型,但不能在其定义中使用关键字 void。
(4) 如果在类的声明中没有定义构造器,Java 系统将调用默认的构造器创建对象。
(5) 如果在类的声明中定义了构造器,就不能再调用系统默认的构造器创建对象。
(6) 与其他方法不同,构造器不是类的成员。

【例 5-3】 定义构造器。Java 源程序代码如下:

```java
public class Point {                        //Point 是类名
  int x, y;                                 //x 和 y 是实例变量

  Point(int a, int b) {                     //Point 是构造器,a 和 b 是形式参数
    x = a;   y = b;                         //x 和 y 是实例变量
  }

  public static void main(String[] args) {
```

```
    Point p1,p2;

    p1 = new Point(1,2);    p2 = new Point(3,4);
    System.out.println("p1.x = " + p1.x + "   p1.y = " + p1.y + "   p2.x = " + p2.x + "   p2.y = " + p2.y);

    p1 = p2;
    System.out.println("p1.x = " + p1.x + "   p1.y = " + p1.y + "   p2.x = " + p2.x + "   p2.y = " + p2.y);
  }
}
```

程序运行结果如下：

p1.x = 1   p1.y = 2   p2.x = 3   p2.y = 4
p1.x = 3   p1.y = 4   p2.x = 3   p2.y = 4

注意：

(1) 在上述 Java 源程序中，定义了构造器 Point(int a,int b)。因此，在 main 方法中不能再调用系统默认的构造器 Point()创建 Point 对象。

(2) 赋值语句"p1＝p2;"使引用变量 p1 指向引用变量 p2 所指向的 Point 对象，即引用变量 p1 和 p2 将指向同一个 Point 对象。之后，p1.x 和 p1.y 的值与 p2.x 和 p2.y 的值相同。

有些情况下，希望在方法中使用与实例变量同名的形式参数或局部变量。例如，在【例 5-3】中定义构造器 Point(int a,int b)时，如果把形式参数名 a 和 b 换为 x 和 y(即使用形式参数 x 和 y)，将更加容易让人理解每个形式参数在初始化实例变量时的作用——形式参数 x 的值将赋值给实例变量 x，形式参数 y 的值将赋值给实例变量 y。此时，为了区分同名的实例变量和形式参数，可以在构造器或其他方法中使用关键字 this 指代当前对象。

【例 5-4】 在构造器中使用关键字 this 指代当前对象。Java 源程序代码如下：

```
public class Point {                        //Point 是类名
  int x,y;                                  //x 和 y 是实例变量

  Point(int x,int y) {                      //x 和 y 是形式参数
    this.x = x;   this.y = y;               //this.x 和 this.y 表示新建对象的实例变量,x 和 y 表示形式参数
  }

  public static void main(String[] args) {
    Point p1,p2;

    p1 = new Point(1,2);    p2 = new Point(3,4);
    System.out.println("p1.x = " + p1.x + "   p1.y = " + p1.y + "   p2.x = " + p2.x + "   p2.y = " + p2.y);
  }
}
```

程序运行结果如下：

p1.x = 1   p1.y = 2   p2.x = 3   p2.y = 4

5.4 定义多个构造器

在 Java 以及其他面向对象程序设计语言中，方法重载（Method Overloading）是多态性（Polymorphism）的主要体现之一。所谓方法重载是指，在一个类的声明中可以定义两个或多个同名的方法，但这些方法的形式参数的个数、类型或类型顺序不完全相同。此时，Java系统将根据实际参数的个数、类型或类型顺序来确定应当调用的方法。

在类的声明中定义多个构造器是方法重载的常见应用之一。

【例 5-5】 在类的声明中定义多个构造器。Java 源程序代码如下：

```java
public class Point {                            //Point 是类名
    int x;   float y;                           //x 和 y 是实例变量

    Point() {  x = 1;   y = 2f;  }

    Point(int x, float y) {  this.x = x;   this.y = y;  }

    Point(float y, int x) {  this.x = x;   this.y = y;  }

    public static void main(String[] args) {
        Point p1,p2,p3;

        p1 = new Point();                       //调用第 1 个构造器创建 Point 对象
        p2 = new Point(3,4f);                   //调用第 2 个构造器创建 Point 对象
        p3 = new Point(5f,6);                   //调用第 3 个构造器创建 Point 对象

        System.out.println("p1.x = " + p1.x + "   p1.y = " + p1.y);
        System.out.println("p2.x = " + p2.x + "   p2.y = " + p2.y);
        System.out.println("p3.x = " + p3.x + "   p3.y = " + p3.y);
    }
}
```

程序运行结果如下：

```
p1.x = 1   p1.y = 2.0
p2.x = 3   p2.y = 4.0
p3.x = 6   p3.y = 5.0
```

注意：

（1）在上述 Point 类的声明中，与不定义构造器时系统默认的构造器类似，第一个构造器也没有任何参数。但如果调用系统默认的构造器创建 Point 对象，新对象的实例变量 x 和 y 的初始值将是 0 和 0.0；而调用第一个构造器创建 Point 对象，新对象的实例变量 x 和 y 的初始值则是 1 和 2.0。实际上，本例中的代码 new Point() 调用的就是第一个构造器，而不是系统默认的构造器。

（2）在第二个和第三个构造器中，形式参数的个数相同，并且都分别有一个 int 类型和一个 float 类型的形式参数。但是，在第二个构造器中，形式参数的类型依次是 int 和 float，

而在第三个构造器中,形式参数的类型则依次是 float 和 int,也就是说,形式参数的类型顺序不一样。因此,第二个和第三个构造器是不同的。

(3) 使用 new 运算符和构造器创建对象时,Java 系统将根据实际参数的不同自动调用相应的构造器。例如,在代码 new Point(5f,6) 中,实际参数 5f 和 6 分别为 float 类型和 int 类型,所以 Java 系统会自动调用第三个构造器创建 Point 对象。

(4) 方法重载的一个误区是仅靠返回值的类型区别方法,即两个同名方法的形式参数的个数、类型以及类型顺序都完全相同,仅返回值的类型不同,这是 Java 语言不允许的。

5.5 实例变量和类变量

在类的声明中,除可以定义实例变量(Instance Variable)外,还可以定义类变量(Class Variable)。实例变量和类变量又统称为域(Field),或成员变量(Member Variable)。

定义类变量时,需要使用关键字 static;而定义实例变量时,则不能使用关键字 static。因此,类变量又称静态域(Static Field),实例变量又称非静态域(Non-Static Field)。

实例变量属于某个具体的对象。创建一个对象后,该对象就会拥有自己的实例变量。访问一个对象的实例变量时需要采用"引用变量名.实例变量名"的格式。

而类变量则属于一个类,且无须创建该类的任何对象即可访问类变量。访问一个类的类变量时采用"类名.类变量名"的格式。

一般情况下,在调用构造器创建对象时,通过参数传递为实例变量赋初值,而在定义类变量时即为其赋初值。

【例 5-6】 实例变量和类变量。Java 源程序代码如下:

```java
//以下代码保存在 MemberVariable.java 中
class Point {                              //Point 是类名
    int x,y;                               //x 和 y 是实例变量
    static int numberOfObjects = 0;        //在定义类变量 numberOfObjects 时赋初值

    Point(int x, int y) {
        this.x = x;   this.y = y;          //在调用构造器时为实例变量 x 和 y 赋初值
        numberOfObjects++;                 //每创建一个 Point 对象,使类变量增加 1
    }
}

public class MemberVariable {
    public static void main(String[] args) {
        Point p1,p2;

        System.out.println("在创建任何 Point 对象之前,类变量 numberOfObjects 的值是 " + Point.numberOfObjects);

        p1 = new Point(1,2);               //通过实际参数传递为实例变量赋初值
        System.out.println("创建第一个 Point 对象之后,类变量 numberOfObjects 的值是 " + Point.numberOfObjects);
```

```
            p2 = new Point(3,4);
            System.out.println("创建第二个 Point 对象之后,类变量 numberOfObjects 的值是 " + Point.numberOfObjects);
        }
    }
```

程序运行结果如下:

在创建任何 Point 对象之前,numberOfObjects 的值是 0
创建第一个 Point 对象之后,numberOfObjects 的值是 1
创建第二个 Point 对象之后,numberOfObjects 的值是 2

上述程序由 Point 和 MemberVariable 两个类及其声明组成。由于在 MemberVariable 类中定义了 main 方法,所以该类是主类。同时,MemberVariable 类又是 public 类,因此 Java 源程序文件必须与该类同名。

在 Point 类中,定义了类变量 numberOfObjects,同时将其值初始化为 0。类变量 numberOfObjects 用于记录和保存 Point 对象的当前个数。在 Point 类的构造器 Point(int x,int y)中,首先在赋值语句中使用参数 x 和 y 对新建 Point 对象的实例变量 x 和 y 的值进行初始化,然后通过自增运算(++)使类变量 numberOfObjects 的值递增 1。也是说,每当创建一个 Point 对象,类变量 numberOfObjects 的值将自动增加 1。这样,类变量 numberOfObjects 将始终记录并标记 Point 对象的当前个数。

在 MemberVariable 类的 main 方法中,在创建任何 Point 对象之前,可以通过类名(Point)访问 Point 类的类变量 numberOfObjects,此时类变量 numberOfObjects 的初始值为 0,表示不存在任何 Point 对象。之后,每当创建一个 Point 对象,numberOfObjects 的值将递增 1。

注意:在一个类的构造器、实例方法和类方法中可以直接访问该类的类变量,而无须采用"类名.类变量名"的格式。例如,在 Point 类构造器的语句"numberOfObjects++;"中就是直接访问类变量 numberOfObjects,而没有采用"类名.类变量名"的格式。而在 MemberVariable 类的 main 方法中则必须采用"类名.类变量名"的格式才能访问 Point 类的类变量 numberOfObjects。

5.6 实例方法和类方法

与类变量和实例变量类似,使用关键字 static 可以定义类方法(Class Method),又称静态方法(Static Method);而没使用关键字 static 定义的方法则称为实例方法(Instance Method),又称非静态方法(Non-Static Method)。

调用类方法时需要采用"类名.类方法名"的格式,而调用实例方法时则需要使用指向对象的引用变量。

类方法属于定义其的类,即使不创建任何对象,也可以调用类方法。因此,类方法具有如下性质:

(1) 在类方法中可以访问在其所属类中定义的类变量,但不能直接访问在其所属类中定义的实例变量。

(2) 在类方法中可以调用在其所属类中定义的其他类方法,但不能直接调用在其所属类中定义的实例方法。

(3) 在类方法中不能使用关键字 this,因为关键字 this 用来指代调用实例方法的当前对象。

【例 5-7】 类方法和实例方法。Java 源程序代码如下:

```java
//以下代码保存在 ClassMethodAndInstanceMethod.java 中
class Circle {
  double radius;                              //实例变量
  final static double PI = 3.14d;             //定义常量 PI

  Circle(double radius) {  this.radius = radius;  }

  static double getArea(double radius) {      //类方法、静态方法
    return PI * radius * radius;
  }

  double getCircumference() {                 //实例方法、非静态方法
    return 2d * PI * radius;
  }
}

public class ClassMethodAndInstanceMethod {
  public static void main(String[] args) {
    System.out.println("Area of circle is " + Circle.getArea(10d));

    Circle c = new Circle(100d);
    System.out.println("Circumference of circle is " + c.getCircumference());
  }
}
```

程序运行结果如下:

```
Area of circle is 314.0
Circumference of circle is 628.0
```

上述程序由 Circle 和 ClassMethodAndInstanceMethod 两个类及其声明组成。由于在 ClassMethodAndInstanceMethod 类中定义了 main 方法,所以该类是主类。同时,ClassMethodAndInstanceMethod 类又是 public 类,因此 Java 源程序文件必须与该类同名。

在 Java 语言中联合使用关键字 final 和 static,可以定义常量,并且常量名中的字母均大写。在上述 Circle 类中,即联合使用关键字 final 和 static 定义了常量 PI(圆周率)。其中,关键字 static 表示 PI 属于 Circle 类,即使不创建任何 Circle 对象也可以访问 PI,而关键字 final 表示 PI 只能被访问,但不能被修改。

在 Circle 类中使用关键字 static 定义了类方法 getArea,该方法使用常量 PI 以及形式参数 radius 计算圆的面积,然后通过 return 语句返回计算结果。而在定义方法 getCircumference 时没有使用关键字 static,所以该方法是实例方法。该方法使用常量 PI 以及实例变量 radius 计算圆的周长,然后通过 return 语句返回计算结果。

在 ClassMethodAndInstanceMethod 类的 main 方法中，即使不创建任何 Circle 对象，也可以通过类名(Circle)直接调用类方法 getArea。然而，必须创建 Circle 对象，并通过引用变量(如 c)才能调用实例方法 getCircumference。

注意：在 Circle 类的类方法 getArea 中，radius 并非是在 Circle 类中定义的实例变量 radius，而是类方法 getArea 的形式参数 radius。

5.7 超类与子类

在面向对象程序设计方法及语言中，可以在一个已经声明的类的基础上再声明另一个新的类。其中，前者称为超类(Superc Class)，又称基类(Base Class)或父类(Parent Class)，后者称为子类(Subclass)，又称派生类(Derived Class)或扩展类(Extended Class)。超类与子类的关系也可以称为从超类派生子类。子类能够继承并拥有在超类中定义的域(包括实例变量和类变量)以及方法(包括实例方法和类方法)。

在 Java 语言中，可以采用如下基本语法格式在类的声明中从超类派生子类：

```
class SubClassName extends SuperClassName {
    ⋮
}
```

其中，关键字 extends 指定相对于子类的超类，表示 SubClassName 和 SuperClassName 是子类和超类的关系。

在类的声明中，extends SuperClassName 是可选的。如果省略 extends SuperClassName，则超类 SuperClassName 是指 Java 语言提供的系统类 Object。在 Java 语言中，任何类都是最终从系统类 Object 派生得到的。

【例 5-8】 超类与子类。Java 源程序代码如下：

```
//以下代码保存在 SuperclassAndSubclass.java 中
class Superclass {                                    //超类
  int fieldInSuperclass = 1;

  void methodInSuperclass() {
    System.out.println("Method in Superclass is called!");
  }
}

class Subclass extends Superclass {                   //子类
  int fieldInSubclass = 2;

  void methodInSubclass() {
    System.out.println("Method in Subclass is called!");
  }
}

public class SuperclassAndSubclass {
  public static void main(String[] args) {
```

```
        Subclass rv = new Subclass();                    //创建子类对象

        //通过指向子类对象的引用变量 rv 访问在子类中定义的实例变量
        System.out.println("The value of fieldInSubclass is " + rv.fieldInSubclass);
        //通过指向子类对象的引用变量 rv 调用在子类中定义的实例方法
        rv.methodInSubclass();

        //通过指向子类对象的引用变量 rv 访问从超类继承的实例变量
        System.out.println("The value of fieldInSuperclass is " + rv.fieldInSuperclass);
        //通过指向子类对象的引用变量 rv 调用从超类继承的实例方法
        rv.methodInSuperclass();
    }
}
```

程序运行结果如下:

```
The value of fieldInSubclass is 2
Method in Subclass is called!
The value of fieldInSuperclass is 1
Method in Superclass is called!
```

上述程序由 Superclass、Subclass 和 SuperclassAndSubclass 三个类组成。

其中,SuperclassAndSubclass 类是主类。同时,SuperclassAndSubclass 类又是 public 类,因此 Java 源程序文件必须与该类同名。

在 Superclass 类中定义了实例变量 fieldInSuperclass 和实例方法 methodInSuperclass。在 Subclass 类中定义了实例变量 fieldInSubclass 和实例方法 methodInSubclass。另一方面,Subclass 类是在 Superclass 类的基础上派生得到的。因此,在两者当中,Superclass 是超类,Subclass 是子类,并且子类 Subclass 将继承并拥有在超类 Superclass 中定义的实例变量 fieldInSuperclass 和实例方法 methodInSuperclass。

在 SuperclassAndSubclass 类的 main 方法中,创建了一个 Subclass 对象,并将引用变量 rv 指向该 Subclass 对象,通过引用变量 rv 既可以访问在子类中定义的实例变量 fieldInSubclass,也可以访问从超类继承的实例变量 fieldInSuperclass。因此,每个 Subclass 对象都将拥有两个实例变量:一个是 fieldInSubclass,一个是 fieldInSuperclass。此外,通过引用变量 rv 既可以调用在子类中定义的实例方法 methodInSubclass,也可以调用从超类继承的实例方法 methodInSuperclass。

【例 5-9】 超类与子类。Java 源程序代码如下:

```
//以下代码保存在 InheritanceDemo.java 中
class Point {                                    //Point 类,其超类为系统类 Object
    double x,y;

    Point(double x,double y) {    this.x = x;    this.y = y;    }
}

class Circle extends Point {                     //Circle 类是 Point 类的子类
    double radius;
    final static double PI = 3.14d;
```

```
    Circle (double x,double y,double r){
       super(x,y);    radius = r;                //关键字 super 表示超类(Point 类)的构造器
    }

    static double calculateArea(Circle c){      //定义类方法
       return PI * c.radius * c.radius;
    }
}

public class InheritanceDemo {                  //InheritanceDemo 是主类
    public static void main(String[] args) {
       Circle c;    double area;

       c = new Circle(3.0,4.0,10.0);
       area = Circle.calculateArea(c);          //通过类名 Circle 调用类方法 calculateArea
       System.out.println("c.x = " + c.x + "  c.y = " + c.y + "  c.radius = " + c.radius);
       System.out.println("area = " + area);
    }
}
```

程序运行结果如下:

```
c.x = 3   c.y = 4   c.radius = 10
area = 314.0
```

上述程序由 Point、Circle 和 InheritanceDemo 三个类组成。

其中,InheritanceDemo 类既是主类,又是 public 类,并且 Java 源程序文件必须与该类同名。

Point 类和 Circle 类是超类和子类的关系。每个 Circle 对象拥有 x、y 和 radius 三个实例变量。其中,实例变量 x 和 y 是从超类 Point 继承的,实例变量 radius 是在子类 Circle 中定义的。

注意:

(1) Java 语言只允许单继承(Single Inheritance),即每个类只能从唯一的一个超类派生得到。

(2) 由于构造器不是类的成员,所以子类不能继承超类的构造器。但在子类的构造器中可以通过关键字 super 调用超类的构造器,即关键字 super 指代超类的构造器。此时,super 语句在子类的构造器中必须是第一条语句。

(3) 在 Circle 类的声明中,使用关键字 static 定义了类方法 calculateArea,且该方法的形式参数是一个指向 Circle 对象的引用变量,而不属于基本类型。

5.8 包

在 Java 语言中,包(Package)的概念对应于文件系统中的文件夹。制作网页时,可以把图像、动画、XHTML、CSS 和 JavaScript 等文档分门别类地组织和保存在多个对应的文件夹中。类似地,开发 Java 应用程序时,可以将功能相关的一些类组织在一个包中,并且每个

包对应一个特定的文件夹。

对于代码较少的 Java 应用程序,可以将其中的几个相关类组织在同一个 Java 源程序文件中,并且该 Java 源程序文件中有且仅有一个定义有 main 方法的主类。此外,还可以使用 NetBeans IDE 提供的默认包。

【练习 5-1】 在 NetBeans IDE 中创建和使用默认包。演示过程和操作步骤如下:

(1) 创建源包和测试包。如图 5-2 所示,在 NetBeans IDE 中创建 Java 项目时,系统在项目文件夹 JavaApplication 下会自动创建两个子文件夹 src 和 test。其中,子文件夹 src 又称为源包,子文件夹 test 又称为测试包。源包和测试包都可以用来存放 Java 源程序文件,但测试包用于存放以程序调试和软件测试为目标的 Java 源程序文件。

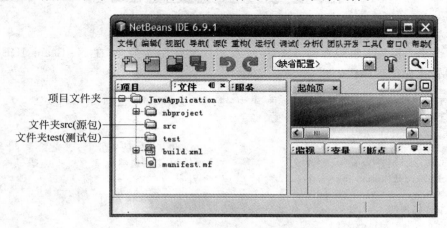

图 5-2 NetBeans IDE 自动创建的源包和测试包

(2) 将 Java 源程序文件保存于默认包。如图 5-3 所示,在 NetBeans IDE 中创建 Java 主类 TestPackage 时,可以将主类 TestPackage 所在 Java 源程序文件(TestPackage.java)的保存位置设定为源包。源包(即文件夹 src)也是保存 Java 源程序文件的默认包。然后,单击"完成"按钮。

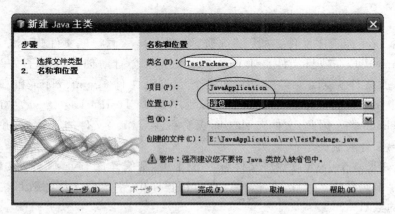

图 5-3 将主类所在 Java 源程序文件的保存位置设定为默认包(即源包)

如图 5-4 所示,主类 TestPackage 所在 Java 源程序文件(TestPackage.java)将保存于默认包(即文件夹 src)。

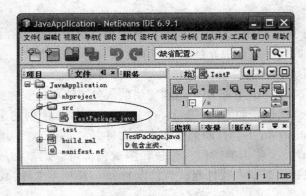

图 5-4 主类所在 Java 源程序文件将保存于默认包(即文件夹 src)

(3) 将几个相关类组织在同一个 Java 源程序文件中。为此，在 NetBeans IDE 的程序编辑器中输入如下程序代码：

```
//以下代码保存在 TestPackage.java 中，其中包括两个类：Point 类和 TestPackage 类
//以下代码声明 Point 类
class Point {
    public int x,y;                                    //x 和 y 是实例变量
    public Point() {  x = 1;   y = 2;  }               //第 1 个构造器
    public Point(int x, int y) { this.x = x; this.y = y; }   //第 2 个构造器
}
//以下代码声明 TestPackage 类，且 TestPackage 类是主类
public class TestPackage {
    public static void main(String[] args) {
        Point p1 = new Point();                        //调用 Point 类的第 1 个构造器创建 Point 对象
        Point p2 = new Point(3,4);                     //调用 Point 类的第 2 个构造器创建 Point 对象

        System.out.println("p1.x = " + p1.x + "   p1.y = " + p1.y);
        System.out.println("p2.x = " + p2.x + "   p2.y = " + p2.y);
    }
}
```

(4) 编译 Java 源程序文件。如图 5-5 所示，编译 Java 源程序文件(TestPackage.java)之后，NetBeans IDE 在项目文件夹 JavaApplication 下会自动创建两级子文件夹 build 和 classes，并在子文件夹 classes 中会生成两个字节码文件(Point.class 和 TestPackage.class)，这两个字节码文件分别对应在 Java 源程序文件(TestPackage.java)中声明的 Point 类和 TestPackage 类。因此，文件夹 classes 又称保存字节码文件的默认包，并且默认包中的每个字节码文件对应一个 Java 类。

类似地，如果一个 Java 源程序文件包含 N 个类，则编译该 Java 源程序文件后，将生成 N 个对应的字节码文件。因此，在一个 Java 应用程序中，字节码文件的数目往往大于 Java 源程序文件的数目。

(5) 运行程序。程序运行结果如下：

```
p1.x = 1    p1.y = 2
p2.x = 3    p2.y = 4
```

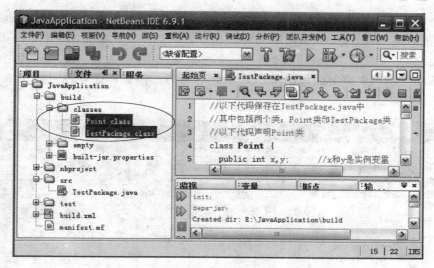

图 5-5　在默认包中生成两个字节码文件

虽然默认包适合于代码较少的 Java 应用程序,但并不适合于 Java 源程序文件和类的数目较多甚至庞大的 Java 应用程序。显然,在 NetBeans IDE 中将几十个 Java 源程序文件都保存在默认包(即文件夹 src)中,或将数目更多的字节码文件都保存在默认包(即文件夹 classes)中,都将增加文件管理和维护的难度。相反,如果根据功能相关性对数目较多的 Java 源程序文件和字节码文件分门别类,并将功能相关的 Java 源程序文件和字节码文件组织和保存一个特定的包中,将会提高文件管理和维护的效率。在 NetBeans IDE 中,可以轻松地创建或指定保存 Java 源程序文件的包,在 Java 源程序中也可以使用 package 语句创建或指定保存字节码文件的包。

【练习 5-2】　创建或指定包。演示过程和操作步骤如下:

(1) 准备工作。将练习 5-1 中的 Java 源程序代码保存到 Word 或 Notepad 中,然后在 NetBeans IDE 中删除上一练习中创建和生成的 Java 源程序文件(TestPackage.java)和字节码文件(Point.class 和 TestPackage.class)。

(2) 指定并创建保存 Java 源程序文件的包。如图 5-6 所示,在 NetBean IDE 中创建 Java 主类 TestPackage 时,在"位置"下拉列表框中选择"源包",在"包"下拉列表框中输入 myPackage。然后,单击"完成"按钮。

图 5-6　指定保存 Java 源程序文件的包

如图 5-7 所示,NetBeans IDE 在文件夹 src 下会自动创建子文件夹 myPackage,该子文件夹即指定的用于保存 Java 源程序文件的包。同时,在 Java 源程序文件(TestPackage.java)中会自动生成一条 package 语句。该 package 语句表示,在 Java 源程序文件(TestPackage.java)中声明的每个类所对应的字节码文件也将保存在对应的 myPackage 包中。

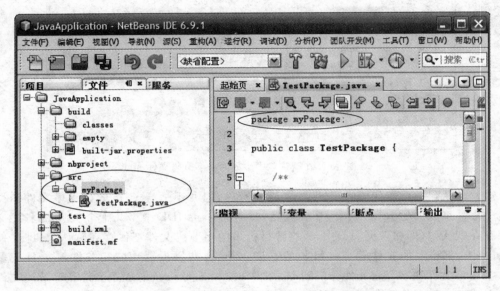

图 5-7 使用 package 语句指定或创建包

(3) 编辑 Java 源程序文件。利用在第(1)步准备好的代码,在 NetBeans IDE 的程序编辑器中输入如下程序代码:

```
//package 语句表示,在 Java 源程序文件中声明的每个类所对应的字节码将保存在对应的 myPackage
//包中
package myPackage;

//以下代码保存在 TestPackage.java 中,其中包括两个类: Point 类和 TestPackage 类
//以下代码声明 Point 类
class Point {
  public int x,y;                                    //x 和 y 是实例变量
  //后面的程序代码与【练习 5-1】中的相同
...
```

(4) 编译 Java 源程序文件。如图 5-8 所示,编译 Java 源程序文件(TestPackage.java)之后,NetBeans IDE 在 classes 文件夹下会自动创建子文件夹 myPackage,该文件夹即是使用 package 语句创建的、用于保存字节码文件的包。同时,在 myPackage 包中会生成两个字节码文件(Point.class 和 TestPackage.class),这两个字节码文件分别对应在 Java 源程序文件(TestPackage.java)中声明的 Point 类和 TestPackage 类。

(5) 运行程序。程序运行结果如下:

```
p1.x = 1    p1.y = 2
p2.x = 3    p2.y = 4
```

第5章 类与对象基础

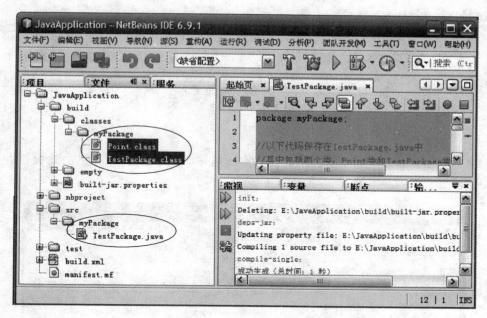

图 5-8　在 myPackage 包中生成两个字节码文件

有时候，也需要将 Java 源程序代码组织和保存在不同的 Java 源程序文件及多个相关类中。

【练习 5-3】 将 Java 源程序代码组织和保存在不同的 Java 源程序文件及多个相关类中。演示过程和操作步骤如下：

（1）准备工作。将练习 5-2 中的 Java 源程序代码保存到 Word 或 Notepad 中，然后在 NetBeans IDE 中删除练习 5-2 中创建和生成的 Java 源程序文件（TestPackage.java）和字节码文件（Point.class 和 TestPackage.class）。

（2）将两个 Java 源程序文件保存在 myPackage 包中。

首先，将第一个 Java 源程序文件（Point.java）保存在 myPackage 包中，并输入如下代码。

```
//以下代码保存在 Point.java 中
package myPackage;

//以下代码声明 Point 类
class Point {
  public int x,y;                                      //x 和 y 是实例变量
  public Point() {   x = 1;   y = 2;   }               //第 1 个构造器
  public Point(int x, int y) { this.x = x; this.y = y; }  //第 2 个构造器
}
```

然后，将第二个 Java 源程序文件（TestPackage.java）也保存在 myPackage 包中，并输入如下代码。

```
//以下代码也保存在 TestPackage.java 中
package myPackage;

//以下代码声明 TestPackage 类，且 TestPackage 类是主类
```

```
public class TestPackage {
  public static void main(String[] args) {
    Point p1 = new Point();              //调用第 1 个构造器创建 Point 对象
    Point p2 = new Point(3,4);           //调用第 2 个构造器创建 Point 对象

    System.out.println("p1.x = " + p1.x + "    p1.y = " + p1.y);
    System.out.println("p2.x = " + p2.x + "    p2.y = " + p2.y);
  }
}
```

如图 5-9 所示,两个 Java 源程序文件(Point.java 和 TestPackage.java)均保存在文件夹 src 下的 myPackage 包中。

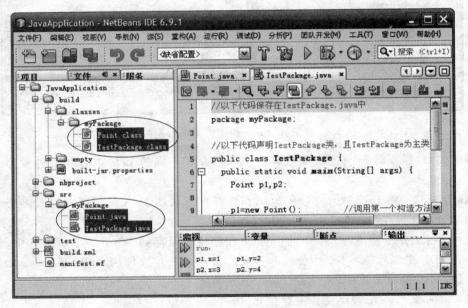

图 5-9 将两个 Java 源程序文件保存在 myPackage 包中

(3) 编译 Java 源程序文件。如图 5-9 所示,编译两个 Java 源程序文件(Point.java 和 TestPackage.java)之后,在 classes 文件夹下的 myPackage 包中会生成两个字节码文件(Point.class 和 TestPackage.class),这两个字节码文件分别对应在 Java 源程序文件 Point.java 中声明的 Point 类和在 Java 源程序文件 TestPackage.java 中声明的 TestPackage 类。

(4) 运行程序。程序运行结果如下:

```
p1.x = 1     p1.y = 2
p2.x = 3     p2.y = 4
```

5.9 基本类型变量和引用变量

Java 语言是一种强类型的程序设计语言——在使用变量或为变量赋值之前,必须先定义并指定变量的类型。

在 Java 语言中,数据类型分为基本类型和引用类型两种。基本类型包括 byte、short、int、long、float、double、char 和 boolean 共 8 种,类即属于引用类型。与数据的基本类型和引用类型相对应,Java 语言中的变量分为基本类型变量和引用类型变量(简称引用变量,也称对象变量)。

在运行 Java 程序时,系统会为每个变量分配相应的内存空间。但是,在为基本类型变量分配的内存空间中直接存储 byte、short、int、long、float、double、char 和 boolean 等基本类型的数据,而在为引用变量分配的内存空间中存储对象的地址。

5.9.1 方法内部的基本类型变量和引用变量

局部变量是在方法内部定义和使用的变量。在 Java 语言中,局部变量既可以是基本类型变量,也可以是引用变量。

【例 5-10】 方法内部的基本类型变量和引用变量。Java 源程序代码如下:

```
class Point {
  int x;
  Point(int x) {   this.x = x;   }
}
public class VariableType {
  public static void main(String[] args) {
    int i1 = 1, i2;                                  //基本类型变量
    Point p1 = new Point(1), p2;                     //引用变量
    System.out.println("i1 = " + i1 + "    p1.x = " + p1.x);

    i2 = i1;    p2 = p1;
    System.out.println("i1 = " + i1 + "    p1.x = " + p1.x);

    i2 = i2 + 1;    p2.x = p2.x + 1;
    System.out.println("i1 = " + i1 + "    p1.x = " + p1.x);
  }
}
```

程序运行结果如下:

```
i1 = 1    p1.x = 1
i1 = 1    p1.x = 1
i1 = 1    p1.x = 2
```

在上述 VariableType 类的 main 方法内部,i1 和 i2 是基本类型变量,p1 和 p2 是引用变量。图 5-10 说明了这些变量在 main 方法中的使用过程。

(1) 执行语句"int i1=1,i2;",Java 系统将定义基本类型变量 i1 和 i2,同时将整数 1 赋值给变量 i1。

(2) 执行语句"Point p1=new Point(1),p2;",Java 系统首先创建引用变量 p1 和 p2。然后,系统将创建一个 Point 对象(实线圆圈表示)并为该对象分配内存空间,同时为该对象的实例变量 x 赋值整数 1,然后将引用变量 p1 指向该 Point 对象。

(3) 执行语句"i2=i1;",Java 系统会将基本类型变量 i1 的值(1)赋值给变量 i2。执行

该语句后,基本类型变量 i1 和 i2 在各自的内部空间中都将存储整数 1。

(4) 执行语句"p2=p1;",引用变量 p2 也将指向引用变量 p1 所指向的 Point 对象。这样,引用变量 p1 和 p2 指向同一个 Point 对象。

(5) 执行语句"i2=i2+1;",基本类型变量 i2 所存储的整数会增加为 2,而基本类型变量 i1 所存储的整数保持不变,仍然是 1。

(6) 执行语句"p2.x=p2.x+1;",引用变量 p2 所指向对象的实例变量 x 的值会增加为 2。由于引用变量 p1 和 p2 指向同一个 Point 对象,引用变量 p1 所指向对象的实例变量 x 的值(即 p1.x)也是 2。

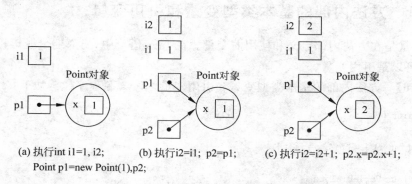

(a) 执行 int i1=1, i2;　　(b) 执行 i2=i1; p2=p1;　　(c) 执行 i2=i2+1; p2.x=p2.x+1;
　　Point p1=new Point(1),p2;

图 5-10　基本类型变量和引用变量在方法内部的用法和区分

5.9.2　作为参数的基本类型变量和引用变量

在 Java 源程序中定义和调用方法时,形式参数和实际参数既可以是基本类型变量,也可以是引用变量。

Java 语言规定,在方法调用及参数传递中,基本类型变量按值传递(call-by-value),引用变量按引用传递(call-by-reference)。也就是说,对于基本类型变量,Java 系统会将实际参数的值传递给形式参数,修改形式参数的值不会改变实际参数的值。而对于引用变量,Java 系统会将形式参数指向实际参数所指向的对象,因此通过形式参数也可以修改该对象的实例变量的值。

【例 5-11】　作为参数的基本类型变量和引用变量。Java 源程序代码如下:

```
class Point {
  int x;
  Point(int x) {  this.x = x;  }
}

public class TestParameters {                         //测试参数传递问题
  static void callMethod(int v, Point o) {
    v = 2;                                            //修改参数 v 的值
    o.x = 2;                                          //修改对象的实例变量的值
  }

  public static void main(String[] args) {
    int val = 1;
```

```
    Point obj = new Point(1);
    System.out.println("调用方法 callMethod 之前    val = " + val + "    obj.x = " + obj.x);

    //在方法调用及参数传递中,基本类型变量按值传递,引用变量按引用传递
    callMethod(val,obj);
    System.out.println("调用方法 callMethod 之后    val = " + val + "    obj.x = " + obj.x);
  }
}
```

程序运行结果如下：

调用方法 callMethod 之前   val = 1   obj.x = 1
调用方法 callMethod 之后   val = 1   obj.x = 2

在 main 方法中调用 callMethod 方法时,实际参数 val 和形式参数 v 都是基本类型变量；由于基本类型变量按值传递,Java 系统会将实际参数 val 的值(1)传递给形式参数 v。另一方面,基本类型变量 val 和 v 使用各自的内存空间存储整数。因此,在 callMethod 方法中修改形式参数 v 的值,不会改变实际参数 val 的值。所以,调用 callMethod 方法之后,基本类型变量 val 还是原来的值(1)。

在 main 方法中调用 callMethod 方法时,实际参数 obj 和形式参数 o 都是引用变量；由于引用变量按引用传递,实际参数 obj 与形式参数 o 指向的是同一个 Point 对象。在 callMethod 方法中执行语句"o.x＝2;",即是将该对象的实例变量 o.x 赋值为整数 2。所以,调用 callMethod 方法之后,引用变量 obj 所指向对象的实例变量的值是 2。

5.9.3 引用类型的方法返回值

在 Java 程序中,大多数方法的返回值是基本类型,但也允许方法的返回值是引用类型。Java 语言规定,当通过 return 语句从一个方法返回值时,基本类型总是以值的形式返回,而引用类型总是以引用方式返回,即返回一个对象的地址。

【例 5-12】 引用类型的返回值。Java 源程序代码如下：

```
class Point {
  int x;
  Point(int x) {  this.x = x;  }
}

public class TestReturnValue {                          //测试引用类型的返回值
  static Point creatObject() {
    Point o = new Point(1);
    return o;                                           //返回对象的地址
  }

  public static void main(String[] args) {
    Point obj;

    obj = creatObject();                                //方法的返回值是引用类型
    System.out.println("调用方法 creatObject 之后    obj.x = " + obj.x);
  }
}
```

程序运行结果如下：

调用方法 creatObject 之后　　obj.x = 1

在上述 Point 类的声明中定义了构造器 Point(int x)，调用该构造器可以创建一个 Point 对象。

在 TestReturnValue 类的声明中定义了 creatObject 方法。在该方法中，通过调用 Point 类的构造器 Point(int x)可以创建一个实例变量 x 的值为 1 的 Point 对象，并将引用变量 o 指向这个新创建的 Point 对象，然后通过 return 语句返回引用变量 o，即返回该新建 Point 对象的地址。

在 main 方法中调用 creatObject 方法之前，只定义了能够指向 Point 对象的引用变量 obj，并没有使用 new 运算符，也没有调用构造器创建 Point 对象。此时，引用变量 obj 不指向任何 Point 对象。在语句"obj＝ creatObject();"中，首先调用 creatObject 方法创建一个实例变量 x 的值为 1 的 Point 对象，然后通过返回该对象的地址使引用变量 obj 指向该 Point 对象。即使完成对 creatObject 方法的调用，在该方法中所创建的 Point 对象仍然存在。所以，执行语句"obj＝ creatObject();"之后，obj.x 的值是 1。

注意：一般认为，构造器没有返回值和返回类型。但也可以把构造器看作一种返回值属于引用类型的特殊方法。例如，在上述 TestReturnValue 类的 creatObject 方法中执行语句"Point o＝new Point(1);"时，首先调用 Point 类的构造器 Point(int x)创建一个 Point 对象，然后将引用变量 o 指向该新建 Point 对象（实际上就是通过构造器 Point(int x)将新建 Point 对象的地址作为返回值，并赋值给引用变量 o）。

5.10　小结

在类的声明中，可以定义实例变量、实例方法、构造器、类变量和类方法。

在 Java 语言中，对象是类的实例。使用 new 运算符、调用类的构造器、并将引用变量指向新创建的对象，称为类的实例化。

构造器与类同名。构造器的主要作用是在创建对象时对实例变量的值进行初始化。构造器没有返回值和返回类型，但不能在其定义中使用关键字 void。在类的声明中如果没有定义构造器，Java 系统将调用默认的构造器创建对象。在类的声明中如果定义了构造器，就不能再调用系统默认的构造器创建对象。

实例变量和类变量统称域。定义类变量时，需要使用关键字 static；而定义实例变量时，则不能使用关键字 static。因此，类变量又称静态域，实例变量又称非静态域。类变量属于类，且无须创建任何对象即可访问类变量；访问类变量采用"类名.类变量名"的格式。实例变量属于一个对象，每个对象拥有自己的实例变量，不同对象的实例变量是相互独立的；访问实例变量采用"引用变量名.实例变量名"的格式。

实例方法和类方法统称方法。定义类方法时，需要使用关键字 static；而定义实例方法时，则不能使用关键字 static。与类变量相似，类方法也属于类，且无须创建任何对象即可调用类方法。调用类方法采用"类名.类方法名"的格式。调用实例方法采用"引用变量名.实例方法名"的格式。

在 Java 语言中可以定义和使用局部变量、形式参数、实例变量和类变量 4 种变量。每种变量的特征和作用各不相同。局部变量只能在方法内定义和使用。使用形式参数,可以向方法提供需要处理的数据,或者控制数据处理的方式。实例变量和类变量都是在方法以外定义的。

在方法内可以定义引用变量。引用变量是一种指向对象的局部变量。通过引用变量,既可以访问对象的实例变量,又可以调用实例方法。

开发较大的 Java 应用程序需要声明和使用大量的类。此时,有效地组织和管理这些类及其相关的 Java 源代码就十分必要。在 Java 语言中,包(package)即是一种有效地组织和管理类及其相关 Java 源程序文件的文件夹结构。

在一个 Java 源程序文件中,可以声明多个类。但 Java 源程序经过编译后,每个类对应一个字节码文件。

5.11 习题

分析以下 Java 源程序及其输出。

```java
public class Point {
    int x;
    void assignValue(int i){   x = i;   }

    public static void main(String[] args) {
        Point p1 = new Point();
        Point p2 = new Point();
        System.out.println(p1 == p2);
        System.out.println(p1.x == p2.x);

        p1.assignValue(1);     p2.assignValue(1);
        System.out.println(p1 == p2);

        p1 = p2;
        System.out.println(p1 == p2);
    }
}
```

第6章 继承性、封装性和多态性

Java 语言支持面向对象程序设计(Object-Oriented Programming,OOP),因此支持 OOP 的三个基本特征,即继承性(Inheritance)、封装性(Encapsulation)和多态性(Polymorphism)。

6.1 再论对象和类

在面向对象程序设计中,通常用"对象"来描述现实世界中的具体事物,例如某位同学、某辆汽车或某只狗。作为一个独立的整体,对象由状态或属性(State/Attribute)和行为(Behavior)组成;状态或属性描述对象的静态性质,行为描述对象的动态性质。例如,可以将一只狗看作一个对象,那么它的名字"阿棕"、毛发颜色"棕色"、品种"贵宾"等状态或属性就描述了这个"狗"对象的静态性质。此外,这只狗还有摇尾巴、犬吠、吃东西、睡觉等行为,这些行为则描述了这个"狗"对象的动态性质。

除描述具体事物外,用"对象"还可以描述抽象概念。例如,在二维平面上的位置是"点"对象的一种状态或属性,并可用 X 坐标和 Y 坐标表示。X 坐标和 Y 坐标等状态或属性反映了"点"对象的静态性质。在二维平面上的移动则是"点"对象的一种行为,并反映了"点"对象的动态性质。

从一组具有共同状态或属性和行为的具体对象,可以抽象出对应的一个类。例如,有以下一些"狗"对象:

"狗"对象1,狗的名字叫阿棕、毛发颜色为棕色、品种是贵宾,会摇尾巴、犬吠、啃骨头、睡觉;

"狗"对象2,狗的名字叫阿黑、毛发颜色为黑色、品种是金毛,会摇尾巴、犬吠、啃骨头、睡觉;

"狗"对象3,狗的名字叫皮皮、毛发颜色为白色、品种是沙皮,会摇尾巴、犬吠、啃骨头、睡觉;

……

显然,每个"狗"对象都有各自的名字、毛发颜色和品种,但名字、毛发颜色和品种都是这些"狗"对象共同具有的状态或属性,而"阿棕"、"棕色"、"贵宾"是"狗"对象1的状态或属性值。此外,摇尾巴、犬吠、啃骨头、睡觉是这些"狗"对象的共同行为。这样,就可以从众多的"狗"对象中抽象出一个 Dog 类,该类具有 name(名字)、furColor(毛发颜色)和 breed(品种)

3个域,具有 wagTail(摇尾巴)、bark(犬吠)、gnawBone(啃骨头)、sleep(睡觉)4 个方法。"狗"对象的状态或属性对应 Dog 类的域,"狗"对象的行为对应 Dog 类的方法。

类似地,从一组具有共同状态或属性和行为的抽象对象,也可以抽象出对应的一个类。例如,可以将二维平面上的所有"点"对象抽象为 Point 类。在 Point 类中可以定义域 x 和 y 以及方法 move。"点"对象的状态或属性对应 Point 类的域 x 和 y,"点"对象的行为对应 Point 类的方法 move。

综上所述,类是对象的抽象化(Abstraction),从一组具有共同状态或属性和行为的对象,可以抽象出包含域和方法的类。类描述了一组具有共同状态或属性和行为的对象。

另一方面,对象是类的实例(Instance)。在 Java 语言中,以类作为模板(Template),可以创建一个对象,这一过程也称为类的实例化(Instantiation)。一般情况下,每个对象都拥有自己的实例变量,对象的实例变量表示对象的状态或属性;通过指向对象的引用变量调用在类声明中定义的实例方法,对象能够表现自己的行为。

6.2 继承性

继承性主要是指,在一定条件下子类不仅能够继承并拥有在超类中定义的域(包括实例变量和类变量),而且能够继承并重用在超类中定义的方法及其中的程序代码。通过子类继承在超类中定义的域和方法,可以实现代码重用,进而提高软件开发的生产率和软件产品的质量。

此外,继承性也允许根据需要在子类中定义新的域和方法,从而在超类的基础上扩展子类的功能。

【例 6-1】 继承性演示。Java 项目文件夹结构如图 6-1 所示。

图 6-1 Java 项目文件夹结构

Java 源程序代码如下:

```
class Point {
  int x, y;

  Point(int x, int y) {   this.x = x;   this.y = y;   }
  void printCoordinate() {   System.out.println("x = " + x + "   y = " + y);   }
}

class Circle extends Point {
  int radius;
  final static float PI = 3.14159f;

  Circle (int x, int y, int r) {   super(x,y);   radius = r;   }
  float calculateArea() {   return PI * radius * radius;   }

  void printData() {
    printCoordinate();
    System.out.println("radius = " + radius);
```

```
    }
}

public class InheritanceDemo {
  public static void main(String[] args) {
    Circle c;    float area;

    c = new Circle(3,4,10);
    area = c.calculateArea();

    c.printData();
    System.out.println("area = " + area);
  }
}
```

程序运行结果如下：

```
x = 3   y = 4
radius = 10
area = 314.159
```

上述程序由 Point、Circle 和 InheritanceDemo 三个类组成。Point 和 InheritanceDemo 类的超类是 Java 系统类 Object，Circle 类的超类是 Point 类。

由于在 InheritanceDemo 类中定义了 main 方法，所以 InheritanceDemo 类是主类。同时，InheritanceDemo 类又是 public 类，因此 Java 源程序文件必须与该类同名。

Circle 类有 radius、PI、x 和 y 四个域。其中，域 radius、x 和 y 是实例变量，域 PI 是类变量。实例变量 x 和 y 是从 Point 类继承的，实例变量 radius 和类变量 PI 是在 Circle 类中定义的。

除构造器外，Circle 类有 printCoordinate、calculateArea 和 printData 三个方法。其中，方法 printCoordinate 是从 Point 类继承的，方法 calculateArea 和 printData 是在 Circle 类中定义的。

此外，类的继承还具有传递性，即不仅可以从一个超类派生出多个子类，而且还可以从一个子类派生出多个子孙类。在这种情况下，子孙类不仅能够继承子类（父亲）的域和方法，而且能够继承超类（祖先）的域和方法。图 6-2 所示为一个关于脊椎动物的类继承关系图。其中，Vertebrata 类是 Fish、Bird、Reptile、Mammal 和 Amphibian 这 5 个子类的超类，而 Bird 类还有 Parrot、Sparrow 和 Pigeon 等子类，Mammal 类还有 Monkey、Cat 和 Dog 等子类。

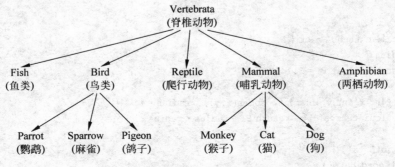

图 6-2 各种脊椎动物之间的继承关系

注意：Java 语言只支持单继承（Single Inheritance）。除系统类 Object 外，每个类只能有唯一的一个超类。

与对象与类的关系类似，在设计子类与超类的继承关系时，首先将多个子类的共同域和共同方法定义在超类中，然后在超类的基础上定义子类。这样，不仅每个子类能够继承在超类中定义的域和方法，而且在每个子类中还可以定义新的域和方法。

6.3 封装性与访问控制

在面向对象程序设计中，封装性允许将对象的某些状态或属性和行为对外界隐藏起来。这样，可以防止外界非法访问对象中的敏感数据。在 Java 语言中，表现为封装性外界只能有条件地访问对象的某些域和方法。

在 Java 语言中，封装性是通过访问控制（Access Control）实现的，并且访问控制分为两个层次：首先，是对类的访问控制。如果不能基于某个类创建对象，当然就不能访问在这个类中定义的域和方法。其次，是对类的成员（域和方法）的访问控制。

6.3.1 对类的访问控制：非 public 类和 public 类

在 Java 语言中，类是以包的形式进行组织的——将若干个功能相关的类组织在同一个包中，同一个包中的类是可以相互访问的。而不同包中的类则在一定条件下才可以相互访问。

根据声明类时是否使用关键字 public，可以将类分为非 public 类和 public 类，两者的特点分别如下：

（1）非 public 类只能在同一个包的内部使用，而不能在包以外的程序中使用。

（2）public 类既可以在同一个包的内部使用，也可以在包以外的程序中使用。

换言之，非 public 类总是隐藏在包的内部，仅有 public 类对包以外的程序是开放的。

【例 6-2】 非 public 类和 public 类及其访问控制。以下 4 个类的声明分别保存在 4 个不同的 Java 源程序文件中。如图 6-3 所示，4 个类及 Java 源程序文件分别在包 PackageOne 和包 PackageTwo 中。

（1）Java 源程序文件一。

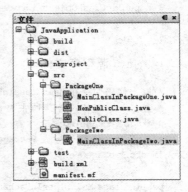

图 6-3 Java 源程序文件及包

```
//以下代码保存在 NonPublicClass.java 中
//在包 PackageOne 中声明非 public 类 NonPublicClass
package PackageOne;

class NonPublicClass {
  int instanceVariable = 1;

  void invokeMethod() {
    System.out.println("调用非 Public 类的方法!");
  }
}
```

(2) Java 源程序文件二。

```java
//以下代码保存在 PublicClass.java 中
//在包 PackageOne 中声明 public 类 PublicClass
package PackageOne;

public class PublicClass {
  int instanceVariable = 2;

  void invokeMethod() {
    System.out.println("调用 Public 类的方法!");
  }
}
```

(3) Java 源程序文件三。

```java
//以下代码保存在 MainClassInPackageOne.java 中
//在包 PackageOne 中声明主类 MainClassInPackageOne
package PackageOne;

public class MainClassInPackageOne {
  public static void main(String[] args) {
    NonPublicClass nonPublicClassObject = new NonPublicClass();
    System.out.println("访问非 public 类的实例变量: " + nonPublicClassObject.instanceVariable);
    nonPublicClassObject.invokeMethod();

    PublicClass publicClassObject = new PublicClass();
    System.out.println("访问 public 类的实例变量: " + publicClassObject.instanceVariable);
    publicClassObject.invokeMethod();
  }
}
```

(4) Java 源程序文件四。

```java
//以下代码保存在 MainClassInPackageTwo.java 中
//在包 PackageTwo 中声明主类 MainClassInPackageTwo
package PackageTwo;
//使用 import 语句导入 PackageOne 包中的所有类,包括 NonPublicClass 类和 PublicClass 类
import PackageOne.*;

public class MainClassInPackageTwo {
  public static void main(String[] args) {
    //NonPublicClass 类在 PackageOne 包中不是 public 的.因此,在 PackageTwo 包中不能创建
    //NonPublicClass 对象.所以,以下 1 条语句是错误的
    //NonPublicClass nonPublicClassObject = new NonPublicClass();

    //PublicClass 类在 PackageOne 包中是 public 的.因此,在 PackageTwo 包中可以创建
    //PublicClass 对象.所以,以下第 1 条语句是正确的.但要注意,以下第 2、3 条语句是错误的
    PublicClass publicClassObject = new PublicClass();
    //System.out.println("访问 public 类的实例变量: " + publicClassObject.instanceVariable);
    //publicClassObject.invokeMethod();
  }
}
```

本例中的 4 个类分别是 NonPublicClass、PublicClass、MainClassInPackageOne 和 MainClassInPackageTwo。

其中，前 3 个类在包 PackageOne 中，最后一个类在包 PackageTwo 中。因此，在第 3 个类 MainClassInPackageOne 中可以使用同一包中的 NonPublicClass 类和 PublicClass 类，即可以创建 NonPublicClass 对象和 PublicClass 对象。

NonPublicClass 类和 PublicClass 类在包 PackageOne 中，MainClassInPackageTwo 类在包 PackageTwo 中。由于 NonPublicClass 类是非 public 类，因此，在 MainClassInPackageTwo 类中不能使用 NonPublicClass 类，即不能创建 NonPublicClass 对象。然而，由于 PublicClass 类是 public 类，因此，在 MainClassInPackageTwo 类中可以使用 PublicClass 类，即可以创建 PublicClass 对象。

注意：

（1）包 PackageTwo 中的 MainClassInPackageTwo 类要使用包 PackageOne 中的 PublicClass 类，必须在声明 MainClassInPackageTwo 类之前使用 import 语句导入包 PackageOne 中的 PublicClass 类。上述代码中的语句

```
import PackageOne.*;
```

表示导入包 PackageOne 中的所有 public 类，既包括 PublicClass 类，也包括 MainClassIn-PackageOne 类。

如果仅仅导入包 PackageOne 中的 PublicClass 类，则可以使用如下语句

```
import PackageOne.PublicClass;
```

（2）虽然包 PackageTwo 中的 MainClassInPackageTwo 类可以使用包 PackageOne 中的 PublicClass 类，并在 MainClassInPackageTwo 类中可以创建 PublicClass 对象，但不能访问 PublicClass 对象的实例变量 instanceVariable，也不能调用实例方法 invokeMethod。由此可见，使用一个类和访问该类的成员是两个不同但又相关的概念。首先，使用一个类主要是指创建该类的对象，而访问该类的成员包括访问该类的域、或者调用该类的方法。其次，使用一个类是访问该类成员的前提和必备条件，只有首先使用一个类（或创建该类的对象），然后才有可能访问该类的成员。

（3）在一个 Java 源程序文件中，可以同时声明多个非 public 类，但只能声明一个 public 类，即 public 类在一个 Java 源程序文件中必须是唯一的，但不是必需的。

（4）在一个 Java 源程序文件中，如果声明了一个 public 类，则 Java 源程序文件与该 public 类必须同名。

（5）在一个 Java 源程序文件中，至多可以有一条 package 语句，但可以有多条 import 语句；如果有一条 package 语句，该 package 语句必须是第一条语句。

6.3.2 对成员的访问控制：public、protected、private 和默认修饰符

在 Java 源程序中能够使用一个类，仅仅意味着能够创建该类的一个对象，但并不意味着能够访问该对象的所有实例变量，也不意味着能够调用该类的所有方法。

在 Java 语言中，使用关键字 public 能够控制类在包以外的访问权限，而使用访问修饰符（Access Modifiers）则能够对类的成员（域和方法）的访问权限进行控制。

控制成员访问权限的修饰符有 public、protected、private 和默认修饰符等 4 种。其中，默认修饰符即是不使用任何访问修饰符。因此，也可以将类的成员分为相应的 4 种类型，即 public 成员、protected 成员、private 成员和不使用任何访问修饰符的成员。

表 6-1 列出了各种控制成员访问权限的修饰符及其功能。

表 6-1　控制成员访问权限的修饰符及其功能

访问修饰符	类内	同包	子类（不同包）	不同包（非子类）
public	Y	Y	Y	Y
protected	Y	Y	Y	N
默认修饰符	Y	Y	N	N
private	Y	N	N	N

首先，从行的角度对表 6-1 进行解释和分析。

第一行表示，public 成员可以被任何一个类访问。显然，一个类的实例方法可以访问该类的任何 public 成员，一个类的类方法也可以访问该类的任何类变量。此外，无论两个类是否在同一个包中，也无论两个类是否存在子类和超类的继承关系，只要在一个类中可以使用另一个类，前者即可访问后者的 public 成员。

第二行表示，相对于某一个类而言，任何与该类属于同一包的其他类，或者继承该类的子类，都可以访问该类的 protected 成员。

第三行表示，无论两个类是否存在子类和超类的继承关系，只要在同一包中，一个类就可以访问另一个类中不使用任何访问修饰符的成员。换言之，不使用任何访问修饰符的成员对包是开放访问权限的，因此有时也称为 package-private 成员。

第四行表示，private 成员仅能在类的内部被访问。换言之，只有同一个类的方法才能访问该类的 private 成员。

然后，从列的角度对表 6-1 进行解释和分析。

第一列表示，一个类的实例方法可以访问该类的任何域或其他实例方法，一个类的类方法也可以访问该类的任何类变量或其他类方法。

第二列表示，在同一个包中，一个类可以访问另一个类的除 private 成员外的其他成员。换言之，只要在同一包中，无论两个类是否存在子类和超类的继承关系，一个类都可以访问另一个类的 public 成员、protected 成员和 package-private 成员。

第三列表示，如果子类和超类不在同一个包中，则子类可以访问超类的 public 成员和 protected 成员，但不能访问超类的 package-private 成员和 private 成员。

第四列表示，如果两个类不在同一个包中，也不存在子类和超类的继承关系，则一个类只可能访问另一个类的 public 成员。

【例 6-3】　验证表 6-1 中的第三列，即如果子类和超类不在同一个包中，则子类可以访问超类的 public 成员和 protected 成员，但不能访问超类的 package-private 成员和 private 成员。以下将超类 SuperClass 和子类 SubClass 分别组织在包 PackageOne 和 PackageTwo 中。

（1）Java 源程序文件一。

```
//以下代码保存在 SuperClass.java 中
//将超类 SuperClass 保存在包 PackageOne 中
```

```java
package PackageOne;

//为了能够在包 PackageTwo 中基于该超类派生子类,必须将该超类声明为 public 类
public class SuperClass {
    public int publicField;                    //public 域
    protected int protectedField;              //protected 域
    int packageField;                          //package-private 域
    private int privateField;                  //private 域

    //将构造器设置为 protected,以便在包 PackageTwo 中的子类 SubClass 的构造器中调用该构造器
    protected SuperClass ( int publicField, int protectedField, int packageField, int privateField){
        this.publicField = publicField;        //this 指代当前对象
        this.protectedField = protectedField;
        this.packageField = packageField;
        this.privateField = privateField;
    }
}
```

(2) Java 源程序文件二。

```java
//以下代码保存在 SubClass.java 中
//将子类 SubClass 保存在包 PackageTwo 中
package PackageTwo;
//从包 PackageOne 中导入超类 SuperClass
import PackageOne.SuperClass;

//在超类 SuperClass 的基础上派生子类 SubClass
public class SubClass extends SuperClass {
    int newField;

    SubClass ( int publicField, int protectedField, int packageField, int privateField, int newField) {
        //使用关键字 super 调用超类的 protected 构造器
        super(publicField,protectedField,packageField,privateField);
        this.newField = newField;
    }

    public static void main(String[] args) {
        SubClass objectOfSubClass = new SubClass(1,2,3,4,5);

        System.out.println("publicField = " + objectOfSubClass.publicField);
        System.out.println("protectedField = " + objectOfSubClass.protectedField);

        //下一条语句有错.由于超类和子类不在同一包,因此子类不能访问超类的 package-private 域
        //System.out.println("packageField = " + objectOfSubClass.packageField);
        //下一条语句有错.子类 SubClass 不能访问超类 SuperClass 的 private 域
        //System.out.println("privateField = " + objectOfSubClass.privateField);

        System.out.println("newField = " + objectOfSubClass.newField);
    }
}
```

在本例中，子类和超类不在同一个包中。此时，子类不能直接访问超类的 package-private 成员和 private 成员。这也意味着超类中的 package-private 成员和 private 成员分别被隐藏在包和超类的内部，进而在某种程度上达到了信息隐蔽的效果和目的。

另一方面，子类不能直接访问超类的 package-private 成员和 private 成员，并不意味着在子类中不能对超类的 package-private 成员和 private 成员施加任何影响。例如，在子类 SubClass 的构造器中使用关键字 super 调用超类 SuperClass 的 protected 构造器，仍然能够为从超类 SuperClass 继承的 package-private 成员和 private 成员赋初值。

在成员的访问控制中，修饰符 public 具有完全的对外开放性。从外界只要能够使用一个类，就能够访问这个类的 public 成员。而修饰符 protected、默认修饰符和修饰符 private 则具有依次增强的隐蔽作用——protected 成员对包外的非子类隐蔽，package-private 成员对包外隐蔽，而 private 成员对类以外（包括子类）隐蔽。

在 Java 语言中声明一个类时，经常使用 package-private 域或 private 域将对象的某些信息隐蔽起来，而通过 public 方法或 protected 方法间接访问被隐蔽的 package-private 域或 private 域。

【例 6-4】 通过 public 方法或 protected 方法间接访问被隐蔽的 package-private 域或 private 域。以下将超类 SuperClass、子类 SubClass 和类 AccessDemo 分别保存在包 PackageOne、PackageTwo 和 PackageThree 中。

(1) Java 源程序文件一。

```
//以下代码保存在 SuperClass.java 中
//将超类 SuperClass 保存在包 PackageOne 中
package PackageOne;

//为了能够在包 PackageTwo 中基于超类 SuperClass 派生子类 SubClass，必须将超类 SuperClass 声明
//为 public 类
public class SuperClass {
    int packageField;                                    //package-private 域
    private int privateField;                            //private 域

    //将构造器设置为 protected，以便在包 PackageTwo 中的子类 SubClass 的构造器中调用该构造器
    protected SuperClass(int packageField, int privateField) {
        this.packageField = packageField;
        this.privateField = privateField;
    }

    //将该方法设置为 protected，以便在包 PackageTwo 中的子类 SuperClass 中调用该方法
    protected void printFieldInSuperClass( ) {
        System.out.println("packageField = " + packageField);
        System.out.println("privateField = " + privateField);
    }
}
```

(2) Java 源程序文件二。

```
//以下代码保存在 SubClass.java 中
//将子类 SubClass 保存在包 PackageTwo 中
```

```java
package PackageTwo;
//从包 PackageOne 中导入超类 SuperClass
import PackageOne.SuperClass;

//在超类 SuperClass 的基础上派生子类 SubClass
public class SubClass extends SuperClass {
  int newField;

  //思考：能否将下一行中的 public 删除，或换为 protected？为什么？
  public SubClass(int packageField, int privateField, int newField) {
    super(packageField, privateField);
    this.newField = newField;
  }

  //思考：能否将下一行中的 public 删除，或换为 protected？为什么？
  public void printField( ) {
    System.out.println("以下显示一个 SubClass 对象的实例变量");
    printFieldInSuperClass();
    System.out.println("newField = " + newField);
  }
}
```

（3）Java 源程序文件三。

```java
//以下代码保存在 AccessDemo.java 中
//将类 AccessDemo 保存在包 PackageThree 中
package PackageThree;
//从包 PackageTwo 中导入子类 SubClass
import PackageTwo.SubClass;

public class AccessDemo {
  public static void main(String[] args) {
    SubClass objectOfSubClass = new SubClass(1,2,3);

    objectOfSubClass.printField();
  }
}
```

如图 6-4 所示，SuperClass、SubClass 和 AccessDemo 三个类以及对应的三个 Java 源程序文件分别在包 PackageOne、包 PackageTwo 和包 PackageThre 中。

在本例中，SubClass 和 SuperClass 是子类和超类的继承关系，且子类 SubClass 继承了超类 SuperClass 中的域 packageField 和 privateField。但由于域 packageField 和 privateField 在超类 SuperClass 中分别是 package-private 域和 private 域，因此在子类 SubClass 中无法直接访问。

为了在创建 SubClass 对象时为域 packageField 和 privateField 赋初值，至少需要将超类 SuperClass 的构造器

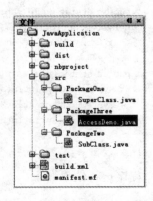

图 6-4　Java 源程序文件及包

设置为 protected(当然,更可以将超类 SuperClass 的构造器设置为 public)。这样,在子类 SubClass 的构造器中就可以使用关键字 super 调用超类 SuperClass 的构造器,同时为域 package Field 和 prviateField 赋初值。

同理,在子类 SubClass 中无法直接输出从超类 SuperClass 继承的域 packageField 和 privateField 的值。为此,可以首先在超类 SuperClass 中定义 protected 方法 (printFieldInSuperClass),并在其中输出域 packageField 和 privateField 的值,然后在子类 SubClass 的方法 printField 中调用在超类 SuperClass 中定义的方法 printFieldInSuperClass。这样,即可最终通过子类对象输出从超类 SuperClass 继承的域 packageField 和 privateField 的值。

6.4 多态性

方法重载(Overloading)和方法覆盖(Overridding)是 Java 语言支持多态性的主要表现。

6.4.1 再论方法重载

方法重载允许在一个类中定义两个或多个同名的方法,但这些方法的形式参数的个数、类型或类型顺序不完全相同。在 Java 语言中,不仅允许构造器的重载,而且允许一般方法的重载。

【例 6-5】 一般方法的重载。Java 源程序代码如下:

```java
public class Math {
    public static int abs(int num) {
        System.out.print("调用第一个 abs 方法  ");
        if (num < 0) num = - num;    return num;
    }
    public static float abs(float num) {
        System.out.print("调用第二个 abs 方法  ");
        if (num < 0) num = - num;    return num;
    }
    public static double abs(double num) {
        System.out.print("调用第三个 abs 方法  ");
        if (num < 0) num = - num;    return num;
    }
    public static void main(String[] args) {
        System.out.println(abs(-2));                  //不通过类名(Math)调用 abs 方法
        System.out.println(Math.abs(-2.0f));          //采用"类名.类方法名"的格式
        System.out.println(Math.abs(-2.0));           //采用"类名.类方法名"的格式
    }
}
```

程序运行结果如下:

调用第一个 abs 方法 2
调用第二个 abs 方法 2.0

调用第三个 abs 方法　　2.0

在上述 Math 类中,定义了三个名字均为 abs 的类方法,且这三个类方法都只有一个形式参数,但在三个类方法中形式参数的类型分别是 int、float 和 double。因此,这是三个重载的类方法。

注意:

(1) 方法重载的一个误区是根据返回值类型识别重载,即两个同名方法的形式参数的个数、类型以及类型顺序都完全相同,仅返回值类型识别不同,但这是不被允许的。例如,下列代码试图在 Math 类的声明中定义两个名字均为 abs、且都只有一个 int 类型形式参数的类方法,只是这两个类方法的返回值类型识别分别是 int 型和 long 型。但这种情况在 Java 语言中是不被允许的。

```
public class Math {
  public static int abs(int num) {
    …
  }
  public static long abs(int num) {
    …
  }
  …
}
```

(2) 由于在 Math 类的声明中将 abs 方法定义为类方法,所以在 main 方法中无须创建 Math 对象即可调用 abs 方法。

(3) 由于 main 方法和 abs 方法都是在 Math 类的声明中定义的,所以在 main 方法中调用 abs 方法时可以采用"类名.类方法名"的格式,也可以不通过类名(Math)调用 abs 方法。

除可以出现在同一个类之外,方法重载也可以出现在子类与超类之间。与同一个类中的方法重载类似,如果子类的方法与超类的方法具有相同的名字,但方法的形式参数的个数、类型或类型顺序不完全相同,也称子类的方法与超类的方法重载。

【例 6-6】 子类的方法与超类的方法重载。Java 源程序代码如下:

```
class Point {
  int x, y;
  Point(int x, int y) {  this.x = x;   this.y = y;  }
  double getArea( ) {   return 0; }
}

class Circle extends Point {
  int radius;
  Circle(int r, int x, int y) {   super(x, y);   radius = r;   }
  double getArea(double pi) {   return pi * radius * radius;   }
}

public class OverloadingTest {
  public static void main(String args[ ]) {
    Circle c = new Circle(1,1,1);
    System.out.println(c.getArea( ));
```

```
            System.out.println(c.getArea(3.14));
    }
}
```

程序运行结果如下：

```
0.0
3.14
```

在上述代码中，声明了 Point、Circle 和 OverLoadingTest 三个类。其中，Point 和 Circle 是超类与子类的关系。在超类 Point 和子类 Circle 中均定义了实例方法 getArea，超类 Point 中的方法 getArea 没有形式参数，子类 Circle 中的方法 getArea 有一个 double 类型的形式参数。超类 Point 中的方法 getArea 与子类 Circle 中的方法 getArea 就是一种方法重载的关系。

另一方面，子类 Circle 不仅继承了超类 Point 的方法 double getArea( )，而且新定义了方法 double getArea(double pi)。这样，在类 OverLoadingTest 的 main 方法中，代码 c.getArea( )将调用超类 Point 中的方法 getArea，代码 c.getArea(3.14)将调用子类 Circle 中的方法 getArea。

6.4.2 实例方法的覆盖

方法覆盖（Overridding）发生在子类和超类之间。如果子类的某个实例方法的特征（包括方法名和形式参数的个数、类型以及类型顺序）和返回值类型，与超类的某个实例方法的特征和返回值类型完全一样，则称子类中的方法覆盖超类中对应的方法。

【例 6-7】 子类与超类的方法覆盖。Java 源程序代码如下：

```java
class Point {
    int x, y;
    Point(int x, int y) {  this.x = x;  this.y = y;  }
    double calculateArea( ) {  return 0;  }
}

class Circle extends Point {
    int radius;
    Circle(int r, int x, int y) {  super(x, y);  radius = r;  }
    double calculateArea( ) {  return 3.14 * radius * radius;  }
}

public class TestOverridding {
    public static void main(String args[ ]) {
        Circle c = new Circle(1,1,1);
        System.out.println(c.calculateArea( ));
    }
}
```

程序运行结果如下：

```
3.14
```

在上述代码中，声明了 Point、Circle 和 TestOverridding 三个类。其中，Point 和 Circle 是超类与子类的关系。在超类 Point 和子类 Circle 中均定义了实例方法 calculateArea，并且这两个实例方法 calculateArea 的特征和返回值类型完全一样,因此,子类 Circle 的实例方法 calculateArea 会覆盖超类 Point 的实例方法 calculateArea。在 TestOverridding 类的 main 方法中,代码 c.calculateArea( )将调用子类 Circle 中的实例方法 calculateArea,而不是调用超类 Point 中的实例方法 calculateArea。

6.5 小结

类是对象的抽象化,从一组具有共同状态或属性和行为的对象,可以抽象出包含域和方法的类。对象则是类的实例。

在面向对象程序设计中,数据及其处理过程以域和方法的形式组织在多个类中。

在一定条件下,子类可以继承并拥有在超类中定义的域和方法。此外,继承性也允许根据需要在子类中定义新的域和方法,从而在超类的基础上扩展子类的功能。

一个类包括构造器、域和方法三种要素,且只能在类的声明中定义构造器、域和方法。除构造器外,在超类中定义的域和方法能够被子类继承。

非 public 类只能在同一个包的内部使用。public 类既可以在同一个包的内部使用,也可以在包以外的程序中使用。

使用一个类和访问该类的成员是两个不同但又相关的概念。首先,使用一个类主要是指创建该类的对象,而访问该类的成员包括访问该类的域或者调用该类的方法。其次,使用一个类是访问该类成员的前提和必备条件,只有首先使用一个类(或创建该类的对象),才有可能访问该类的成员。

在 Java 语言中,使用访问修饰符 public、protected、private 和默认修饰符可以分别将域或方法定义为 public、protected、private 和 package-private 成员。但不能使用 public、protected、private、static 和 final 等关键字修饰局部变量。

在能够使用 A 类的前提下:

(1) 可以在外部包或其他类中访问 A 类的 public 成员。

(2) 可以在同一个包或子类中访问 A 类的 protected 成员,但在其他包中的非子类不能访问 A 类的 protected 成员。

(3) 可以在同一个包中访问 A 类的 package-private 成员,但在其他包中不能访问 A 类的 package- private 成员。

(4) 只能在 A 类的内部访问 A 类的 private 成员,即使在同一个包或 A 类的子类中也不能访问 A 类的 private 成员。

方法重载和方法覆盖是 Java 语言支持多态性的主要表现。

方法重载是一种让类以统一的方式处理不同类型数据的有效手段。多个重载的方法通常具有相同的数据处理过程,但所处理数据的类型可以不同。

此外,还可以对方法重载和方法覆盖作如下归纳和对比。

(1) 方法重载可以出现在同一个类中,也可以出现在超类和子类之间;而方法覆盖只能出现在超类和子类之间。

(2) 方法重载要求方法名相同,但形式参数的个数、类型或类型顺序不完全相同。方法覆盖则要求方法的特征(包括方法名和形式参数的个数、类型以及类型顺序)和返回值类型完全一样。

（3）在类的声明中定义多个构造器是方法重载的常见应用之一。

6.6 习题

1. 编写 Java 源程序，验证表 6-1 中的第三行。

2. 在【例 6-3】中能否将超类 SuperClass 构造器定义中的访问修饰等 protected 改为 public、或删除、或改为 prviate？为什么？上机验证你的分析和判断。

3. 在【例 6-4】中能否将超类 SuperClass、子类 SubClass 和类 AccessDemo 修改为非 public 类（即删除关键字 class 前的 public）？为什么？上机验证你的分析和判断。

4. 以下是一个可以正确运行的 Java 源程序及其代码，Java 源程序的文件名是 OOP.java。仔细阅读并认真分析该 Java 源程序代码及其运行结果，然后完成后面的 3 个小题。

```java
package exam;

class Point {
    private int x, y;
    Point(int x, int y) { this.x = x; this.y = y; }
    int getX() { return x; }
    int getY() { return y; }
    double calculateArea( ) { return 0; }
}

class Circle extends Point {
    int radius;
    Circle(int r) { super(0,0); radius = r; }
    Circle(int x, int y, int r) { super(x,y); radius = r; }
    double calculateArea( ) { return 3.14 * radius * radius; }
}

public class OOP {
    public static void main(String args[ ]) {
        Circle c1 = new Circle(1);
        Circle c2 = new Circle(1,1,1);
        System.out.println("The Center of Circle c1 is (" + c1.getX() + "," + c1.getY() + ")");
        System.out.println("The Area of Circle c2 is " + c2.calculateArea());
    }
}
```

程序运行结果如下：

```
The Center of Circle c1 is (0,0)
The Area of Circle c2 is 3.14
```

（1）针对上段 Java 源程序，分析其中的继承性。

（2）针对上段 Java 源程序，分析其中的封装性。

（3）针对上段 Java 源程序，分析其中的多态性。

第7章 数组

在 Java 语言中,数组(Array)是由一组具有相同数据类型的元素构成的有序集合。其中的元素可以是 byte、short、int、long、float、double、char 或 boolean 等同一种基本类型,也可以是指向同一类对象的引用类型。数组可以是一维的,也可以是二维的。在数组及其应用中,最常见的是一维数组。

7.1 一维数组的逻辑结构

图 7-1 是一维数组的逻辑结构示意图。其中,e_i 表示一维数组中的第 $i+1$ 个元素 (Element)。数组中的所有元素属于同一种数据类型。数组中的元素个数称为数组长度 (Length)。数组中的元素可以用下标(Index)标识和指定。在一维数组中,第 i 个元素 e_{i-1} 的下标是 $i-1$。因此,元素的下标介于 0 和数组长度减 1 之间。

图 7-1 一维数组的长度、元素及其下标

7.2 数组变量的定义和数组对象的创建

在 Java 语言中,一个数组实质上也是一个对象,必须通过指向数组对象的引用变量才能访问数组及其中的元素。因此,必须首先定义能够指向数组对象的引用变量(又称数组引用变量,简称数组变量)。例如,语句

```
int [] intArray;
```

就定义了能够指向 int 型数组对象的数组变量 intArray。但在此时,数组变量 intArray 还没有指向任何一个 int 型数组对象。

定义数组变量之后,可以使用 new 运算符创建指定长度的数组对象、为数组对象分配内存空间,然后使用赋值运算符将数组变量指向新创建的数组对象。例如,语句

```
intArray = new int[6];
```

就首先创建了一个长度为 6 的 int 型数组对象,该数组包含 6 个元素,每个元素对应于一个 int 型整数变量,并可以存储 int 型数据。然后将数组变量 intArray 指向新创建的 int 型数组对象。

上述定义数组变量、使用 new 运算符创建数组对象、将数组变量指向新创建的数组对象等步骤,也可以使用如下一条语句实现和完成:

```
int [] intArray = new int[6];
```

7.3 数组对象的初始化

所谓数组对象的初始化,就是在创建数组对象、为数组对象分配内存空间的同时,为数组中的每个元素赋初始值。数组对象必须首先初始化,然后才能使用。数组对象的初始化有两种方式。

(1) 动态初始化。创建一般类的对象时,Java 系统会调用默认的构造器对实例变量的值进行初始化。与此类似,在创建数组对象时 Java 系统可以为每个数组元素分配默认的初始值,并遵循类似的规则——将 byte、short、int、long、float、double 和 char 型数组的元素的值初始化为 0,将 boolean 型数组的元素的值初始化为 false。此外,在动态初始化数组对象时,还必须使用 new 运算符并指定数组长度。例如,语句

```
float [] array1 = new float[2];
```

将创建一个长度为 2 的 float 型数组对象,并将每个数组元素的初始值设置为 0.0。

(2) 静态初始化。在程序中明确地指定每个数组元素的初始值,而由 Java 系统决定数组的长度。例如,语句

```
int [] array2 = {1,2,3};
```

将创建一个长度为 3 的 int 型数组对象,3 个数组元素的初始值依次为 1、2 和 3。

7.4 数组长度与数组元素

数组长度就是数组中的元素个数。每个数组对象都有一个实例变量 length,用于保存和表示数组长度。可以通过数组变量访问属于一个数组对象的实例变量 length,具体语法格式如下:

数组变量名.length

例如,array1.length 表示数组 array1 的长度,即该数组中的元素个数。

可以通过数组变量和下标访问数组中的某个指定元素,具体语法格式如下:

数组变量名[下标]

例如,array2[2] 表示数组 array2 中下标为 2 的元素,即该数组中的第 3 个元素。array2[i] 表示数组 array2 中下标为 i 的元素,即该数组中的第 i+1 个元素。array2[j+1] 表示数组

array2 中下标为 j+1 的元素,即该数组中的第 j+2 个元素。

【例 7-1】 数组对象的初始化。Java 源程序代码如下:

```java
public class ArrayInitialize {
  public static void main(String[] args) {
    int i;
    float [] array1 = new float[2];                 //动态初始化
    int [] array2 = {1,2,3};                        //静态初始化
    char [] cArray = new char[] {48,'0','a'};       //静态初始化

    System.out.println("数组 array1 的长度: " + array1.length);
    System.out.print("数组元素包括: ");
    for(i = 0;i < array1.length;i++)   System.out.print(array1[i] + "   ");
    System.out.println();

    System.out.println("数组 array2 的长度: " + array2.length);
    System.out.print("数组元素包括: ");
    for(i = 0;i < array2.length;i++)   System.out.print(array2[i] + "   ");
    System.out.println();

    System.out.println("字符数组 cArray 的长度: " + cArray.length);
    System.out.print("数组元素包括: ");
    for(i = 0;i < cArray.length;i++)   System.out.print(cArray[i] + "   ");
  }
}
```

程序运行结果如下:

数组 array1 的长度: 2
数组元素包括: 0.0   0.0
数组 array2 的长度: 3
数组元素包括: 1   2   3
数组 cArray 的长度: 3
数组元素包括: 0   0   a

注意: 在上述程序中,使用静态初始化方法定义了字符数组 cArray,3 个数组元素的初始值依次为 48、'0'和'a'。其中,第 1 个元素的初始值(48)表示字符('0')的 ASCII 码,第 2 个元素的初始值('0')是字符('0')的字面值。因此,第 1 个元素和第 2 个元素都是字符'0'。

7.5 一维数组的应用:查找和排序

查找(Search)是一维数组的一项重要应用。所谓查找(又称搜索),是指对于某个给定的关键值以及一个已知的一维数组,确定等于该关键值的元素在一维数组中的位置(通常用下标表示)。

7.5.1 顺序查找

顺序查找(Sequential Search)是一种最基本和最简单的查找方法,其基本思想是,从数

组中的第一个元素开始,将给定的关键值与数组中的元素依次逐个进行比较,直到发现与关键值相等的元素为止。如果没有发现与关键值相等的元素,则称查找不成功。

【例 7-2】 在数组中顺序查找与给定关键值相等的元素。如果在数组中存在并发现与关键值相等的元素,则将变量 keyIndex 设置为与关键值 key 相等的第一个元素的下标;否则,将变量 keyIndex 设置为-1。为了完成这一数据处理任务,可以绘制如图 7-2 所示的程序流程图。

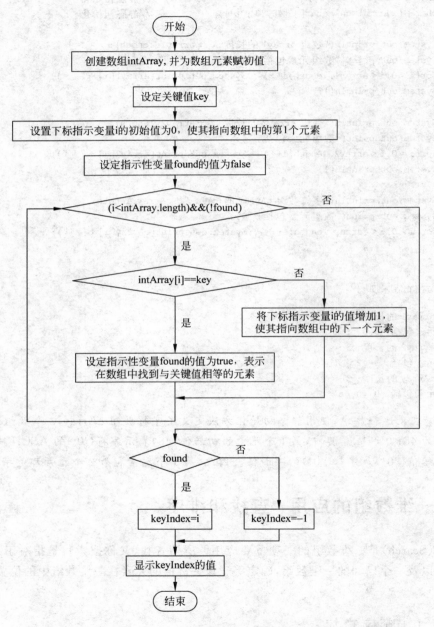

图 7-2 顺序查找的程序流程图

Java 源程序代码如下：

```java
public class SequentialSearch {
  public static void main(String[] args) {
    int [] intArray = {1,10,32,2,45,0,10,-2};
    int i,key,keyIndex;
    boolean found;

    key = -12;
    i = 0;  found = false;
    while ((i < intArray.length)&&(!found)){
      if (intArray[i] == key)
        found = true;
      else i++;
    }

    if (found) keyIndex = i;
    else keyIndex = -1;

    System.out.println("返回值: " + keyIndex);
  }
}
```

在上述代码中，变量 key 用于保存将要在数组 intArray 中查找的关键值；int 型变量 i 从初始值 0 开始，在 while 循环中通过自增运算依次向后遍历每个数组元素的下标；boolean 型变量 found 标记是否在数组 intArray 中发现与关键值 key 相等的元素，其初始值为 false 表示尚未在数组中发现与关键值 key 相等的元素。变量 i 和 found 都出现在 while 循环控制条件中，并都有可能在循环体中发生改变，因此，变量 i 和 found 都是循环控制变量。一旦在数组 intArray 中发现与关键值 key 相等的元素，变量 keyIndex 将指示该元素在数组 intArray 中的位置（即该元素的下标）。

注意：在上述代码中，数组 intArray 通常是一个无序数组，即其中的元素既不按升序排列，又不按降序排列。对于无序数组，只能采用顺序查找方法在数组中查找给定的关键值。

7.5.2 二分查找

与无序数组中元素的组织方式不同，有序数组中的元素或者按升序排列、或者按降序排列。例如，在元素按升序排列的有序数组中，第 1 个元素小于或等于第 2 个元素，第 2 个元素小于或等于第 3 个元素，……，第 i 个元素小于或等于第 i+1 个元素，……，倒数第 2 个元素小于或等于最后一个元素。对于有序数组，可以采用一些更加有效的方法在数组中查找给定的关键值。其中，二分查找（Binary Search）具有一定的代表性。

二分查找又称折半查找。对于元素按升序排列的数组，二分查找的基本思想是：首先在数组中选取中间位置的元素，将给定的关键值 key 与该元素进行比较，若两者相等，则查找成功；否则，若关键值 key 比该元素大，则在数组的后半部分继续进行二分查找；若关键值 key 比该元素小，则在数组的前半部分继续进行二分查找。每进行一次比较，或者在数组中发现与关键值 key 相等的元素，或者将查找范围缩小一半。如此反复，直到在数组中发现与关键值 key 相等的元素(即查找成功),或最终将查找范围缩小为零(即查找失败)。

【例 7-3】 对元素按升序排列的数组进行二分查找。Java 源程序代码如下:

```java
public class BinarySearch {
  public static void main(String[] args) {
    int[] intArray = {1,2,3,4,5,7,8,9};
    int key,low,high,mid = 0,insertionPoint;
    boolean found = false;

    key = 6;   low = 0;   high = intArray.length - 1;
    while((low <= high)&&!found){
      mid = (low + high)/2;
      if (intArray[mid]< key) low = mid + 1;
      else if (intArray[mid] == key) found = true;
         else high = mid - 1;
    }

    if (found) System.out.println("在数组中发现与关键值 key 相等的元素,其下标是: " + mid);
    else {
      insertionPoint = low;
      System.out.println("插入点: " + insertionPoint);
    }
  }
}
```

注意:

(1) 如果在数组 intArray 中发现与关键值 key 相等的元素,变量 mid 的值即是该元素的下标,同时元素 intArray[mid]与 key 相等。

(2) 如果在数组中没有发现与关键值 key 相等的元素,变量 low 的值表示关键值 key 在数组中的插入点(Insertion Point)。例如,由于在数组 intArray 中没有发现关键值 6,变量 low 的最终值(5)即是插入点。插入点是 5 表示,如果把元素 intArray[5]以及其后的每个元素都往后移动一个位置,然后将关键值 6 保存在元素 intArray[5]中,数组中的所有元素(包括新插入的关键值 6)将仍然按升序排列。

(3) 二分查找方法只能应用于有序数组,而不能应用于无序数组,即数组中的元素必须按升序(或者降序)排列。

7.5.3 冒泡排序

虽然二分查找比顺序查找的效率高,但要求一维数组中的元素必须按升序(或者降序)排列。因此,在使用二分查找方法之前,需要对一维数组中的元素进行排序。为此,可以采用冒泡排序(Bubble Sort)方法(简称冒泡法),以便将一维数组中的元素按升序(或者降序)排列。

使用冒泡法将数组元素按升序排列的基本思想是,依次比较两个相邻的数组元素,将小的元素放在前面,大的元素放在后面。

对于有 n 个元素的数组,需要进行 n-1 趟比较才能完成整个排序过程。在第 1 趟,首先比较第 1 个和第 2 个元素,将小的放前,大的放后;然后比较第 2 个和第 3 个元素,再次将小的放前,大的放后;如此继续,直至比较最后两个元素,仍然将小的放前,大的放后;至此第 1 趟比较结束,将最大的元素移动到数组的最后。在第 2 趟,还是从第 1 个和第 2 个元素开始比较(因为可能由于在第 1 趟中第 2 个和第 3 个元素的交换,使得第 1 个元素不再小于第 2 个元素),将小的放前,大的放后,……,一直比较到数组的倒数第 2 个元素(因为倒数第 1 个元素已经是最大的);至此第 2 趟比较结束,在数组倒数第 2 的位置上得到一个新的最大元素(其实是整个数组中的第 2 大元素)。如此下去,重复以上过程(共进行 n−1 趟比较),直至最终完成排序。

【例 7-4】 使用冒泡法将数组元素按升序排列。Java 源程序代码如下:

```java
public class BubbleSort {
    public static void main(String[] args) {
        int temp,intArray[] = {3,11,2,21,8,1};
        int i,j,k;

        System.out.print(" ***** 排序之前: ");
        for(k = 0;k < intArray.length;k++) System.out.print("\t" + intArray[k]);

        //外层 for 循环,共进行 length-1 趟比较
        //每趟有剩余的 length-i 个无序数(数组中的前 length-i 个元素)需要参与大小比较
        for(i = 0;i < intArray.length-1;i++) {
            //内层 for 循环,每趟需进行 length-i-1 次比较
            for(j = 0;j < intArray.length-i-1;j++)
                //在两个相邻数组元素中,如果前面的数组元素大于后面的数组元素
                if(intArray[j]> intArray[j+1]) {
                    temp = intArray[j];   intArray[j] = intArray[j+1];   intArray[j+1] = temp;
                }
            System.out.print("\n第 " + (i+1) +" 趟比较后: ");
            for(k = 0;k < intArray.length;k++) System.out.print("\t" + intArray[k]);
        }  //end of for(i = 0;...)
    }
}
```

程序运行结果如下:

***** 排序之前:	3	11	2	21	8	1
第 1 趟比较后:	3	2	11	8	1	21
第 2 趟比较后:	2	3	8	1	11	21
第 3 趟比较后:	2	3	1	8	11	21
第 4 趟比较后:	2	1	3	8	11	21
第 5 趟比较后:	1	2	3	8	11	21

程序运行结果描述了冒泡排序的总体趋势:小的整数不断地往前移动,大的整数不断地往后移动。

上述程序中的外层和内层 for 循环共同实现了整个冒泡排序过程——外层和内层 for 循环的控制变量分别是 i 和 j;外层 for 循环实现 n−1 趟比较(假设数组元素个数为 n),内层 for 循环依次实现两个相邻数组元素的比较与交换;在第 i+1 趟比较中,数组中的前 n−i 个元素将依次两两参与比较,共比较 n−i−1 次;完成第 i+1 趟比较后,数组中的后

i+1个元素均大于前 n−i−1 个元素,并且实现后 i+1 个元素按升序排列。

7.6 二维数组及其应用

与一维数组类似,二维数组也是由一组具有相同数据类型的元素构成的有序集合。一个二维数组实质上也是一个对象,同样必须通过指向数组对象的引用变量才能访问数组及其中的元素。也可以使用动态和静态两种方法对二维数组对象进行初始化。

与一维数组不同的是,需要使用两个下标来标识和指定二维数组中的元素。

7.6.1 矩阵乘法

二维数组同样可以满足很多数据处理需求。实现矩阵乘法运算是二维数组在数据处理中的典型应用之一。

【例 7-5】 使用二维数组实现矩阵乘法运算。Java 源程序代码如下:

```java
public class MatrixMultiplication {
    //输出矩阵
    private static void printMatrix(char matrixId, int row, int col, int matrix[][]) {
        System.out.println("矩阵" + matrixId + "如下:");
        for(int i = 0; i < row; i++) {
            for(int j = 0; j < col; j++)
                System.out.print(" " + matrix[i][j]);
            System.out.println();
        }
    }

    public static void main(String[] args) {
        int i, j, k, count;
        int [][] matrixA = {{1,2,3},{4,5,6}};          //2 行×3 列的矩阵,静态初始化
        int [][] matrixB = new int[3][4];              //3 行×4 列的矩阵,动态初始化
        int [][] matrixC = new int[2][4];              //2 行×4 列的矩阵,动态初始化

        for(i = 0, count = 1; i < 3; i++)              //对矩阵 matrixB 中的元素重新赋值
            for(j = 0; j < 4; j++)
                matrixB[i][j] = count++;

        for(i = 0; i < 2; i++)                         //实现矩阵乘法运算 matrixC = matrixA * matrixB
            for(j = 0; j < 3; j++)
                for(k = 0; k < 4; k++)
                    matrixC[i][k] += matrixA[i][j] * matrixB[j][k];

        printMatrix('A', 2, 3, matrixA);
        printMatrix('B', 3, 4, matrixB);
        printMatrix('C', 2, 4, matrixC);
    }
}
```

程序运行结果如下：

矩阵 A 如下：
 1 2 3
 4 5 6
矩阵 B 如下：
 1 2 3 4
 5 6 7 8
 9 10 11 12
矩阵 C 如下：
 38 44 50 56
 83 98 113 128

在上述程序中，matrixA[i][j]表示矩阵 A 的第 i+1 行第 j+1 列元素。类似地，matrixB[j][k]表示矩阵 B 的第 j+1 行第 k+1 列元素，matrixC[i][k]表示矩阵 C 的第 i+1 行第 k+1 列元素。

与一维数组对象类似，也可以使用动态和静态两种方法对二维数组对象进行初始化。因此，动态初始化后，二维数组 matrixB 和 matrixC 的元素的初始值均为 0。

printMatrix 方法用于输出一个矩阵及其中的元素。由于在类方法中可以调用在其所属类中定义的其他类方法，但不能调用在其所属类中定义的实例方法。因此，为了在 main 方法（该方法也是类方法）中调用 printMatrix 方法，需要使用关键字 static 将 printMatrix 方法定义为类方法。

7.6.2 八皇后问题

使用二维数组还可以求解类似八皇后的离散性数学问题。

八皇后问题(Eight Queens Puzzle)是一个以国际象棋为背景的问题：如何在 8 行×8 列的国际象棋棋盘上摆放八个皇后，使得任何一个皇后都无法直接吃掉其他的皇后？为了达到此目的，任意两个皇后既不能在同一行或同一列上，又不能同在斜率为 45°或 135°的直线上。

图 7-3 例举了八皇后问题的两个可行解。在每个可行解中，单元格中的符号◆表示一个皇后及其在棋盘上的位置。在每个可行解中，任意两个皇后既不在同一行或同一列上，又不同在斜率为 45°或 135°的直线上。

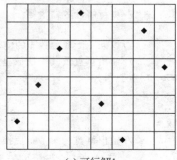
(a) 可行解1

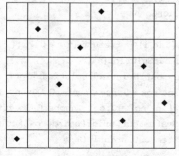
(b) 可行解2

图 7-3　八皇后问题的两个可行解

图7-4例举了八皇后问题的两个非可行解。在每个非可行解中,单元格中的符号★表示一个与其他皇后发生冲突的皇后及其在棋盘上的位置。在第一个非可行解中,(2,3)单元格与(2,7)单元格中的皇后在同一行上,因此这两个皇后发生了冲突;而(1,1)单元格与(4,4)单元格中的皇后同在斜率为135°的直线上,所以这两个皇后也发生了冲突。在第二个非可行解中,(1,4)单元格与(4,4)单元格中的皇后在同一列上,因此这两个皇后发生了冲突;而(2,7)单元格与(6,3)单元格中的皇后同在斜率为45°的直线上,所以这两个皇后也发生了冲突。

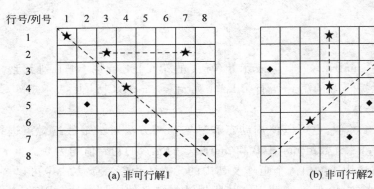

图7-4 八皇后问题的两个非可行解

八皇后问题可以推广为更一般的n皇后问题:这时棋盘的大小变为n行×n列,而皇后个数也变成n。已经证明,当且仅当n=1或n≥4时n皇后问题有解。

【例7-6】 使用二维数组求解n皇后问题。Java源程序代码如下:

```
class Solution {
  int numberOfQueens;                                  //皇后的数目,也是棋盘的行数和列数
  int solutionCount;                                   //可行解计数器
  //二维数组 board[][]表示 n 行×n 列的棋盘,n 最大值为 8
  //动态初始化二维数组 board.每个数组元素 board[i][j]的初始值均为 false,表示在对应的
  //(i+1,j+1)单元格中没有摆放皇后
  boolean [][] board = new boolean[8][8];

  Solution (int numberOfQueens) {
    //设置皇后的数量,同时设置棋盘的行数和列数
    this.numberOfQueens = numberOfQueens;
    solutionCount = 0;                                 //可行解计数器清零
  }
  int abs(int i) {   return (i>=0)?i:(-i);   }         //返回int型参数i的绝对值
  void outputSolution() {                              //输出棋盘及其中摆放皇后的单元格
    System.out.println("Solution " + (++solutionCount) + ":");
    for(int row = 0;row<numberOfQueens;++row) {
      for(int col = 0;col<numberOfQueens;++col)
        System.out.print(board[row][col]?"O ":"X ");
      System.out.println();                            //输出棋盘的每一行后换行
    }
    System.out.println();
  }
```

```java
    boolean validatePosition(int newRow,int newCol) {
        //从第 0+1 行开始、判断前 newRow 行中是否存在与(newRow+1,newCol+1)单元格发生冲突的皇后
        for(int preRow = 0;preRow < newRow;++preRow)
            for(int col = 0;col < numberOfQueens;++col)
                if ((((abs(preRow - newRow) == abs(col - newCol))&&board[preRow][col])||(board[preRow][newCol])) return false;
        return true;
    }
    void placeFromRow(int row) {                    //从第 row+1 行开始(或继续)摆放皇后
        if (row == numberOfQueens) outputSolution();    //如果已在第 n 行上摆放皇后
        else
            //在第 row+1 行上、逐列试探可以摆放皇后的单元格
            for(int col = 0;col < numberOfQueens;++col)
                if (validatePosition(row,col)) {    //如果可以在(row+1,col+1)单元格中摆放皇后
                    board[row][col] = true;          //在(row+1,col+1)单元格中摆放皇后
                    //递归调用 placeFromRow 方法,从下一行(第 row+2 行)开始继续摆放皇后
                    placeFromRow(row + 1);
                    board[row][col] = false;         //从(row+1,col+1)单元格移走皇后
                }
    }
}

public class Queens_2D {
    public static void main(String[] args) {
        Solution s = new Solution(8);               //可设置和求解 n(1-8)皇后问题
        s.placeFromRow(0);                          //从第 1 行开始摆放皇后
    }
}
```

程序运行结果如下(只列出最后两个解):

```
Solution 91:
X X X X X X X O
X X O X X X X X
O X X X X X X X
X X X X X O X X
X O X X X X X X
X X X X O X X X
X X X X X X O X
X X X O X X X X

Solution 92:
X X X X X X X O
X X X O X X X X
O X X X X X X X
X X O X X X X X
X X X X X O X X
X O X X X X X X
X X X X X X O X
X X X X O X X X
```

在上述程序中，Solution 类专门用于求解 n(1≤n≤8)皇后问题。

在 Solution 类中定义了三个实例变量。

(1) 实例变量 numberOfQueens 表示皇后的数量 n，同时也是棋盘的行数和列数。

(2) 实例变量 solutionCount 用作可行解计数器。

(3) 实例变量 board 是可以指向一个二维数组对象的引用变量。二维数组 board[][]表示 n 行×n 列的棋盘。由于数组下标是从 0 开始的，因此数组元素 board[row][col]实际上对应的是棋盘上的(row+1,col+1)单元格。在创建 Solution 对象时动态初始化二维数组 board 对象，每个数组元素 board[i][j]的初始值均为 false，表示在对应的(i+1,j+1)单元格中没有摆放皇后。

在 Solution 类的构造器中，首先设置皇后的数量 numberOfQueens，也就是设置棋盘的行数和列数，然后对可行解计数器 solutionCount 清零。

调用 abs(int i)方法，可以返回 int 型参数的绝对值。

调用 outputSolution 方法，可以输出棋盘及其中摆放皇后的单元格。当数组元素 board[row][col]的值为 true 时，表示在(row+1,col+1)单元格中已经摆放皇后，此时输出 O；反之，当数组元素 board[row][col]的值为 false 时，表示在(row+1,col+1)单元格中没有摆放皇后，此时输出 X。

调用 placeFromRow(int row)方法，可以从第 row+1 行开始(或继续)摆放皇后。其中的 for 循环实现在第 row+1 行上、从第 1 列开始逐列试探可以摆放皇后的单元格。在该 for 循环中调用 validatePosition 方法，能够判断能否在(row+1,col+1)单元格中摆放皇后。赋值语句"board[row][col]=true;"表示在(row+1,col+1)单元格中摆放皇后。在该方法中，通过语句"placeFromRow(row+1);"递归调用 placeFromRow 方法，表示从下一行(第 row+2 行)开始继续摆放皇后。这样，就可以从第 1 行开始，然后到第 2 行、第 3 行、……，逐步试探可以摆放皇后的单元格。

为了判断能否在(row+1,col+1)单元格中摆放皇后，validatePosition(int newRow,int newCol)方法从第 1 行开始、判断前 newRow 行是否存在会发生冲突的皇后。if 语句中的条件表达式"(abs(preRow-newRow)= =abs(col-newCol))&&board[preRow][col]"为 true 时，表示在(preRow+1,col+1)单元格中已经摆放皇后，这样会与将在(newRow+1,newCol+1)单元格摆放的皇后同在斜率为 45°或 135°的直线上。if 语句中的条件表达式"board[preRow][newCol]"(亦是数组元素 board[preRow][newCol]的值)为 true 时，表示在(preRow+1,newCol+1)单元格中已经摆放皇后，这样会与将在(newRow+1,newCol+1)单元格摆放的皇后在同一列上。

实际上，n 皇后问题也可以使用一维数组求解。

【例 7-7】 使用一维数组求解 n 皇后问题。Java 源程序代码如下：

```
class Solution {
  int numberOfQueens,solutionCount;
  //用一维 int 型数组 colNo 元素的下标及数组元素值表示皇后所在的单元格
  //即,如果假设 row 为数组元素的下标,则(row+1,colNo[row]+1)表示摆放皇后的单元格在棋盘
  //中的坐标,0≤row≤numberOfQueens-1
  int [] colNo = new int[8];
```

```java
    Solution(int numberOfQueens) {
      this.numberOfQueens = numberOfQueens;
      solutionCount = 0;
    }
    int abs(int i) {   return (i>=0)?i:(-i);   }       //返回 int 型参数 i 的绝对值
    void outputSolution() {                            //输出在棋盘中摆放皇后的单元格坐标
      System.out.println("Solution " + (++solutionCount) + ":");
      for(int row = 0;row < numberOfQueens;++row)
        //输出摆放皇后的单元格在棋盘中的坐标(row+1,colNo[row]+1)
        System.out.print("(" + (row+1) + "," + (colNo[row]+1) + ")   ");
      System.out.println("");                          //换行准备输出下一个解
    }
    boolean validatePosition(int newRow,int newCol) {
      for(int preRow = 0;preRow < newRow;++preRow)
        if ((abs(preRow-newRow) == abs(colNo[preRow]-newCol))||(colNo[preRow] == newCol))
return false;
      return true;
    }
    void placeFromRow(int row) {
      if (row == numberOfQueens) outputSolution();
      else
        for(int col = 0;col < numberOfQueens;++col)
          if (validatePosition(row,col)) {             //在(row+1,col+1)单元格摆放皇后

            colNo[row] = col;

            placeFromRow(row+1);                       //继续试探下一行
          }
    }
  }
  public class Queens_1D {
    public static void main(String[] args) {
      Solution s = new Solution(8);                    //可设置和求解 n(1-8)皇后问题
      s.placeFromRow(0);                               //从第 1 行开始摆放皇后
    }
  }
```

程序运行结果如下(只列出最后两个解):

```
Solution 91:
(1,8)   (2,3)   (3,1)   (4,6)   (5,2)   (6,5)   (7,7)   (8,4)
Solution 92:
(1,8)   (2,4)   (3,1)   (4,3)   (5,6)   (6,2)   (7,7)   (8,5)
```

本例的大多数程序代码与前一例相同,但是用一维 int 型数组 colNo 元素的下标及数组元素值表示皇后所在的单元格——(row+1,colNo[row]+1)即是摆放皇后的单元格在棋盘中的坐标,其中 0≤row≤n-1。

在 validatePosition(int newRow,int newCol)方法的 if 语句中,条件表达式"abs(preRow-newRow)==abs(colNo[preRow]-newCol)"为 true 时,表示在(preRow+1,colNo[preRow]+1)单元格中已经摆放皇后,这样会与将在(newRow+1,newCol+1)单元格摆放的皇后同在斜率为 45°或 135°的直线上。条件表达式"colNo[preRow]==newCol"为 true 时,表示在(preRow+1,colNo[preRow]+1)单元格中已经摆放皇后,这样会与将

在(newRow＋1,newCol＋1)单元格摆放的皇后在同一列上。

调用outputSolution方法,可以输出摆放皇后的单元格在棋盘中的坐标(row＋1,colNo[row]＋1)。

7.7 小结

数组是由一组具有相同数据类型的元素构成的有序集合。

数组中的元素可以用下标标识和指定。在一维数组中,第 i 个元素的下标是 i－1。

在 Java 语言中,一个数组实质上也是一个对象,必须通过指向数组对象的引用变量才能访问数组及其中的元素。

每个一维数组对象都有一个实例变量 length,用于保存和保存数组长度。

一维数组对象一经创建和初始化,其长度就固定不变了。

经常需要对一维数组中的元素进行排序,然后应用于查找。可以首先采用冒泡法将一维无序数组中的元素按升序(或者降序)排列、将一维无序数组转换为有序数组,然后采用二分法在一维有序数组中查找与给定关键值相等的元素。这样,可以提高查找的效率。

二维数组同样可以满足很多数据处理需求。实现矩阵乘法运算是二维数组在数据处理中的典型应用之一。使用二维数组还可以求解许多离散性数学问题。

一维数组和二维数组都可以用于求解 n 皇后问题。

7.8 习题

1. 编写 Java 源程序,使用静态初始化方法任意创建一个长度为 8 的 int 型数组,然后从该数组中找出最小值元素。

2. 在习题 1 的基础上,定义具有如下特征和返回值类型的方法,并编写相应的 Java 源程序。

    int findMinElement(int [] intArray)

    调用该方法,可以返回一个 int 型数组中最小值元素的下标。

3. 根据【例 7-2】中的程序流程图,绘制相应的 N-S 流程图。

4. 针对【例 7-3】,绘制相应的程序流程图。

5. 参见【例 7-4】,编写 Java 源程序,使用冒泡法将数组元素按降序排列。

6. 参见【例 7-3】,编写 Java 源程序,对元素按降序排列的数组进行二分查找。

7. 在【例 7-6】求解 n 皇后问题的 validatePosition 方法中,如果不调用 abs 方法,应该如何修改 if 语句中的条件表达式?

8. 在【例 7-6】求解 n 皇后问题的 validatePosition 方法中有两个 return 语句,这与结构化程序设计中的"每种结构只有一个出口"原则相矛盾。在不改变其功能和作用的前提下,改写 validatePosition 方法中的代码,使其只有一个 return 语句(即只有一个出口)。

第8章 Java类库及其应用

几乎每种编程语言都提供有应用程序接口(Application Programming Interface,API)。在API中预先定义和编制了大量的、能够实现特定功能的过程、函数或方法及其程序,在应用程序中调用这些过程、函数或方法,能够大大提高应用程序的开发效率和质量。Java语言的API即是JDK中的类库(Class Library)。

JDK在类库中实现和提供了大量预先声明的public类,这些类有助于解决一些常见和特定的数据处理问题。Java类库中最常用的public类主要集中在java.lang包和java.util包中。熟练运用java.lang包和java.util包中的public类及其中的public方法,可以大大提高Java应用程序的开发效率,并在Java应用程序中实现更多的功能。

可以在线查询Java类库中的各种类及其所在包,如图8-1所示。具体网址为http://docs.oracle.com/javase/6/docs/api。

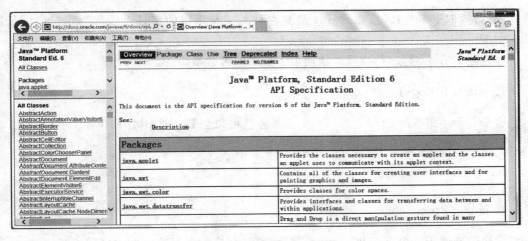

图8-1 在线查询Java类库

8.1 String类

String类位于java.lang包。String类的定义原型如下:

```
public final class java.lang.String extends java.lang.Object {
    …
}
```

在 String 对象中存储的是字符内容固定不变的字符串,因此 String 类没有提供修改字符串的相关方法,但通过调用 String 类中的某些方法可以返回新创建的 String 对象。

8.1.1 创建 String 对象

在 Java 语言中,经常使用字符串字面值创建 String 对象。字符串字面值采用双引号定义。例如,"550327198001050112"、"Ja va"等都是字符串字面值。使用字符串字面值创建 String 对象的 Java 语句通常使用如下格式:

```
String idno = "550327198001050112", str = " Ja va ";
```

其中,idno 和 str 都是指向 String 对象的引用变量。

如图 8-2 所示,类似于字符数组,在 String 对象存储的字符串中,每个字符可以使用下标(index)标识和指定——第 1 个字符的下标是 0,第 2 个字符的下标是 1,……,第 n 个字符的下标是 n−1,……

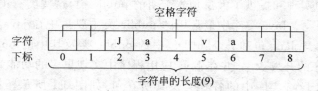

图 8-2 字符串的下标和长度

同样,类似于字符数组,在 String 对象存储的字符串中的字符个数称为字符串的长度(length)。

在创建 String 对象时,也可以调用以下重载的构造器。

1. public String()

这是一个不带参数的构造器,调用该构造器可以创建一个不含任何字符的 String 对象。例如,

```
String str = new String();
```

2. public String(char[ ] value)

该构造器使用一个字符数组 value 作为参数,把这个字符数组的内容转换为字符串,并存储于新创建的 String 对象。例如,

```
char a[ ] = {'J', 'a', 'v', 'a'}        //创建字符数组 a
String str = new String(a);             //String 对象的字符串内容是"Java"
```

3. public String(char[ ] value, int offset, int count)

该构造器从字符数组 value 的指定起始下标 offset 开始、将个数为 count 的字符子串赋予新创建的 String 对象。例如,

```
char a[] = {'J', 'a', 'v', 'a'};        //创建字符数组 a
String str = new String(a,1,2);         //String 对象的字符串内容是"av"
```

4. public String(String value)

该构造器按照引用类型的形式参数 value 所指向的 String 对象中的字符内容创建新的 String 对象。例如，

```
String s1 = "Java";                 //根据字符串字面值"Java"创建 String 对象
String s2 = new String(s1);         //根据引用变量 s1 所指向的 String 对象创建新的 String 对象
```

8.1.2 String 类的常用方法

String 类将保存字符串内容的实例变量封装起来，在 Java 程序中只有通过指向 String 对象的引用变量调用相应的实例方法（即非静态方法），才能访问封装在 String 对象内部的字符串。表 8-1 列出了 String 类中常用的实例方法及其功能和用法。

表 8-1 String 类中常用的实例方法及其功能和用法

实例方法	功能和用法 （假设 idno="510101199001010012",str=" Ja va "）
public char charAt(int index)	返回字符串中下标为 index 的单个字符（即第 index+1 个字符） 例如，idno.charAt(4)返回单个字符'0'
public boolean equals(String anString)	比较两个 String 对象所存储的字符串中的字符内容是否相同
public int lastIndexOf(String str)	从字符串左边起，返回子串 str 在字符串中首次出现的位置（即起始下标）。如果子串 str 在字符串中没有出现，则返回-1 例如，idno.lastIndexOf("1990")返回整数 6 idno.lastIndexOf("1999")返回整数-1
public int length()	返回字符串的长度，即字符串中的字符个数 例如，idno.length()返回整数 18
public String substring(int beginIndex)	在字符串中从下标为 beginIndex 的字符（即第 beginIndex+1 个字符）开始、直至最后一个字符提取子串，并返回提取的子串（一个新的字符串） 例如，idno.substring(6)返回字符串"199001010012"
public String substring(int beginIndex, int endIndex)	在字符串中从下标为 beginIndex 的字符（即第 beginIndex+1 个字符）开始、到下标为 endIndex-1 的字符（即第 endIndex 个字符）结束提取子串，并返回提取的子串（一个新的字符串） 例如，idno.substring(6,10)返回字符串"1990"
public String trim()	删除字符串首尾两端的空格字符，并返回一个新的字符串 例如，str.trim()返回字符"Ja va"

注意：表 8-1 中的方法 substring 是重载的，在调用该方法时可以根据需要使用不同的参数。

【**例 8-1**】 验证表 8-1 中 String 类的实例方法及其功能和用法。Java 源程序代码如下：

```java
public class TestStringClass {
  public static void main(String[] args) {
```

```
    String idno = "510101199001010012", str = "  Java  ";

    System.out.println(idno.charAt(4));
    System.out.println(idno.lastIndexOf("1990"));
    System.out.println(idno.lastIndexOf("1999"));
    System.out.println(idno.length());
    System.out.println(idno.substring(6));
    System.out.println(idno.substring(6,10));
    System.out.println(str.trim());
  }
}
```

【例 8-2】 验证表 8-1 中 String 类的 equals 方法。Java 源程序代码如下：

```
public class ConfusedQuestion {
  public static void main(String args[]) {
    String s1 = "Java", s2 = "Java";
    String s3 = new String("Java");

    System.out.println((s1 == s2) + "   " + (s2 == s3) + "   " + (s3 == s1));
    System.out.println(s1.equals(s2) + "   " + s2.equals(s3) + "   " + s3.equals(s1));
  }
}
```

程序运行结果如下：

true false false
true true true

注意：

(1) 在上述 Java 源程序中,表达式"s1==s2"用以判断引用变量 s1 和 s2 是否指向同一个 String 对象。由于 Java 系统会为相同的字符串字面值创建同一个 String 对象,所以引用变量 s1 和 s2 指向同一个 String 对象,因此表达式"s1==s2"的值是 true。

另一方面,调用 String 构造器则会新建一个 String 对象,所以引用变量 s2 和 s3 指向不同的 String 对象,因此表达式"s2==s3"的值是 false。同理,表达式"s3==s1"的值也是 false。

(2) equals 方法用于比较两个 String 对象所存储的字符串中的字符内容是否相同。引用变量 s1 和 s2 指向同一个 String 对象,所以表达式"s1.equals(s2)"的值是 true。

虽然引用变量 s2 和 s3 指向两个不同的 String 对象,但这两个 String 对象所存储的字符串中的字符内容相同,所以表达式"s2.equals(s3)"的值也是 true。同理,表达式"s2.equals(s3)"的值也是 true。

8.1.3 Java 应用程序的命令行参数

Java 应用程序是通过 Java 解释器运行的。并且,Java 应用程序可以通过一个 String 数组接收和保存命令行参数(Command Line Arguments),然后由 Java 解释器将保存在该 String 数组中的命令行参数传递给 Java 应用程序的 main 方法。

【练习 8-1】 Java 应用程序的命令行参数。演示过程和操作步骤如下：

（1）在源包中创建 Java 源程序文件。如图 8-3 所示，在源包（对应文件夹 src）中创建 Java 源程序文件（TestCmdLineArgs.java）。

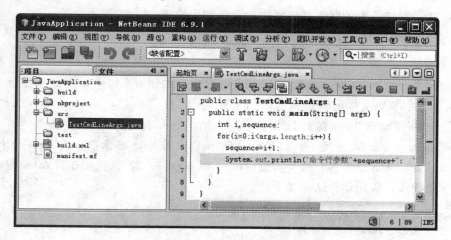

图 8-3　创建 Java 源程序文件

（2）在 NetBeans IDE 软件的程序编辑器中输入如下程序代码：

```
public class TestCmdLineArgs {
  public static void main(String[] args) {
    int i,sequence;
    for(i = 0;i < args.length;i++){
      sequence = i + 1;
      System.out.println("命令行参数" + sequence + "：　" + args[i] + "　长度：" + args[i].length());
    }
  }
}
```

（3）设置命令行参数。在菜单栏中选择"文件"|"项目属性"命令，会弹出"项目属性"对话框。如图 8-4 所示，在"项目属性"对话框中选择"运行"节点，并设置主类（TestCmdLineArgs）和两个参数（Hello 和 World!）。然后，单击"确定"按钮。

图 8-4　设置命令行参数

注意：命令行参数之间用空格分开。如图 8-4 所示，"Hello World!"表示两个参数，一个是 Hello，另一个是 World!。

（4）运行 Java 应用程序。在菜单栏中选择"运行"|"运行项目"命令（或使用键 F6），在 NetBeans IDE 窗口下方的"输出"窗格中将显示如下输出：

```
命令行参数 1：  Hello   长度：5
命令行参数 2：  World!  长度：6
```

（5）在"命令提示符"窗口中运行 Java 应用程序。如图 8-5 所示，在"命令提示符"窗口中切换到保存字节码文件的默认包对应的文件夹（如 E:\JavaApplication\build\classes），在该文件夹中有编译 Java 源程序文件（TestCmdLineArgs.java）后生成的字节码文件（TestCmdLineArgs.class）。然后，在"命令提示符"窗口中输入 DOS 命令"java TestCmdLineArgs Hello Java!"，该 DOS 命令带有两个参数（Hello 和 Java!）。最后，按回车（Enter）键，即可运行 Java 应用程序。程序运行结果如下：

```
命令行参数 1：  Hello  长度：5
命令行参数 2：  Java!  长度：5
```

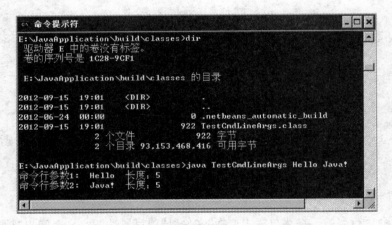

图 8-5　在"命令提示符"窗口中运行 Java 应用程序

注意：

（1）如本程序代码所示，Java 应用程序的命令行参数实际上是由多个参数组成的。这些参数以字符串形式保存在 String 数组 args 中，同时该 args 也是指向数组对象的数组变量。因此，agrs.length 表示 String 数组 args 中的元素个数，即命令行中的参数个数。

（2）在保存命令行参数的 String 数组 args 中，每个数组元素 args[i] 对应一个单独的参数，同时也是指向对应 String 对象的引用变量。因此，args[i].length() 表示一个 String 对象所存储字符串的长度，即第 i+1 个参数中的字符数。

8.2　StringBuffer 类

StringBuffer 类位于 java.lang 包。与 String 类类似，StringBuffer 类同样用于字符串处理。但与 String 对象不同，存储在 StringBuffer 对象中的字符串是可修改的，调用

StringBuffer 类的某些方法可以对字符串进行添加、插入、删除、替换和查询等操作。

StringBuffer 类的定义原型如下：

```
public final class java.lang.StringBuffer extends java.lang.Object {
    ...
}
```

在 Java 语言中，系统能够为 StringBuffer 对象动态地分配用于存储字符串所需的内存空间，并为后续插入更多字符预留额外的内存空间。如图 8-6 所示，字符串中的当前字符数称为 StringBuffer 对象的长度（Length），而在内存空间中能够存储的最大字符数称为 StringBuffer 对象的容量（Capacity）。Java 语言规定，StringBuffer 对象的容量不能小于 StringBuffer 对象的长度。当 StringBuffer 对象的容量大于其长度时，尚未使用的内存空间预留给后续插入的更多字符。

类似于字符数组和 String 对象，在 StringBuffer 对象所存储的字符串中，每个字符可以使用下标（Index）标识和指定——第 1 个字符的下标是 0，第 2 个字符的下标是 1，……，第 n 个字符的下标是 n－1，……

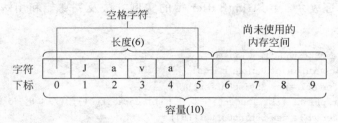

图 8-6　StringBuffer 对象的长度与容量

8.2.1　创建 StringBuffer 对象

在创建 StringBuffer 对象时，可以调用以下重载的构造器。

1. public StringBuffer()

这是一个不带参数的构造器，调用该构造器可以创建一个长度为 0、容量为 16 的 StringBuffer 对象。

2. public StringBuffer(int capacity)

调用该构造器可以创建一个长度为 0、容量由参数 capacity 指定的 StringBuffer 对象。

3. public StringBuffer(String str)

在调用该构造器创建的 StringBuffer 对象中，字符串内容和长度与参数 str（String 对象）中的字符串相同，容量为参数 str（String 对象）的长度加上 16。

8.2.2　StringBuffer 类的常用方法

表 8-2 列出了 StringBuffer 类中常用的实例方法及其功能和用法。在 Java 程序中只有

通过指向 StringBuffer 对象的引用变量才能调用这些实例方法。

表 8-2 StringBuffer 类中常用的实例方法及其功能和用法

实 例 方 法	功能和用法
public int capacity()	返回 StringBuffer 对象的容量
public char charAt(int index)	返回字符串中下标为 index 的单个字符(即第 index+1 个字符)
public StringBuffer deleteCharAt(int index)	删除字符串中下标为 index 的单个字符(即第 index+1 个字符),其后的每个字符依次向前移动一个位置
public StringBuffer insert(int offset, char c)	在字符串中从 offset 指定的下标位置开始插入字符 c (字符数组 ch 中的字符、String 对象 str 中的字符串),其后的每个字符依次向后移动相应的位置
public StringBuffer insert(int offset, char[] ch)	
public StringBuffer insert(int offset, String str)	
public int length()	返回 StringBuffer 对象的长度,即字符串中的字符个数

注意:表 8-2 中的方法 insert 是重载的,在调用该方法时可以根据需要使用不同的参数。

【**例 8-3**】 验证表 8-2 中 StringBuffer 类的实例方法及其功能和用法。Java 源程序代码如下:

```java
public class TestStringBufferClass {
  public static void main(String[] args) {
    StringBuffer sb1 = new StringBuffer();
    System.out.println(sb1.length() + "  " + sb1.capacity());   //输出: 0 16
    StringBuffer sb2 = new StringBuffer(18);
    System.out.println(sb2.length() + "  " + sb2.capacity());   //输出: 0 18
    StringBuffer sb3 = new StringBuffer("Ja va");
    System.out.println(sb3.length() + "  " + sb3.capacity());   //输出: 5 21
    char c = sb3.charAt(1);
    System.out.println(c);                                       //输出: a
    sb2 = sb3.deleteCharAt(2);
    System.out.println(sb3);                                     //输出: Java
    System.out.println(sb3.length() + "  " + sb3.capacity());   //输出: 4 21
    sb2 = sb3.insert(2,'a');
    System.out.println(sb3);                                     //输出: Jaava
    System.out.println(sb3.length() + "  " + sb3.capacity());   //输出: 5 21
  }
}
```

【**例 8-4**】 使用 while 型循环结构和双分支选择结构删除字符串中的所有空格(包括半角空格和全角空格)。为了实现这一数据处理目标,可以绘制如图 8-7 所示的程序流程图。

与图 8-7 相对应,Java 源程序代码如下:

```java
public class AllTrim {
  public static void main(String[] args) {
    StringBuffer strBuffer = new StringBuffer("  删除 字符串 中的 所有空格   ");
    int i,len;       char currentChar;

    i = 0;
```

第8章 Java类库及其应用

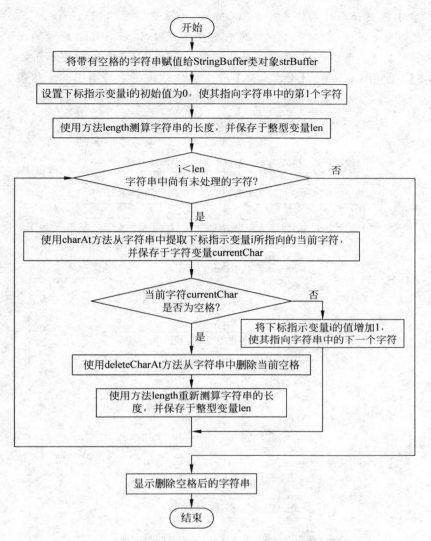

图 8-7 删除字符串中所有空格的程序流程图

```
    len = strBuffer.length();

    while(i < len) {
      currentChar = strBuffer.charAt(i);
      if ((currentChar == ' ')||(currentChar == ' ')) {
        strBuffer = strBuffer.deleteCharAt(i);
        len = strBuffer.length();
      }
      else i++;
    }

    System.out.println(strBuffer);
  }
}
```

注意：在上述 if 语句的条件表达式"((currentChar==' ')||(currentChar==' '))"中，前一个空格为半角空格，后一个空格为全角空格。因此，该 if 语句既能够测试当前字符 currentChar 是否是半角空格，又能够测试当前字符 currentChar 是否是全角空格。

【例 8-5】 使用 while 型循环结构和多分支选择结构将字符串中的全角数字转换为半角数字。为了实现这一数据处理目标，可以绘制如图 8-8 所示的程序流程图。

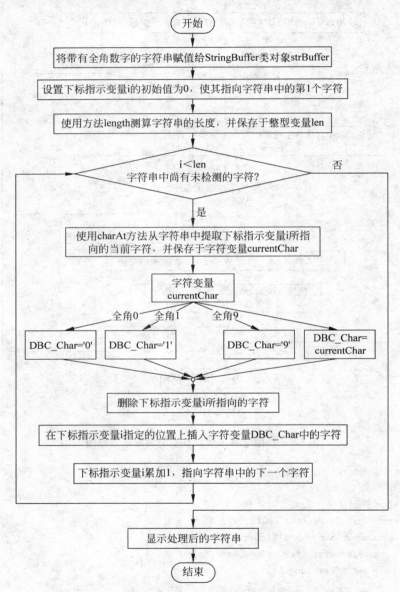

图 8-8 将全角数字转换为半角数字的程序流程图

与图 8-8 相对应，Java 源程序代码如下：

```
public class DBC_Case {
    public static void main(String[] args) {
```

```
String str = "将全角数字０１２３４５６７８９转换为半角数字0123456789";
StringBuffer strBuffer = new StringBuffer(str);
int i,len;      char currentChar,DBC_Char;

i = 0;      len = strBuffer.length();

while (i < len) {
  currentChar = strBuffer.charAt(i);
  switch (currentChar){
    case '０': DBC_Char = '0'; break;
    case '１': DBC_Char = '1'; break;
    case '２': DBC_Char = '2'; break;
    case '３': DBC_Char = '3'; break;
    case '４': DBC_Char = '4'; break;
    case '５': DBC_Char = '5'; break;
    case '６': DBC_Char = '6'; break;
    case '７': DBC_Char = '7'; break;
    case '８': DBC_Char = '8'; break;
    case '９': DBC_Char = '9'; break;
    default: DBC_Char = currentChar;
  }
  strBuffer = strBuffer.deleteCharAt(i);
  strBuffer = strBuffer.insert(i,DBC_Char);
  i++;
}
System.out.println(strBuffer);
}
```

全角数字 ← → 半角数字

8.3 基本类型的包装类

在 java.lang 包中有 Byte、Short、Integer、Long、Float、Double、Character 和 Boolean 这些与 8 种基本类型相对应的包装类(Wrapper Classes)。其中，Byte、Short、Integer、Long、Float 和 Double 这 6 个包装类都是 Number 类的子类。图 8-9 表示了 Object、Number、Byte、Short、Integer、Long、Float 和 Double 等类之间的继承关系。

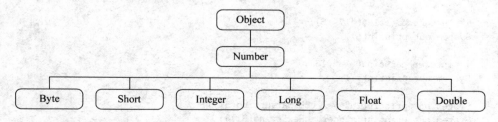

图 8-9　基本类型的包装类及其超类

以下首先介绍 Integer 类中的成员。在 Integer 类中使用关键字 static 和 final 定义了两个可作为常量使用的类变量(静态域)：

```
public static final int MAX_VALUE,表示 int 型整数的最大值
public static final int MIN_VALUE,表示 int 型整数的最小值
```

表 8-3 列出了 Integer 类中的常用方法及其功能和用法。

表 8-3 Integer 类中的常用方法及其功能和用法

方 法	功能和用法
public static int parseInt(String s)	将 String 对象转换为十进制的 int 型整数 例如,Integer.parseInt("1999")返回十进制整数 1999
public static int parseInt(String s,int radix)	按 radix 指定的进制、将 String 对象转换为十进制的 int 型整数 例如,Integer.parseInt("17",8)返回十进制整数 15 Integer.parseInt("1a",16)返回十进制整数 26
public static String toBinaryString(int i)	将整数 i 转换为二进制形式的字符串 例如,Integer.toBinaryString(31)返回字符串"11111"
public static String toHexString(int i)	将整数 i 转换为十六进制形式的字符串 例如,Integer.toHexString(31)返回字符串"1f"
public static String toOctalString(int i)	将整数 i 转换为八进制形式的字符串 例如,Integer.toOctalString(31)返回字符串"37"
public static String toString(int i)	将整数 i 转换为十进制形式的字符串 例如,Integer.toString(31)返回字符串"31"
public static String toString(int i,int radix)	将整数 i 转换为由 radix 指定进制形式的字符串 例如,Integer.toString(31,16)返回字符串"1f"

注意:

(1) 表 8-3 中的方法 parseInt 和 toString 是重载的,在调用这两个方法时可以根据需要使用不同的参数。

(2) 如表 8-3 所示,Integer 类中的很多方法既是 public 方法,又是静态方法。因此,在 Java 源程序中需要使用"类名.方法名"的格式调用这些方法。例如,Integer.parseInt("1999")。

【例 8-6】 验证表 8-3 中 Integer 类的方法及其功能和用法。Java 源程序代码如下:

```java
public class IntegerClass {
  public static void main(String[] args) {
    int i = Integer.parseInt("1999");
    System.out.println(i);

    i = Integer.parseInt("17",8);
    System.out.println(i);

    i = Integer.parseInt("1a",16);
    System.out.println(i);

    System.out.println(Integer.toBinaryString(31));
    System.out.println(Integer.toHexString(31));
    System.out.println(Integer.toOctalString(31));
    System.out.println(Integer.toString(31));
    System.out.println(Integer.toString(31,16));
  }
}
```

与 Integer 类类似,在 Byte、Short、Long、Float 和 Double 等包装类中定义了类似的静态方法。例如,Float.parseFloat("12.34")返回 float 型浮点数 12.34,Short.parseShort("1999")返回十进制的 short 型整数 1999,Long.toHexString(1024)返回十六进制形式的字符串"400"。

8.4 Scanner 类

Scanner 类位于 java.util 包。Scanner 类的定义原型如下:

```
public final class java.util.Scanner extends java.lang.Object {
    ...
}
```

Scanner 类用于接收和处理键盘输入。使用 Scanner 类接收和处理键盘输入一般包括以下 3 个步骤:

(1) 导入 Scanner 类。在 Java 源程序首部的 package 语句之后,使用以下任意一条语句导入 java.util 包中的 Scanner 类:

```
import java.util.*;              //导入 java.util 包中的所有类,包括 Scanner 类
import java.util.Scanner;        //仅导入 java.util 包中的 Scanner 类
```

(2) 定义引用变量,并将引用变量指向新创建的 Scanner 对象。为此,可以使用以下语句:

```
Scanner scanner = new Scanner(System.in);
```

其中 scanner 是指向新创建的 Scanner 对象的引用变量。

(3) 通过引用变量、调用在 Scanner 类中定义的实例方法可以判断能否从键盘接收到特定类型的数据。为此,可以调用以下相应的 public 方法:

```
public boolean hasNextByte()        判断能否接收到 byte 型整数
public boolean hasNextShort()       判断能否接收到 short 型整数
public boolean hasNextInt()         判断能否接收到 int 型整数
public boolean hasNextLong()        判断能否接收到 long 型整数
public boolean hasNextFloat()       判断能否接收到 float 型浮点数
public boolean hasNextDouble()      判断能否接收到 double 型浮点数
public boolean hasNextLine()        判断能否接收到字符串
```

如果能够从键盘接收到特定类型的数据,上述相应的方法将返回 true,否则返回 false。

此外,通过引用变量、调用在 Scanner 类中定义的实例方法还可以将从键盘接收到的输入转换为特定类型的数据。为此,可以调用以下相应的 public 方法:

```
public byte nextByte()              接收键盘输入,并将键盘输入转换为 byte 型整数
public short nextShort()            接收键盘输入,并将键盘输入转换为 short 型整数
public int nextInt()                接收键盘输入,并将键盘输入转换为 int 型整数
public long nextLong()              接收键盘输入,并将键盘输入转换为 long 型整数
public float nextFloat()            接收键盘输入,并将键盘输入转换为 float 型浮点数
public double nextDouble()          接收键盘输入,并将键盘输入转换为 double 型浮点数
public String nextLine()            接收键盘输入,并将键盘输入转换为字符串
```

hasNext×××和next×××方法的配对使用可以很方便地接收和处理从键盘输入的多项同一类型的数据。

【例 8-7】 使用 Scanner 类接收和处理从键盘输入的若干整数,并计算这些整数的平方和。Java 源程序代码如下:

```
//计算若干整数的平方和
//使用 import 语句导入 java.util 包中的所有类,包括 Scanner 类
import java.util.*;

public class ScannerFirstDemo {
  public static void main(String[] args) {
    double sum = 0;    int i;
    //创建用于接收和处理键盘输入的 Scanner 对象
    Scanner scanner = new Scanner(System.in);
    System.out.println("请输入若干整数: ");
    while (scanner.hasNextInt()){
      i = scanner.nextInt();
      sum = sum + i * i;
    }

    System.out.println("这些整数的平方之和是: " + sum);
  }
}
```

程序运行结果如下:

请输入若干整数:
-2 -1 0 -1 -2 end
这些整数的平方之和是: 10.0

本例 Java 源程序对应的程序流程图如图 8-10 所示。

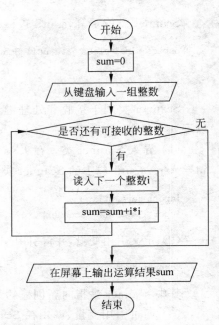

图 8-10 接收和处理从键盘输入的若干整数

8.5 Math 类

Math 类是 java.lang 包中的一个常用类,其中的方法主要用于数学计算。Math 类的定义原型如下:

```
public final class java.lang.Math extends java.lang.Object {
  ...
}
```

在 Math 类中使用关键字 static 和 final 定义了两个可作为常量使用的静态域:

```
public static final double E,表示自然对数的底数
public static final double PI,表示圆周率
```

此外,Math 类中的方法也都是静态的。因此,在 Java 源程序中需要使用"类名.方法名"的格式调用这些方法。

表 8-4 列出了 Math 类中常用的静态方法及其功能和用法。

表 8-4　Math 类中常用的静态方法及其功能和用法

方　　法	功能和用法
public static int abs(int i)	返回所给算术表达式的绝对值,例如
public static long abs(long lng)	Math.abs(-10)的返回值是 10
public static float abs(float f)	Math.abs(-10.2f)的返回值是 10.2
public static double abs(double d)	Math.abs(-10.2)的返回值是 10.2
public static double ceil(double d)	返回大于或等于所给算术表达式值的 double 型的最小整数,例如
	Math.ceil(3.45)的返回值是 4.0
	Math.ceil(-3.45)的返回值是-3.0
public static double floor(double d)	返回小于或等于所给算术表达式值的 double 型的最大整数,例如
	Math.floor(3.45)的返回值是 3.0
	Math.floor(-3.45)的返回值是-4.0
public static double random()	随机生成一个区间[0,1)内的浮点数
public static int round(float f)	对算术表达式的值,返回一个四舍五入到个位数的整数,例如
public static long round(double d)	Math.round(123.45f)的返回值是 123
	Math.round(1234.56d)的返回值是 1235
public static double sqrt(double d)	返回所给算术表达式值的平方根,例如
	Math.sqrt(16.0d)的返回值是 4.0

注意:Math 类中的方法大都是重载的。例如,方法 abs 的参数可以是 int、long、float 或 double 型数据,返回值也分别是 int、long、float 或 double 型数据。

【**例 8-8**】 使用 Scanner 类接收和处理从键盘输入的若干个整数,并计算这些整数的平方根之和。如果在输入的整数中发现负整数,则跳过这些负整数继续计算,以便保证程序的正常运行。程序流程图如图 8-11 所示。

对应的 Java 源程序代码如下:

```
//计算若干整数的平方根之和
//如果发现负整数,则跳过该负整数继续计算
import java.util.*;

public class ScannerSecondDemo {
  public static void main(String[] args) {
    double sum = 0;    int i;
    Scanner scanner = new Scanner(System.in);
    System.out.println("请输入若干整数: ");

    while (scanner.hasNextInt()){
      i = scanner.nextInt();
      if (i >= 0) sum += Math.sqrt(i);
    }
```

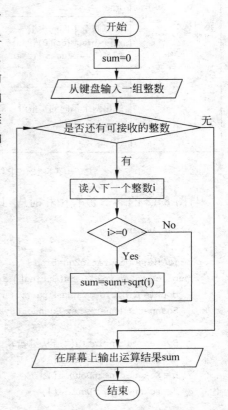

图 8-11　计算若干整数的平方根之和

```
        System.out.println("这些整数的平方根之和是: " + sum);
    }
}
```

程序运行结果如下:

请输入若干整数:
1 4 -9 16 end
这些整数的平方根之和是: 7.0

【例 8-9】 求一元二次方程 $ax^2+bx+c=0$ 的解,并考虑以下几种可能情况:

(1) $a=0$,不是二次方程。
(2) $b^2-4ac>0$,有两个不同的实根。
(3) $b^2-4ac=0$,有两个相等的实根。
(4) $b^2-4ac<0$,有两个共轭的复根。

求解一元二次方程的 N-S 流程图如图 8-12。

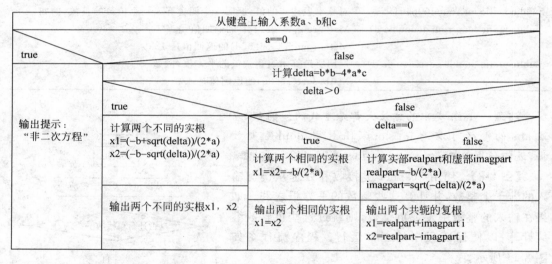

图 8-12 求解一元二次方程的 N-S 流程图

与图 8-12 的 N-S 流程图相对应,Java 源程序代码如下:

```
import java.util.*;

public class QuadraticEquation {
    public static void main(String[] args) {
        double a,b,c,delta,realpart,imagpart,x1,x2;
        Scanner scanner = new Scanner(System.in);

        System.out.println("请从键盘输入三个实数,然后单击回车键: ");
        a = scanner.nextDouble();
        b = scanner.nextDouble();
        c = scanner.nextDouble();

        if (a == 0) System.out.println("a = 0,因此系数 a、b 和 c 不能构成一元二次方程");
```

```
        else {
            delta = b * b - 4 * a * c;
            if (delta > 0) {
                x1 = ( - b + Math.sqrt(delta))/(2 * a);
                x2 = ( - b - Math.sqrt(delta))/(2 * a);
                System.out.println("方程有两个不同的实根！");
                System.out.println( "x1 = " + x1 + "   x2 = " + x2);
            }
            else if (delta == 0) {
                    x1 = - b/(2 * a);
                    System.out.println("方程有两个相同的实根！");
                    System.out.println("x1 = x2 = " + x1);
                 }
                 else {
                    realpart = - b/(2 * a);
                    imagpart = Math.sqrt( - delta)/(2 * a);
                    System.out.println("方程有两个共轭的复根！");
                    System.out.println("x1 = " + realpart + " + " + imagpart + "i   x2 = " + realpart + "
 - " + imagpart + "i");
                 }
        }
    }
}
```

8.6　Date 类与 SimpleDateFormat 类

Date 类位于 java.util 包。Date 类的定义原型如下：

```
public final class java.util.Date extends java.lang.Object {
    …
}
```

Date 类用于处理日期和时间数据。在 Java 源程序首部的 package 语句之后，需要使用以下任意一条语句导入 java.util 包中的 Date 类：

```
import java.util.*;            //导入 java.util 包中的所有类,包括 Date 类
import java.util.Date;         //仅导入 java.util 包中的 Date 类
```

在 Java 源程序中，可以使用构造器 public Date()创建保存系统当前日期和时间的 Date 对象。

调用方法 public String toString()，可以将保存在 Date 对象中的日期和时间转换为一个包含 28 个字符、系统规定格式的字符串。

【例 8-10】　使用 Date 类输出系统的当前日期和时间。Java 源程序代码如下：

```
//使用 import 语句导入 java.util 包中的 Date 类
import java.util.Date;

public class TestDateClass {
```

```
    public static void main(String[] args) {
        //创建保存系统当前日期和时间的 Date 对象
        Date nowDate = new Date();
        //将保存在 Date 对象中的日期和时间转换为规定格式的字符串
        String str = nowDate.toString();
        System.out.println(str);
    }
}
```

程序运行结果如下：

Tue Sep 11 07:17:30 CST 2013

注意：调用方法 public String toString()，可以将保存在 Date 对象中的日期和时间转换为系统规定格式的字符串，该字符串包含 28 个字符，其中最后 4 个字符表示日期中的年份。

在 Java 程序中，有时还需要将日期和时间数据转换为特定格式的字符串，这时可以使用 SimpleDateFormat 类及其方法。SimpleDateFormat 类位于 java.text 包，SimpleDateFormat 类的定义原型如下：

```
public final class java.text.SimpleDateFormat extends java.text.DateFormat {
    …
}
```

将日期和时间数据转换为特定格式字符串的方法和步骤如下：首先创建一个 SimpleDateFormat 对象，同时指定日期和时间的模式字符串；然后通过该 SimpleDateFormat 对象调用 format 方法对一个 Date 对象进行处理，即可根据指定模式得到特定格式的、用字符串表示的日期和时间。

【例 8-11】 将日期和时间数据转换为特定格式的字符串。Java 源程序代码如下：

```
import java.util.Date;
import java.text.SimpleDateFormat;

public class TestSimpleDateFormatClass {
    public static void main(String[] args) {
        //创建 SimpleDateFormat 对象,同时指定日期和时间的模式字符串
        SimpleDateFormat timeFormat = new SimpleDateFormat("yyyy年 MM月 dd日  HH时 mm分 ss秒");
        //创建保存系统当前日期和时间的 Date 对象
        Date nowDate = new Date();
        //将保存在 Date 对象中的日期和时间数据转换为特定格式的字符串
        String str = timeFormat.format(nowDate);
        System.out.println(str);
    }
}
```

程序运行结果如下：

2013年 01月 04日 13时 01分 04秒

注意：调用构造器创建 SimpleDateFormat 对象时，以实际参数形式指定了日期和时间

数据的模式字符串"yyyy 年 MM 月 dd 日 HH 时 mm 分 ss 秒"。其中,yyyy、MM、dd、HH、mm、ss 分别表示年、月、日、时、分、秒。也可以指定其他模式字符串,如"yyyy-MM-dd HH 时 mm 分 ss 秒",此时程序运行结果就变为"2013-01-04 13 时 01 分 04 秒"。

【例 8-12】 使用循环结构对身份证号码的合规性进行检验,并根据身份证号码计算年龄。具体要求如下:

(1) 定义指向 String 对象的引用变量 idno 以存放身份证号码,定义 int 型变量 age 以存放年龄或身份证号码合规性的检验标志。

(2) 如果身份证号码不包含 18 个字符,则为 int 型变量 age 赋值-1。

(3) 从左向右逐个检查身份证号码中的字符,如果在前 17 个字符中发现非数字字符(即 0~9 之外的字符),则为 int 型变量 age 赋值-2。

(4) 如果在前 17 个字符中没有发现非数字字符(即 0~9 之外的字符),则根据身份证号码计算年龄,并将年龄赋值给 int 型变量 age。

(5) 最后,显示 int 型变量 age 的值。

程序流程图如图 8-13 所示。

与如图 8-13 所示的程序流程图相对应,Java 源程序代码如下:

```java
import java.util.Date;

public class CalculateAge {
  public static void main(String[] args) {
    String idno = "550327198001050112",birthYear,todayString,todayYear;
    int i,age;
    char currentChar;
    boolean isdigit;
    Date today;

    if (idno.length()!= 18) age = -1;
    else {
      isdigit = true;
      i = 0;
      while (isdigit&&(i<17)) {
        currentChar = idno.charAt(i);
        if (('0'<= currentChar)&&(currentChar <= '9')) i++;
        else isdigit = false;
      }

      if (isdigit) {
        birthYear = idno.substring(6,10);
        today = new Date();
        todayString = today.toString();
        todayYear = todayString.substring(24,28);
        age = Integer.parseInt(todayYear) - Integer.parseInt(birthYear);
      }
      else age = -2;
    }
```

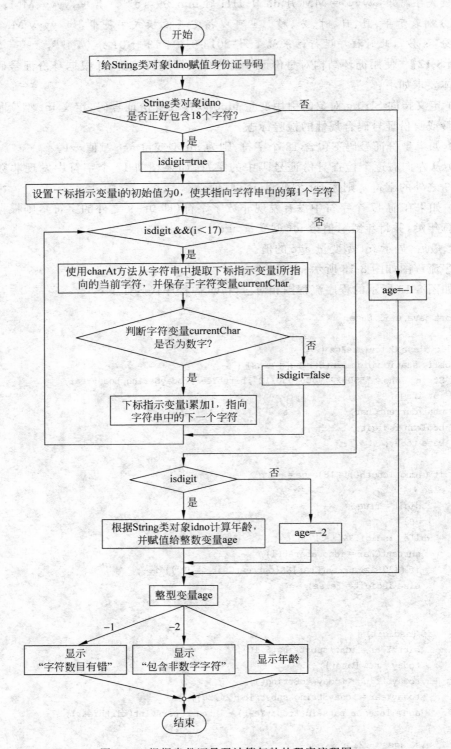

图 8-13 根据身份证号码计算年龄的程序流程图

```
    switch(age){
      case -1: System.out.println("身份证号码中的字符数目有错!");
        break;
      case -2: System.out.println("身份证号码前 17 中包含非数字字符!");
        break;
      default: System.out.println("身份证号码基本正确!根据该身份证号码推算的年龄是" +
age);
    }
  }
}
```

8.7 Object 类

Object 类位于 java.lang 包。在 Java 语言和源程序中，Object 类是整个类层次结构的根，也是其他任何类的直接或间接超类。Object 类的定义原型如下：

```
public class java.lang.Object {
    …
}
```

在 Object 类的声明中定义了一些描述对象最基本行为的 public 方法。另一方面，由于 Object 类是其他任何类的直接或间接超类，所以任何类都会继承在 Object 类中定义的 public 方法，并且 Object 类的任何直接或间接子类都可以覆盖或重载这些 public 方法。在这些 public 方法中，最常见的是 equals 和 toString 方法。

(1) public boolean equals(Object obj) 该方法用于比较两个引用变量所指向对象中的数据是否相同。该方法的返回值是 boolean 类型的数据，即 true 或 false。

(2) public String toString() 该方法以字符串形式返回有关当前对象的一些重要属性信息。该方法的返回值是指向 String 对象的引用类型。

其中，equals 方法满足自反性(reflexive)、对称性(symmetric)和传递性(transitive)。自反性是指对于指向对象的任意引用变量 x，x.equals(x)的值一定是 true。对称性是指对于指向对象的任意引用变量 x 和 y，如果 x.equals(y)的值是 true，则 y.equals(x)的值也一定是 true。传递性是指对于指向对象的任意引用变量 x、y 和 z，如果 x.equals(y)和 y.equals(z)的值都是 true，则 x.equals(z)的值也一定是 true。

在 Object 类的直接或间接子类中有时需要覆盖 equals 方法，此时同样需要确保 equals 方法满足自反性、对称性和传递性。例如，String 类是 Object 类的子类，在 String 类中定义的 equals 方法就是对 Object 类中 equals 方法的覆盖，该方法用于比较两个 String 对象所存储的字符串是否相同，而且该方法也满足自反性、对称性和传递性。

【例 8-13】 演示 String 类中 equals 方法的自反性、对称性和传递性。Java 源程序代码如下：

```
public class EqualsDemo {
  public static void main(String args[]) {
    String s1 = "Java", s2 = "Java";
```

```
        String s3 = new String("Java");

        System.out.println((s1 == s2) + " " + (s2 == s3) + " " + (s3 == s1));
        System.out.println(s1.equals(s1));                            //自反性
        System.out.println(s1.equals(s2) + " " + s2.equals(s1));      //对称性
        System.out.println(s1.equals(s2) + " " + s2.equals(s3) + " " + s1.equals(s3));  //传递性
    }
}
```

程序运行结果如下：

```
true false false
true
true true
true true true
```

在上述 Java 源程序中，引用变量 s1、s2 和 s3 所指向的 String 对象存储的字符串都是"Java"。但是，引用变量 s1 和 s2 指向同一个 String 对象，而引用变量 s3 则指向另一个 String 对象。所以，表达式"s1==s2"的值是 true，而表达式"s2==s3"和"s3==s1"的值则是 false。

在程序运行结果中，第二行输出（true）是因为 equals 方法满足自反性，第三行输出（true true）是因为 equals 方法满足对称性，第四行输出（true true true）是因为 equals 方法满足传递性。

在 Object 类的直接或间接子类中可以覆盖 toString 方法，也可以重载 toString 方法。

（1）Date 类是 Object 类的子类。在 Date 类中即对 toString 方法进行了覆盖，通过指向 Date 对象的引用变量调用 toString 方法，可以将保存在 Date 对象中的日期和时间转换为一个包含 28 个字符、系统规定格式的字符串。

（2）Integer 类是 Number 类的子类，Number 类又是 Object 类的子类，所以 Integer 类是 Object 类的间接子类。在 Integer 类中即对 toString 方法进行了重载。例如，Integer.toString(31)返回字符串"31"，而 Integer.toString(31,16)返回字符串"1f"。

8.8 引用类型的实例变量和类变量

在大多数情况下，实例变量属于基本类型，但在一个类的声明中也可以定义引用类型的实例变量。例如，String 和 Date 是 JDK 在类库中预先声明的 public 类。为了记录和存储雇员的姓名和雇用日期，可以在 Employee 类的声明中定义能够指向 String 对象和 Date 对象的引用变量，同时这些引用变量也是实例变量。

【例 8-14】 定义引用类型的实例变量。Java 源程序代码如下：

```
import java.util.Date;

class Employee {
    //实例变量 name 和 hiredDate 是分别指向 String 对象和 Date 对象的引用变量
    String name;    Date hiredDate;
    int salary, ID;
```

```java
  Employee(String name, int salary, int ID) {
    //将引用类型的实例变量 name 和 hiredDate 分别指向 String 对象和 Date 对象
    this.name = name;          this.hiredDate = new Date();
    this.salary = salary;      this.ID = ID;
  }
  void output() {
    String year = new String(hiredDate.toString().substring(24,28));
    String month = new String(hiredDate.toString().substring(4,7));
    String day = new String(hiredDate.toString().substring(8,10));

    System.out.println("Name:" + name + "   HiredDate:" + year + "/" + month + "/" + day);
    System.out.println("Salary:" + salary + "   ID:" + ID);
  }
}

public class CompositionDemo {
  public static void main(String[] args) {
    Employee e = new Employee("Bob",1000,1);
    e.output();
  }
}
```

程序运行结果如下：

```
Name:Bob    HiredDate:2013/Jul/10
Salary:1000    ID:1
```

在上述 Employee 类的声明中，除定义了 int 类型的实例变量 salary 和 ID 外，还定义了引用类型的实例变量 name 和 hiredDate——分别指向 String 对象和 Date 对象的引用变量。

注意：

(1) 在进行对象初始化时，系统默认的构造器将 byte、short、int、long、float、double 和 char 类型的实例变量的值初始化为 0，将 boolean 类型的实例变量的值初始化为 false，而将引用类型的实例变量的值初始化为 null(表示引用变量不指向任何对象)。

(2) 如果在类的声明中定义了引用类型的实例变量，则在调用构造器进行对象初始化时，需要将引用类型的实例变量指向新创建的对象。例如，在 Employee 类的构造器中，将引用类型的实例变量 name 和 hiredDate 分别指向 String 对象和 Date 对象。

(3) 通过在一个类的声明中定义引用类型的实例变量，可以实现对象的组合 (Composition)。在本例中，一个 Employee 对象不仅包含 int 类型的实例变量 salary 和 ID，而且包含能够分别指向 String 对象和 Date 对象的引用类型的实例变量 name 和 hiredDate。换言之，一个 Employee 对象是由两个 int 类型的实例变量 salary 和 ID、一个 String 对象和一个 Date 对象组合而成的。同时也说明，通过对象的组合可以实现在一个类的对象中包含其他类的对象。

实际上，在 Java 源程序中，也可以使用自定义类实现对象的组合。

【例 8-15】 使用自定义类实现对象的组合。Java 源程序代码如下：

```java
class Point {
  double x, y;
```

```
        Point(double x, double y) {  this.x = x;    this.y = y;  }
        void outputCoordinate(){  System.out.println("X = " + x + "   Y = " + y);  }
}

class Circle {
    Point center;                           //实例变量 center 是指向 Point 对象的引用变量
    double radius;
    Circle(double x, double y, double radius) {
        center = new Point(x,y);            //将引用类型的实例变量 center 指向新建 Point 对象
        this.radius = radius;
    }
    double getArea() {   return Math.PI * radius * radius;  }
}

public class CompositionTest {
    public static void main(String[] args) {
        Circle c = new Circle(1.0, 2.0, 10.0);
        System.out.println("Area of circle is " + c.getArea());
        c.center.outputCoordinate();
    }
}
```

程序运行结果如下：

```
Area of circle is 314.1592653589793
X = 1.0   Y = 2.0
```

在上述代码中，首先声明了 Point 类；然后在 Circle 类的声明中，除定义 double 类型的实例变量 radius 外，还定义了引用类型的实例变量 center——能够指向 Point 对象的引用变量。这即是一种对象组合技术，意味着在一个 Circle 对象中又包含一个 Point 对象。

在 CompositionTest 类的 main 方法中，定义了能够指向 Circle 对象的引用变量 c；代码 c.center 指向一个 Point 对象，语句"c.center.outputCoordinate();"表示通过该 Point 对象调用在 Point 类中定义的实例方法 outputCoordinate。

注意：在 Circle 类的构造器中，必须将引用类型的实例变量 center 指向新创建的 Point 对象。否则，当程序执行到 main 方法的最后一条语句时将发生异常。

除实例变量外，类变量（静态域）也可以是引用类型的。在 Java 类库中，System 是在包 java.lang 中声明的一个 public 类，PrintStream 是在包 java.io 中声明的另一个 public 类。在语句"System.out.println(…);"中，println 则是在 PrintStream 类中定义的一个没有返回值的实例方法；out 既是在 System 类中定义的类变量（静态域），也是能够指向 PrintStream 对象的引用变量，并且可以通过引用类型的类变量 out 调用实例方法 println。

8.9 小结

Java 语言的应用程序接口即是 JDK 中的类库。JDK 在类库中实现和提供了大量预先声明的 public 类，其中最常用的 public 类主要集中在 java.lang 包和 java.util 包中。

在 java.lang 包中有两个用于字符串处理的类：String 类和 StringBuffer 类。这两个类

的主要区别在于：在 String 对象中存储的是只读字符串，调用 String 类的任何方法都不会修改字符串本身的内容（但可以返回新创建的 String 对象）；而存储在 StringBuffer 对象中的字符串是可以修改的，调用 StringBuffer 类的某些方法可以直接修改字符串本身的内容。

在 java.lang 包中有 Byte、Short、Integer、Long、Float 和 Double 包装类，分别与 6 种数值基本类型相对应。这些类中的很多方法既是 public 方法，又是静态方法，并且某些是重载的。

Scanner 类位于 java.util 包，用于接收和处理键盘输入。为了使用 Scanner 类接收和处理键盘输入，需要在 Java 源程序首部的 package 语句之后，使用 import 语句导入 Scanner 类。

Math 类是 java.lang 包中的一个常用类，其中的方法主要用于数学计算。

Date 类位于 java.util 包，用于处理日期和时间数据。SimpleDateFormat 类位于 java.text 包，可以将日期和时间数据转换为特定格式的字符串。

在 Java 语言和源程序中，Object 类是整个类层次结构的根，也是其他任何类的直接或间接超类。

在一个类的声明中，既可以定义基本类型的实例变量和类变量，也可以定义引用类型的实例变量和类变量。

8.10 习题

1. 改写【例 8-5】中的 Java 源程序，使用命令行参数提供包含全角数字的字符串，并实现将字符串中的全角数字转换为半角数字的功能。

2. 编写 Java 源程序，使用命令行参数接收两个只包含数字字符和小数点的字符串，并按十进制将这两个字符串转换为两个浮点数，然后将两个浮点数相加，最后输出加法运算的结果。

3. 编写 Java 源程序，验证表 8-4 中 Math 类的静态方法及其功能和用法。

4. 参见【例 8-8】，使用 Scanner 类接收和处理从键盘输入的若干整数，并计算这些整数的平方根之和。如果在输入的整数中发现负整数，则终止计算，并输出之前的正整数的平方根之和。要求画出程序流程图，然后编写对应的 Java 源程序。

5. 改写【例 8-9】中的 Java 源程序，使用命令行参数接收一元二次方程的系数 a、b 和 c，然后求解一元二次方程。

6. 改写【例 8-12】中的 Java 源程序，使用 Scanner 类从键盘接收一个代表身份证号码的字符串，然后对身份证号码的合规性进行检验，并根据身份证号码计算年龄。其他要求和提示参见【例 8-12】。

7. 首先，编写一个 Java 源程序文件，在其中将一个 public 类（类名为 DataProcess）存放于 src.utility 包（如文件夹 E:\JavaApplication\src\utility）中。并且，在 DataProcess 类中定义以下两个方法：

（1）public static StringBuffer allTrim(String str) 该方法的形式参数 str 是一个保存字符串的 String 对象，其功能是删除字符串中的所有空格（包括半角空格和全角空格），然后将新字符串保存在一个 StringBuffer 对象中，最后将该 StringBuffer 对象作为返回值。

(2) public static StringBuffer dbcCase(String str) 该方法的形式参数 str 是一个保存字符串的 String 对象,其功能是将字符串中的全角数字转换为半角数字,然后将转换后的新字符串保存在一个 StringBuffer 对象中,最后将该 StringBuffer 对象作为返回值。

然后,编辑另一个 Java 源程序文件,将主类 TestDataProcessClass 存放于 src 包(如文件夹 E:\JavaApplication\src)中,并在其中导入 utility 包中的 DataProcess 类,然后在主类 TestDataProcessClass 的 main 方法中调用 DataProcess 类的静态方法 allTrim 和 dbcCase 对一些字符串进行相应的处理,最后输出处理后的字符串。

第9章 抽象类、引用类型转换和接口

在 Java 语言中,类和接口都属于引用类型,都可以用来定义指向对象的引用变量。在 Java 源程序中利用抽象类、引用类型转换和接口,可以实现更丰富的数据处理功能。

9.1 抽象类和抽象方法

在 Java 语言中可以声明抽象类(Abstract Class)。在抽象类中可以定义抽象方法(Abstract Method),但抽象方法没有实现代码。在继承抽象类的子类中可以给出抽象方法的实现代码。

声明抽象类并在其中定义抽象方法可以采用如下基本语法格式:

```
abstract class AbstractClassName {
    …
    abstract type abstractMethod(ParameterList);
    …
}
```

Java 语言规定,声明抽象类和定义抽象方法都需要使用关键字 abstract,其他语法格式与声明一般类和定义一般方法类似。

【例 9-1】 抽象类和抽象方法。Java 源程序代码如下:

```
abstract class CollegeStudent {            //声明抽象类 CollegeStudent
    String name;                           //实例变量
    public CollegeStudent(String name) {   this.name = name;   }
    abstract void study();                 //定义抽象方法 study,但没有实现代码
}

class Freshman extends CollegeStudent {
    public Freshman(String name) {   super(name); };
    //在子类中实现父类(抽象类 CollegeStudent)中的抽象方法 study
    void study() {   System.out.println(name + " studies Object-Oriented Programming");   }
}

class Sophomore extends CollegeStudent {
    public Sophomore(String name) {   super(name); };
    //在子类中实现父类(抽象类 CollegeStudent)中的抽象方法 study
    void study() {   System.out.println(name + " studies Java Programming Language");   }
```

```java
    }

class Junior extends CollegeStudent {
  public Junior(String name) {   super(name); };
  //在子类中实现父类(抽象类 CollegeStudent)中的抽象方法 study
  void study() {   System.out.println(name + " studies Unified Modeling Language");   }
}

public class AbstractClassDemo {
  public static void main(String[] agrs) {
    Freshman st1 = new Freshman("Alice");
    Sophomore st2 = new Sophomore("Tom");
    Junior st3 = new Junior("James");
    st1.study();
    st2.study();
    st3.study();
  }
}
```

程序运行结果如下：

```
Alice studies Object-Oriented Programming
Tom studies Java Programming Language
James studies Unified Modeling Language
```

在本例中，以抽象类 CollegeStudent 为超类、派生出 Freshman、Sophomore 和 Junior 三个子类。由于一年级(Freshman)、二年级(Sophomore)和三年级(Junior)学生的专业课程不同，所以在抽象类 CollegeStudent 中没有给出 study 方法的实现代码，而只将其定义为抽象方法。

而在 Freshman、Sophomore 和 Junior 三个子类中，均对从抽象类 CollegeStudent 继承的 study 方法给出了相应的实现代码。

注意：

(1) 抽象类主要用于类的继承，并在其子类中实现抽象方法。

(2) 在继承抽象类的子类中可以给出抽象方法的实现代码，同时也是对抽象方法的覆盖。

(3) 定义有抽象方法的类必须声明为抽象类，但在抽象类的声明中可以不定义抽象方法，也可以定义非抽象方法并给出实现代码。

(4) 不能创建抽象类的对象，但可以创建它的非抽象子类的对象。

(5) 在抽象类中可以定义实例变量，也可以定义类变量。

(6) 在声明抽象类时不能使用关键字 final，因为使用关键字 final 声明的类是终极类，终极类不能被其他类继承，这与设计抽象类的初衷相抵触。

(7) 抽象方法是没有具体实现代码的方法，其主要特点是方法定义与方法实现的分离，即在抽象类中定义抽象方法，而在继承抽象类的子类中覆盖抽象方法并给出实现代码。

【例 9-2】 抽象类和抽象方法。Java 源程序代码如下：

```java
abstract class Graphics {                  //声明抽象类 Graphics
  abstract double getArea();               //定义抽象方法 getArea,,但没有实现代码
```

```java
    }

    class Circle extends Graphics {           //类 Circle 继承抽象类 Graphics
        private double radius;
        public Circle(double r) {    radius = r;    }
        //在子类中实现从抽象类 Graphics 继承的抽象方法 getArea
        double getArea() {    return Math.PI * radius * radius;    }
        //覆盖从类 Object 继承的 toString 方法
        public String toString() {
            return "Circle{(" + radius + ") = " + getArea() + "}";
        }
    }

    class Triangle extends Graphics {         //类 Triangle 继承抽象类 Graphics
        private double a,b,c;                 //a、b、c 代表三角形三条边的长度
        public Triangle(double a, double b, double c) {    this.a = a;    this.b = b;    this.c = c;    }
        //在子类中实现从抽象类 Graphics 继承的抽象方法 getArea
        double getArea() {
            double s = 0.5 * (a + b + c);     //Heron's Formula
            return Math.sqrt(s * (s - a) * (s - b) * (s - c));
        }
        //覆盖从类 Object 继承的 toString 方法
        public String toString() {
            return "Triangle{(" + a + "," + b + "," + c + ") = " + getArea() + "}";
        }
    }

    public class AbstractClassTest {
        public static void main(String args[]) {
            Circle c = new Circle(2);
            Triangle t = new Triangle(5,6,6);
            System.out.println(c.toString());
            System.out.println(t.toString());
        }
    }
```

程序运行结果如下：

```
Circle{(2.0) = 12.566370614359172}
Triangle{(5.0,6.0,6.0) = 13.635890143294644}
```

在本例中，以抽象类 Graphics 为超类，派生出 Circle 和 Triangle 两个子类。由于圆（Circle）和三角形（Triangle）的面积计算公式不同，所以在抽象类 Graphics 中没有给出 getArea 方法的实现代码，而只将其定义为抽象方法。

而在 Circle 和 Triangle 两个子类中，均对从抽象类 Graphics 继承的 getArea 方法给出了相应的实现代码。

此外，在类 Circle 和类 Triangle 的声明中均定义了 toString 方法，以字符串形式返回相关图形的基本属性信息，实际上是对类 Object 中 toString 方法的覆盖。

9.2 引用类型转换

在 Java 语言中,不仅可以进行基本类型之间的转换,也可以进行引用类型之间的转换。引用类型之间的转换又可分为引用类型向上转换(UpCasting)和引用类型向下转换(DownCasting)。本节只介绍引用类型向上转换。所谓引用类型向上转换,是指将子类类型的引用变量赋值给超类类型的引用变量(实际上是将超类类型的引用变量指向子类对象),也可以将超类类型的引用变量直接指向新创建的子类对象。

【例 9-3】 引用类型向上转换。Java 源程序代码如下:

```java
abstract class Graphics {              //代码与前例完全一致
    abstract double getArea();
}

class Circle extends Graphics {        //代码与前例完全一致
    private double radius;
    public Circle(double r) {  radius = r;  }
    double getArea() {  return Math.PI * radius * radius;  }
    public String toString() {
        return "Circle{(" + radius + ") = " + getArea() + "}";
    }
}

public class ReferenceUpCasting {
    public static void main(String args[]) {
        Circle c = new Circle(2);          //将 Circle 类型的引用变量 c 指向新创建的 Circle 对象
        System.out.println("The Area of Circle is " + c.getArea());
        System.out.println(c.toString());

        Graphics graphicsObj1;             //定义抽象类 Graphics 类型的引用变量 graphicsObj1
        //将子类 Circle 类型的引用变量 c 赋值给超类 Graphics 类型的引用变量 graphicsObj1
        graphicsObj1 = c;                  //引用类型向上转换
        System.out.println("(graphicsObj1 == c) = " + (graphicsObj1 == c));
        System.out.println("The Area of Graphic is " + graphicsObj1.getArea());
        System.out.println(graphicsObj1.toString());

        //将超类 Graphics 类型的引用变量 graphicsObj2 直接指向新创建的子类 Circle 对象
        Graphics graphicsObj2 = new Circle(3);
        System.out.println("The Area of Graphic is " + graphicsObj2.getArea());
        System.out.println(graphicsObj2.toString());
    }
}
```

程序运行结果如下:

```
The Area of Circle is 12.566370614359172
Circle{(2.0) = 12.566370614359172}
(graphicsObj1 == c) = true
```

```
The Area of Graphic is 12.566370614359172
Circle{(2.0) = 12.566370614359172}
The Area of Graphic is 28.274333882308138
Circle{(3.0) = 28.274333882308138}
```

在本例中，抽象类 Graphics 及其子类 Circle 中的代码与前例完全一致。

在主类 ReferenceUpCasting 的 main 方法中，首先将 Circle 类型的引用变量 c 指向新创建的 Circle 对象，并通过引用变量 c 调用类 Circle 的方法 getArea 和 toString。

然后定义抽象类 Graphics 类型的引用变量 graphicsObj1，并通过赋值语句将子类 Circle 类型的引用变量 c 赋值给超类 Graphics 类型的引用变量 graphicsObj1（实际上是将超类 Graphics 类型的引用变量 graphicsObj1 指向子类 Circle 对象），之后可以通过超类 Graphics 类型的引用变量 graphicsObj1 调用子类 Circle 的方法 getArea 和 toString。

注意：

（1）引用类型转换只发生在具有继承关系的超类和子类之间。本例中的引用类型向上转换即是将子类 Circle 类型的引用变量 c 赋值给超类 Graphics 类型的引用变量 graphicsObj1。

（2）虽然不能创建抽象类的对象，但可以定义抽象类类型的引用变量，并可以通过引用类型向上转换将抽象类类型的引用变量指向子类对象。在本例中，定义了抽象类 Graphics 类型的引用变量 graphics Obj1，并通过赋值语句将子类 Circle 类型的引用变量 c 赋值给超类 Graphics 类型的引用变量 graphics Obj1。这样，抽象类 Graphics 类型的引用变量 graphicsObj1 和子类 Circle 类型的引用变量 c 指向同一个子类 Circle 对象，所以表达式"graphicsObj1==c"的值是 ture。

（3）也可以将超类类型的引用变量直接指向新创建的子类对象。本例中的语句"Graphics graphicsObj2 = new Circle(3);"即是将超类 Graphics 类型的引用变量 graphicsObj2 直接指向新创建的子类 Circle 对象。

（4）如果超类的实例方法被子类覆盖，则引用类型向上转换后可以通过超类类型的引用变量调用子类的实例方法。在本例中，抽象类 Graphics 是系统类 Object 的子类，所以抽象类 Graphics 将继承系统类 Object 的实例方法 toString；而类 Circle 又是抽象类 Graphics 的子类，类 Circle 不仅覆盖了抽象类 Graphics 从系统类 Object 继承的实例方法 toString，而且实现并覆盖了抽象类 Graphics 的抽象方法 getArea。因此，引用类型向上转换后可以通过超类 Graphics 类型的引用变量 graphicsObj1 调用子类 Circle 的实例方法 getArea 和 toString。

9.2.1 比较不同类型的对象

利用抽象类和引用类型向上转换，还可以比较不同类型对象的相同属性。例如，圆和三角形都具有面积属性，利用抽象类和引用类型向上转换，即可比较一个圆和一个三角形的面积大小。

【例 9-4】 比较圆和三角形的面积。Java 源程序代码如下：

```
abstract class Graphics {        //代码与【例 9-2】完全一致
    abstract double getArea();
}
```

```java
class Circle extends Graphics {            //代码与【例 9-2】完全一致
  private double radius;
  public Circle(double r) {   radius = r;   }
  double getArea() {   return Math.PI * radius * radius;   }
  public String toString() {
    return "Circle{(" + radius + ") = " + getArea() + "}";
  }
}

class Triangle extends Graphics {          //代码与【例 9-2】完全一致
  private double a,b,c;
  public Triangle(double a, double b, double c) {   this.a = a;   this.b = b;   this.c = c;   }
  double getArea() {
    double s = 0.5 * (a + b + c);
    return Math.sqrt(s * (s - a) * (s - b) * (s - c));
  }
  public String toString() {
    return "Triangle{(" + a + "," + b + "," + c + ") = " + getArea() + "}";
  }
}

public class UpCastingDemo {
  //静态方法 findBigger 的形式参数和返回值都是基于抽象类 Graphics 的引用类型
  //静态方法 findBigger 能够从两个图形中找出面积较大的图形
  static Graphics findBigger(Graphics gObj1, Graphics gObj2) {
    Graphics bigger = gObj2;              //首先假设图形 gObj2 的面积较大
    if (gObj1.getArea()> gObj2.getArea()) bigger = gObj1;
    return bigger;
  }

  public static void main(String args[]) {
    //引用类型向上转换,将超类 Graphics 类型的引用变量 graphicsObj1 直接指向新创建的子类
    //Circle 对象
    Graphics graphicsObj1 = new Circle(2);
    //引用类型向上转换,将超类 Graphics 类型的引用变量 graphicsObj2 直接指向新创建的子类
    //Triangle 对象
    Graphics graphicsObj2 = new Triangle(5,6,6);
    System.out.println(graphicsObj1.toString());
    System.out.println(graphicsObj2.toString());

    //从两个图形中找出面积较大的图形
    Graphics biggerGraphics = findBigger(graphicsObj1,graphicsObj2);
    System.out.println("The Bigger Graphics is " + biggerGraphics.toString());
  }
}
```

程序运行结果如下:

Circle{(2.0) = 12.566370614359172}

Triangle{(5.0,6.0,6.0) = 13.635890143294644}
The Bigger Graphics is Triangle{(5.0,6.0,6.0) = 13.635890143294644}

在本例中，抽象类 Graphics 及其子类 Circle 和子类 Triangle 中的代码与【例 9-2】完全一致。

在主类 UpCastingDemo 中，静态方法 findBigger 的两个形式参数（gObj1 和 gObj2）以及返回值都是基于超类 Graphics 的引用类型，因此均可指向子类 Circle 或子类 Triangle 的对象。在静态方法 findBigger 中，根据形式参数 gObj1 和 gObj2 所具体指向的子类对象，代码"gObj1.getArea()>gObj2.getArea()"能够比较两个子类对象的面积，并将面积较大的子类对象所对应的形式参数作为返回值。

在静态方法 main 中，首先将超类 Graphics 类型的引用变量 graphicsObj1 和 graphicsObj2 分别直接指向新创建的子类 Circle 和 Triangle 对象。调用静态方法 findBigger 之后，超类 Graphics 类型的引用变量 biggerGraphics 将指向面积较大的子类对象。

9.2.2 将不同类型的对象组织在一个数组中

利用抽象类和引用类型向上转换，还可以将具有相同父类的不同类型对象组织在一个数组中，并实现更多的数据处理功能。例如，将一些不同类型的图形对象（如圆、三角形、矩形、正方形等）组织在一个数组中，然后按照面积大小对数组中的各种图形对象进行排序。

【例 9-5】 对数组中的不同图形对象按照面积大小进行排序。Java 源程序代码如下：

```java
abstract class Graphics {           //代码与【例 9-2】完全一致
    abstract double getArea();
}

class Circle extends Graphics {     //代码与【例 9-2】完全一致
    private double radius;
    public Circle(double r) {    radius = r;    }
    double getArea() {    return Math.PI * radius * radius;    }
    public String toString() {
        return "Circle{(" + radius + ") = " + getArea() + "}";
    }
}

class Triangle extends Graphics {   //代码与【例 9-2】完全一致
    private double a,b,c;
    public Triangle(double a, double b, double c) {    this.a = a;    this.b = b;    this.c = c;    }
    double getArea() {
        double s = 0.5 * (a + b + c);
        return Math.sqrt(s * (s - a) * (s - b) * (s - c));
    }
    public String toString() {
        return "Triangle{(" + a + "," + b + "," + c + ") = " + getArea() + "}";
    }
}

public class UpCastingTest {
```

```java
//定义一个能够实现冒泡排序的静态方法 bubbleSort
public static void bubbleSort(Graphics a[]) {
    int i,j;    Graphics temp;

    for(i = 0;i < a.length - 1;i++) {  //开始冒泡排序
        for(j = 0;j < a.length - i - 1;j++)
            if(a[j].getArea()> a[j + 1].getArea()) {
                temp = a[j];   a[j] = a[j + 1];   a[j + 1] = temp;
            }
    }
}

public static void main(String args[]) {
    int i;
    Graphics graphicsArray[] = new Graphics[4];
    graphicsArray[0] = new Circle(3);
    graphicsArray[1] = new Circle(2);
    graphicsArray[2] = new Triangle(5,6,6);
    graphicsArray[3] = new Triangle(5,6,5);

    System.out.println("排序之前：");
    for(i = 0;i < graphicsArray.length;i++)
        System.out.println(graphicsArray[i].toString());

    bubbleSort(graphicsArray);

    System.out.println("排序之后：");
    for(i = 0;i < graphicsArray.length;i++)
        System.out.println(graphicsArray[i].toString());
}
}
```

程序运行结果如下：

```
排序之前：
Circle{(3.0) = 28.274333882308138}
Circle{(2.0) = 12.566370614359172}
Triangle{(5.0,6.0,6.0) = 13.635890143294644}
Triangle{(5.0,6.0,5.0) = 12.0}
排序之后：
Triangle{(5.0,6.0,5.0) = 12.0}
Circle{(2.0) = 12.566370614359172}
Triangle{(5.0,6.0,6.0) = 13.635890143294644}
Circle{(3.0) = 28.274333882308138}
```

在本例中，抽象类 Graphics 及其子类 Circle 和子类 Triangle 中的代码与【例 9-2】完全一致。

在 Java 程序中，虽然不能创建抽象类的对象，但可以定义基于抽象类的数组。例如，在主类 UpCastingTest 的 main 方法中，即基于抽象类 Graphics 定义了包含四个元素的数组 graphicsArray，其中的每个数组元素又是基于抽象类 Graphics 的引用类型，因此每个数组元素可以指向子类 Circle 或 Triangle 的对象——在排序之前，前两个数组元素指向 Circle

对象,后两个数组元素指向 Triangle 对象。

类似地,静态方法 bubbleSort 的形式参数 a 也是基于抽象类 Graphics 的数组,其中的每个数组元素也可以指向子类 Circle 或 Triangle 对象,并且在程序运行时能够根据所指向的具体对象调用相应的 getArea 方法——如果 a[i]指向一个 Circle 对象,则调用计算圆面积的 getArea 方法;如果 a[i]指向一个 Triangle 对象,则调用计算三角形面积的 getArea 方法。这样,即可在静态方法 bubbleSort 中按照面积大小对数组 a 中的不同图形对象进行排序。

9.3 接口

在 Java 语言中,接口(Interface)是一组常量和抽象方法的集合。接口的声明可以采用如下基本语法格式:

```
[public] interface InterfaceName {
  type constantName = value;           //定义常量
  …
  returnType abstractMethodName(type para1; …, type paraN);   //定义抽象方法
  …
}
```

其中,关键字 interface 表示接口的声明。InterfaceName 是接口名。在接口名中通常使用形容词或名词,且每个单词的首字母大写、其他字母小写。

与类的声明类似,声明接口时可以选择使用关键字 public,即 public 接口既可以在同一个包的内部使用,也可以在包以外的程序中使用,而非 public 接口只能在同一个包的内部使用。

大括号括起来的部分是接口体,在接口体中可以定义零个或多个常量和抽象方法。没有定义任何常量和抽象方法的接口称为空接口。常量隐含被关键字 public、static 和 final 修饰,抽象方法隐含被关键字 public 和 abstract 修饰。

在定义常量时,type 通常指定常量的基本类型,即 byte、short、int、long、float、double、char 和 boolean 之一。

抽象方法可以返回一个某种类型的数据(值)。此时,returnType 指定返回值的数据类型。抽象方法也可以没有返回值。此时,returnType 需要使用关键字 void。

abstractMethodName 表示方法名,在接口中只能定义抽象方法。方法名中的第一个单词通常使用小写字母的动词,其后使用首字母大写、其他字母小写的若干个名词。

方法名后面圆括号中是抽象方法的形式参数列表。其中,param 是形式参数名,type 指定形式参数的数据类型,形式参数之间用逗号分隔。

在一个接口中定义的常量能够为多个类提供公共数据,但这些类必须实现该接口。一个类实现接口可以采用如下基本语法格式:

```
class ClassName implements InterfaceName1, …, InterfaceNameN {
  …
  //在方法内直接使用在接口中定义的常量
  …
}
```

注意：

(1) 一个类实现接口时，在类名后面需要使用关键字 implements。

(2) 一个类可以实现多个接口。此时，在关键字 implements 后面的接口名之间用逗号分隔。

【例 9-6】 在接口声明中定义常量并在类的声明中实现接口。Java 源程序代码如下：

```
interface LineData {       //声明 LineData 接口,并在其中定义表示公交路线及沿途站点的两个 String
                           //数组常量 Line221 和 Line341
    String [] Line221 = {"西郡英华","红光路","正兴大道","广场路正兴大道口","红光镇","西华
大学南大门","泰山大道北","犀浦快铁站","龙吟路口","万福村","成都公交车辆装修厂","陈家桅
街","全兴路中","全兴路","土桥","金牛宾馆","跃进村","茶店子西口","茶店子","五里村","营
门口北","会展中心","沙湾路","西门车站"};
    String [] Line341 = {"茶店子公交站","三环路羊犀立交桥北外侧","三环路羊犀立交桥东","蜀
汉路西","蜀汉路","蜀汉路同和路口","同友路口","蜀汉路东","抚琴西路西","抚琴西路","永陵
路西","槐树街西","槐树街东","东门街","八宝街","青龙街","德盛路","玉沙路","红星路口",
"猛追湾街口","双林路一环路口东","新华公园","双桥北二街口","双桥路中","双林中横路","万
年场","联合小区","成洛路公交站"};
}

//VehicleMovingDemo 类实现 LineData 接口
public class VehicleMovingDemo implements LineData {
    static void generateVehicleMovingData(String vehicleNo,int lineNo,String[] line) {
        //形式参数 vehicleNo 表示车辆编号,如川 A－516MS－221
        //形式参数 lineNo 表示车辆所行路线编号
        //形式参数 line 表示车辆所行路线及沿途站点
        int currentStationNo = 0;    //车辆当前所在站点编号,从 0 开始,0 表示始发站编号
        System.out.println("————车 辆 " + vehicleNo + " 发 出 信 息————: ");
        do {
            System.out.println(lineNo + "路当前位置是：第" + currentStationNo + "站：" + line
[currentStationNo]);
            currentStationNo++;
        } while (currentStationNo < line.length);    //当车辆开进终点站,循环结束
    }

    public static void main(String[] args) {
        //在 main 方法中直接使用表示公交路线及沿途站点的 String 数组常量 Line221 和 Line341
        generateVehicleMovingData("川 A－516MS－221",221,Line221);
        generateVehicleMovingData("川 A－US911－341",341,Line341);
    }
}
```

程序运行结果如下：

```
————车 辆 川 A－516MS－221 发 出 信 息————:
221 路当前位置是：第 0 站：西郡英华
221 路当前位置是：第 1 站：红光路
221 路当前位置是：第 2 站：正兴大道
221 路当前位置是：第 3 站：广场路正兴大道口
221 路当前位置是：第 4 站：红光镇
221 路当前位置是：第 5 站：西华大学南大门
...
```

本例简单模拟了公交车的行驶过程，并显示了公交车依次经过的各个站点。

在本例中，首先声明了 LineData 接口，并在其中定义了表示公交路线及沿途站点的两

个 String 数组常量 Line221 和 Line341。

然后声明了 VehicleMovingDemo 类,并使用关键字 implements 实现 LineData 接口。相应地,VehicleMovingDemo 类称为 LineData 接口的实现类。

之后,即可在 VehicleMovingDemo 类的 main 方法中使用 String 数组常量 Line221 和 Line341。

注意:在本例 LineData 接口中定义的 String 数组常量 Line221 和 Line341 属于引用类型,分别指向两个 String 数组对象;而数组中的每个元素又是指向一个 String 对象的引用类型。

在一个接口中定义的抽象方法能够为多个实现类提供相似的操作,但在接口中并不给出抽象方法的实现代码。抽象方法的实现代码是在该接口的实现类中给出的,基本语法格式如下:

```
class ClassName implements InterfaceName {
    …
    returnType abstractMethodName(type para1, …, type paraN) {
        …
        //通过具体代码实现在接口中定义的抽象方法
        …
    }
}
```

【例 9-7】 接口声明及其实现。Java 源程序代码如下:

```
interface Graphics {                    //声明接口 Graphics
    double getArea();                   //定义抽象方法 getArea
}

class Circle implements Graphics {      //在类 Circle 中实现接口 Graphics
    private double radius;
    public Circle(double r) {  radius = r;  }
    //实现在接口 Graphics 中定义的抽象方法 getArea,且必须使用关键字 public
    public double getArea() {  return Math.PI * radius * radius;  }
    //覆盖从类 Object 继承的方法 toString
    public String toString() {  return "Circle{(" + radius + ") = " + getArea() + "}";  }
}

class Triangle implements Graphics {    //在类 Triangle 中实现接口 Graphics
    private double a,b,c;               //a、b、c 代表三角形三条边的长度
    public Triangle(double a, double b, double c) {  this.a = a;  this.b = b;  this.c = c;  }
    //实现在接口 Graphics 中定义的抽象方法 getArea,且必须使用关键字 public
    public double getArea() {
        double s = 0.5 * (a + b + c);   //Heron's Formula
        return Math.sqrt(s * (s - a) * (s - b) * (s - c));
    }
    //覆盖从类 Object 继承的方法 toString
    public String toString() { return "Triangle{(" + a + "," + b + "," + c + ") = " + getArea() + "}"; }
}

public class InterfaceDemo {
    public static void main(String args[]) {
        Circle c = new Circle(2);
```

```
        Triangle t = new Triangle(5,6,7);
        System.out.println("The Aera of Circle is " + c.getArea());
        System.out.println("The Aera of Triangle is " + t.getArea());
    }
}
```

程序运行结果如下:

```
The Aera of Circle is 12.566370614359172
The Aera of Triangle is 14.696938456699069
```

在本例中,首先声明了接口 Graphics,并在其中定义了抽象方法 getArea。与在抽象类中定义的抽象方法类似,在接口 Graphics 中定义的抽象方法 getArea 也没有给出实现代码。

随后声明的类 Circle 实现了接口 Graphics,同时实现了在接口 Graphics 中定义的抽象方法 getArea——给出了具体的实现代码。相应地,类 Circle 称为接口 Graphics 的实现类。

类似地,随后声明的类 Triangle 也是接口 Graphics 的实现类,并在其中实现抽象方法 getArea 时也给出了相应的实现代码。

注意:

(1) 声明接口和声明类的基本语法格式相似,但在接口中只能定义常量和抽象方法,而不能定义任何变量和构造器。

(2) 在接口中定义的抽象方法隐含被关键字 public 和 abstract 修饰,但在相应的实现类中实现抽象方法时则必须使用关键字 public。例如,在接口 Graphics 中定义抽象方法 getArea 时可以不使用关键字 public,但在类 Circle 和类 Triangle 中实现抽象方法 getArea 时则必须使用关键字 public。

(3) 接口与实现类的关系实质上是将方法的设计与方法的实现进行分离。例如,在接口 Graphics 中定义抽象方法 getArea 时,只需指定方法名 getArea、无参数和返回值类型 double,而方法 getArea 的实现代码则是在类 Circle 和类 Triangle 中给出的。

9.3.1 接口也是一种引用类型

在 Java 语言中,类和接口都属于引用类型,都可以用来定义引用变量。基于一个类定义的引用变量可以指向属于该类的一个对象,而基于一个接口定义的引用变量则可以指向属于该接口的实现类的一个对象。

【例 9-8】 接口及其引用类型。Java 源程序代码如下:

```
interface Graphics {
    double getArea();
}

class Circle implements Graphics {
    private double radius;
    public Circle(double r) {  radius = r;  }
    public double getArea() {  return Math.PI * radius * radius;  }
    public String toString() {  return "Circle{(" + radius + ") = " + getArea() + "}";  }
}
```

```java
public class InterfaceAsReference {
  public static void main(String args[]) {
    //将实现类 Circle 类型的引用变量 c 指向新创建的 Circle 对象
    Circle c = new Circle(2);
    System.out.println("The Area of Circle is " + c.getArea());
    System.out.println(c.toString());

    Graphics graphicsObj1;              //定义接口 Graphics 类型的引用变量 graphicsObj1
    //将实现类 circle 类型的引用变量 c 赋值给接口 Graphics 类型的引用变量 graphicsObj1
    graphicsObj1 = c;
    System.out.println("(graphicsObj1 == c) = " + (graphicsObj1 == c));
    System.out.println("The Area of Graphic is " + graphicsObj1.getArea());
    System.out.println(graphicsObj1.toString());

    //将接口 Graphics 类型的引用变量 graphicsObj2 直接指向新创建的实现类 Circle 对象
    Graphics graphicsObj2 = new Circle(3);
    System.out.println("The Area of Graphic is " + graphicsObj2.getArea());
    System.out.println(graphicsObj2.toString());
  }
}
```

程序运行结果如下：

```
The Area of Circle is 12.566370614359172
Circle{(2.0) = 12.566370614359172}
(graphicsObj1 == c) = true
The Area of Graphic is 12.566370614359172
Circle{(2.0) = 12.566370614359172}
The Area of Graphic is 28.274333882308138
Circle{(3.0) = 28.274333882308138}
```

在主类 InterfaceAsReference 的 main 方法中，首先将实现类 Circle 类型的引用变量 c 指向新创建的 Circle 对象，并通过引用变量 c 调用类 Circle 的方法 getArea 和 toString。

然后定义接口 Graphics 类型的引用变量 graphicsObj1，并通过赋值语句将实现类 Circle 类型的引用变量 c 赋值给接口 Graphics 类型的引用变量 graphicsObj1（实际上是将接口 Graphics 类型的引用变量 graphicsObj1 指向实现类 Circle 对象）。这样，接口 Graphics 类型的引用变量 graphicsObj1 和实现类 Circle 类型的引用变量 c 指向同一个 Circle 对象，所以表达式"graphicsObj1==c"的值是 ture。之后，可以通过接口 Graphics 类型的引用变量 graphicsObj1 调用实现类 Circle 的方法 getArea 和 toString。

也可以将接口类型的引用变量直接指向新创建的实现类对象。本例中的语句"Graphics graphicsObj2 = new Circle(3);"即是将接口 Graphics 类型的引用变量 graphicsObj2 直接指向新创建的实现类 Circle 对象。

注意：本例的代码与【例 9-3】的大部分代码是一样的，并且程序功能及运行结果与【例 9-3】完全一致。但两例所使用的技术手段不同：【例 9-3】使用的是抽象类 Graphics 及其子类 Circle（以及引用类型向上转换），而本例使用的则是接口 Graphics 及其实现类 Circle。

除在方法内定义和使用接口类型的引用变量外,还可以在方法的形式参数和返回值中使用基于接口的引用类型。

【例9-9】 在方法的形式参数和返回值中使用基于接口的引用类型,以比较不同图形对象的面积。Java源程序代码如下:

```java
interface Graphics {
  double getArea();
}

class Circle implements Graphics {
  private double radius;
  public Circle(double r) {   radius = r;   }
  public double getArea() {   return Math.PI * radius * radius;   }
  public String toString() {   return "Circle{(" + radius + ") = " + getArea() + "}";   }
}

class Triangle implements Graphics {
  private double a,b,c;
  public Triangle(double a, double b, double c) {   this.a = a;   this.b = b;   this.c = c;   }
  public double getArea() {
    double s = 0.5 * (a + b + c);
    return Math.sqrt(s * (s - a) * (s - b) * (s - c));
  }
  public String toString() { return "Triangle{(" + a + "," + b + "," + c + ") = " + getArea() + "}"; }
}

public class InterfaceReferenceApplication {
  //静态方法 findBigger 的形式参数和返回值都是基于接口 Graphics 的引用类型
  static Graphics findBigger(Graphics gObj1, Graphics gObj2) {
    Graphics bigger = gObj2;            //首先假设图形 gObj2 的面积较大
    if (gObj1.getArea()> gObj2.getArea()) bigger = gObj1;
    return bigger;
  }

  public static void main(String args[]) {
    Circle c = new Circle(2);
    Triangle t = new Triangle(5,6,6);
    System.out.println(c.toString());
    System.out.println(t.toString());
    //基于接口 Graphics 定义引用变量 biggerGraphics
    Graphics biggerGraphics = findBigger(c,t);
    System.out.println("The Bigger Graphics is " + biggerGraphics.toString());
  }
}
```

程序运行结果如下:

```
Circle{(2.0) = 12.566370614359172}
Triangle{(5.0,6.0,6.0) = 13.635890143294644}
The Bigger Graphics is Triangle{(5.0,6.0,6.0) = 13.635890143294644}
```

在本例中，接口 Graphics 及其实现类 Circle 中的代码与前例完全一致。

在主类 InterfaceReferenceApplication 中，静态方法 findBigger 的两个形式参数（gObj1 和 gObj2）以及返回值都是基于接口 Graphics 的引用类型，因此均可以指向实现类 Circle 或 Triangle 的对象。在静态方法 findBigger 中，根据形式参数 gObj1 和 gObj2 所具体指向的实现类对象，代码"gObj1.getArea()＞gObj2.getArea()"能够比较两个图形对象的面积，并将面积较大的图形对象所对应的形式参数作为返回值。

在静态方法 main 中，biggerGraphics 也是一个接口 Graphics 类型的引用变量。调用静态方法 findBigger 之后，接口 Graphics 类型的引用变量 biggerGraphics 将指向面积较大的图形对象。

注意：

（1）本例的代码与【例 9-4】的大部分代码是一样的，并且程序功能及运行结果与【例 9-4】完全一致。但两例所使用的技术手段不同：【例 9-4】使用的是抽象类 Graphics 及其子类 Circle 和 Triangle（以及引用类型向上转换），而本例使用的则是接口 Graphics 及其实现类 Circle 和 Triangle。

（2）本例的静态方法 findBigger 与【例 9-4】的静态方法 findBigger 及其代码完全一致。但在本例，静态方法 findBigger 的两个形式参数（gObj1 和 gObj2）以及返回值都是基于接口 Graphics 的引用类型；而在【例 9-4】中，静态方法 findBigger 的两个形式参数（gObj1 和 gObj2）以及返回值都是基于抽象类 Graphics 的引用类型。

（3）基于接口的引用类型与基于实现类的引用类型之间也可以进行引用类型转换。在本例的静态方法 main 中，局部变量 c 和 t 分别是基于实现类 Circle 和 Triangle 的引用变量；而静态方法 findBigger 的形式参数 gObj1 和 gObj2 则是基于接口 Graphics 的引用类型。在静态方法 main 中调用静态方法 findBigger 时，即是基于实现类的引用类型向基于接口的引用类型的转换。

9.3.2 使用接口对不同类进行类似操作

在 Java 程序设计中有时会遇到如下情况：有些类相互独立，但又需要进行类似的操作。例如，类 Student 表示学生，类 Rectangle 表示矩形，如果按照成绩对一组学生排序和按照面积对一组矩形排序能够调用代码相同的方法，则可以提高程序代码的利用效率。在 Java 语言中，使用接口及其引用类型可以解决这类问题。

【例 9-10】 接口应用举例——排序方法在多个类中的应用。Java 源程序代码如下：

```
interface Comparison {                          //声明接口 Comparison
    boolean isLargerThan(Comparison c);         //定义抽象方法 isLargerThan
}

class Student implements Comparison {           //声明类 Student,并实现接口 Comparison
    private int score;                          //学生成绩
    Student(int s) {   score = s;   }
    //实现接口 Comparison 中的抽象方法 isLargerThan
    public boolean isLargerThan(Comparison s) {
        boolean reVal = false;
```

```java
        Student stud = (Student)s;              //强制类型转换
        if (score > stud.score) reVal = true;
        return reVal;
    }
    public String toString() {  return Integer.toString(score);  }
}

class Rectangle implements Comparison {       //声明类 Rectangle,并实现接口 Comparison
    private int length,width;
    Rectangle(int l,int w) {  length = l;  width = w;  }
    private int getArea() {  return length * width;  }
    //实现接口 Comparison 中的抽象方法 isLargerThan
    public boolean isLargerThan(Comparison r) {
        boolean reVal = false;
        Rectangle rect = (Rectangle)r;          //强制类型转换
        if (getArea() > rect.getArea()) reVal = true;
        return reVal;
    }
    public String toString() {  return "{(" + length + "," + width + ") = " + getArea() + "}";  }
}

class Sort {    //声明类 Sort,其中仅定义一个能够实现冒泡排序的静态方法 bubbleSort
    public static void bubbleSort(Comparison a[]) {
    //形式参数 a 表示一个数组,其中的元素 a[i]是基于接口 Comparison 的引用类型
        int i,j;   Comparison temp;

        for(i = 0;i < a.length - 1;i++) {        //开始冒泡排序
            for(j = 0;j < a.length - i - 1;j++)
                if(a[j].isLargerThan(a[j + 1])) {
                    temp = a[j];  a[j] = a[j + 1];  a[j + 1] = temp;
                }
        }
    }
}

public class InterfaceApplication {
    public static void main(String args[]) {
        int i;

        Student stud[] = new Student[8];
        for(i = 0;i < stud.length;i++)          //随机产生 8 个表示学生成绩的整数
            stud[i] = new Student((int)(Math.random() * 100));
        System.out.print("学生成绩: ");
        for(i = 0;i < stud.length;i++)          //输出排序之前的学生成绩
            System.out.print(stud[i].toString() + "   ");
        Sort.bubbleSort(stud);                  //按照成绩对学生排序
        System.out.print("\n按学生成绩排序之后: ");
        for(i = 0;i < stud.length;i++)          //输出排序结果
            System.out.print(stud[i].toString() + "   ");

        Rectangle rect[] = new Rectangle[6];
```

```
    for(i = 0;i < rect.length;i++)              //随机产生 6 个矩形以及长度和宽度
      rect[i] = new Rectangle((int)(Math.random() * 10),(int)(Math.random() * 10));
    System.out.print("\n 矩形长度、宽度及其面积：");
    for(i = 0;i < rect.length;i++)              //输出排序之前的矩形信息
      System.out.print(rect[i].toString() + "   ");
    Sort.bubbleSort(rect);                      //按照面积对矩形排序
    System.out.print("\n 按矩形面积排序之后：");
    for(i = 0;i < rect.length;i++)              //输出排序结果
      System.out.print(rect[i].toString() + "   ");
  }
}
```

程序运行结果如下：

学生成绩：84   58   48   65   88   23   49   51
按学生成绩排序之后：23   48   49   51   58   65   84   88
矩形长度、宽度及其面积：{(8,2) = 16}   {(3,7) = 21}   {(4,7) = 28}   {(5,6) = 30}   {(2,2) = 4}
   {(8,4) = 32}
按矩形面积排序之后：{(2,2) = 4}   {(8,2) = 16}   {(3,7) = 21}   {(4,7) = 28}   {(5,6) = 30}
{(8,4) = 32}

注意：由于学生成绩以及矩形的的长度和宽度等数据都是调用随机函数自动产生的，因此以上给出的程序运行结果仅供参考。

在上述代码中，声明了 Comparison 接口和 Student、Rectangle、Sort、InterfaceApplication 共 4 个类。其中，Student 类和 Rectangle 类是 Comparison 接口的实现类。Sort 类及其方法 bubbleSort 用于对基于 Comparison 接口实现类的对象进行冒泡排序。此外，InterfaceApplication 类是 public 类，所以 Java 源程序文件名必须是 InterfaceApplication.java。如图 9-1 所示，编译该 Java 源程序文件后将生成相应的 5 个字节码文件，分别对应 Comparison 接口和 Student、Rectangle、Sort、InterfaceApplication 这 4 个类。

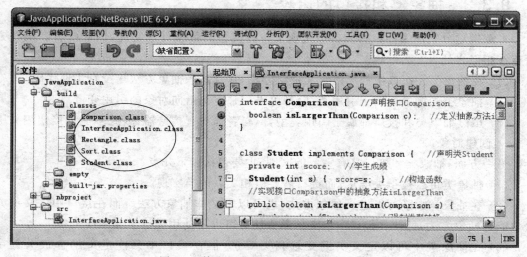

图 9-1 接口和类以及对应的字节码文件

在 Java 语言中，接口是一种引用类型，基于接口定义的引用变量可以指向实现类的一个对象。由于类 Student 和类 Rectangle 是接口 Comparison 的实现类，所以抽象方法

isLargerThan 中基于接口 Comparison 定义的形式参数 c 既是一个引用变量,又可以指向一个 Student 对象或者 Rectangle 对象。

在类 Student 中实现抽象方法 isLargerThan 时,基于接口 Comparison 定义的形式参数 s 指向一个 Student 对象,但需要通过强制类型转换才能将其转换为基于类 Student 的引用类型、并使引用变量 stud 指向该 Student 对象。之后,即可对比两个 Student 对象的大小——如果当前 Student 对象的成绩(score)大于引用变量 stud 所指向的 Student 对象的成绩(score),该方法的返回值就是 true,否则就是 false。

同理,在类 Rectangle 中实现抽象方法 isLargerThan 时,基于接口 Comparison 定义的形式参数 r 指向一个 Rectangle 对象,但同样需要通过强制类型转换才能将其转换为基于类 Rectangle 的引用类型、并使引用变量 rect 指向该 Rectangle 对象。之后,即可对比两个 Rectangle 对象的大小——如果当前 Rectangle 对象的面积(getArea)大于引用变量 rect 所指向的 Rectangle 对象的面积(getArea),该方法的返回值就是 true,否则就是 false。

在类 Sort 中定义了类方法 bubbleSort,该方法的形式参数 a 是指向一个数组对象的引用变量,数组中的每个元素 a[i] 又是基于接口 Comparison 的引用类型,可以指向实现类(即类 Student 或类 Rectangle)的一个对象。因此,类方法 bubbleSort 可以对数组 a 中的 Student 对象或 Rectangle 对象进行冒泡排序。

在主类 InterfaceApplication 中,首先利用随机函数 Math.random() 分别自动生成由 Student 对象组成的数组 stud 和由 Rectangle 对象组成的数组 rect,然后两次调用类方法 Sort.BubbleSort 分别按照成绩和面积从小到大的顺序对两个数组中的元素进行冒泡排序,最后分别输出排序后的数组元素。

这样,使用接口 Comparison 即可实现同一方法 bubbleSort 在类 Student 和类 Rectangle(甚至更多个类)中的应用(冒泡排序)。

9.3.3 抽象类和接口的比较

本章例题分别使用抽象类和接口实现了一些类似的数据处理功能,因此两者在某些方面存在相似之处:

(1) 在抽象类和接口中都可以定义抽象方法,并且这些抽象方法均没有实现代码。

(2) 抽象类和接口都属于引用类型,都可以用来定义指向对象的引用变量。

(3) 虽然抽象类和接口都属于引用类型,但二者都没有构造器,因此不能直接使用关键字 new 创建对象。

另一方面,抽象类和接口又有重要的区别,主要包括以下几点:

(1) 抽象类可以被子类继承,而接口需要由相关联的类实现。

(2) 在抽象类中既可以定义抽象方法,也可以定义非抽象方法。而在接口中定义的方法只能是抽象方法,即使在接口中定义抽象方法时可以不使用关键字 abstract。

(3) 在抽象类中可以定义实例变量和类变量,但在接口中只能定义隐含被关键字 public、static 和 final 修饰的常量。

(4) 基于抽象类的引用类型和基于接口的引用类型所指向的对象不同。前者可以指向子类对象,而后者则可以指向实现类对象。

9.4 小结

抽象类主要用于类的继承,并在其子类中实现抽象方法。

不能创建抽象类的对象,但可以创建其非抽象子类的对象。

抽象方法是没有具体实现代码的方法,其主要特点是方法定义与方法实现的分离,即在抽象类中定义抽象方法,而在继承抽象类的子类中覆盖抽象方法并给出实现代码。

通过引用类型向上转换可以将超类类型的引用变量指向子类对象。

如果超类的实例方法被子类覆盖,则引用类型向上转换后可以通过超类类型的引用变量调用子类的实例方法。

利用抽象类和引用类型向上转换,不仅可以比较不同类型对象的相同属性,而且可以将不同类型的对象组织在一个数组中,并实现更多的数据处理功能。

接口是一组常量和抽象方法的集合。

在接口中定义的常量能够为多个实现类提供公共数据。

在接口中定义的抽象方法能够为多个实现类提供相似的操作,但在接口中并不给出抽象方法的实现代码,抽象方法是在实现类的声明中实现的。

在Java语言中,接口和类都属于引用类型,都可以用来定义引用变量。基于一个类定义的引用变量可以指向属于该类的一个对象,而基于一个接口定义的引用变量则可以指向属于该接口实现类的一个对象。

除在方法内定义和使用接口类型的引用变量外,还可以在方法的形式参数和返回值中使用基于接口的引用类型。

基于实现类的引用类型可以转换为基于接口的引用类型。

使用接口及其引用类型可以对不同类进行类似操作。

编译Java源程序后,对应每个类会生成一个字节码文件,对应每个接口也会生成一个字节码文件。

9.5 习题

1. 在【例9-3】基础上编程并验证"引用类型向上转换后,并不能通过超类类型的引用变量调用在子类中新增的实例方法"。

2. 参照【例9-4】,先分别创建一个Circle对象、一个Rectangle对象和一个Triangle对象,再找出其中周长(Circumference)最长者。

3. 参照【例9-5】声明类Rectangle(矩形),然后将若干圆、三角形和矩形等不同类型的图形对象组织在一个数组中,并按照面积大小对数组中的各种图形对象进行排序。

4. 以【例9-6】的代码为基础,在VehicleMovingDemo类中定义并编码实现方法 static int getStationNo(String stationName,String[] line)。其中形式参数 stationName 表示站点名称,如"西华大学南大门",形式参数 line 表示公交路线及沿途站点的数组,返回值表示站点 stationName 在公交路线 line 中的编号,站点编号从 0 开始,0 表示始发站编号。如果站点 stationName 在公交路线 line 中不存在,则返回值为-1。然后,在 main 方法中调用该方法并观察返回值,以验证方法实现代码的正确性。

5. 参照【例 9-9】声明类 Rectangle(矩形)并实现接口 Graphics,然后分别创建一个 Circle 对象、一个 Rectangle 对象和一个 Triangle 对象,再找出其中面积最大者。

6. 利用接口及其实现类技术、并参照本章例题,将若干圆、三角形和矩形等不同类型的图形对象组织在一个数组中,然后通过一次调用方法 findBiggest 找出数组中面积最大的图形对象。

第10章 异常处理

Java 语言提供了异常(Exception)处理功能,可以用于处理数组下标越界、除数为零等异常情况。Java 语言的异常处理功能采用了面向对象技术,即将异常看作一个类,每当发生异常事件时,Java 系统会创建一个相应的异常对象,并通过执行相应的程序代码来处理该异常事件。

10.1 异常的层次结构

Java 语言将异常看作一个类,并按照层次结构区分不同的异常,其结构如图 10-1 所示。

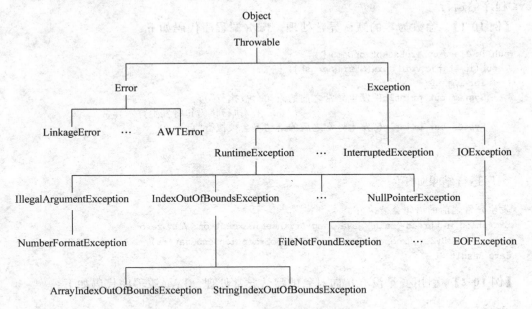

图 10-1 Java 异常类的层次结构

如图 10-1 所示,类 Throwable 是异常类的根节点,定义在 java.lang 包中,该类的子类大都定义在 java.lang 包中。类 Error 代表系统错误,由系统直接处理。而使用类 Exception 及其子类,则可以在 Java 程序中捕捉并处理多种异常。

此外,某些异常类之间具有继承关系。例如,RuntimeException 是 Exception 的子类,IndexOutOfBoundsException 是 ArrayIndexOutOfBoundsException 和 StringIndexOut-

OfBoundsException 的超类。

表 10-1 列出了一些常用异常类及其功能和用法。

表 10-1 常用异常类及其功能和用法

异常类及类名	功能和用法
ArithmeticException	在算术运算中除数为 0，包括求余运算(%)
ClassCastException	强制引用类型向下转换
IndexOutOfBoundsException	下标越界
ArrayIndexOutOfBoundsException	数组下标越界
StringIndexOutOfBoundsException	字符串下标越界
NullPointerException	引用变量没有指向对象
IllegalArgumentException	参数不合规
NumberFormatException	数字格式不合规

10.2 Java 系统默认的异常处理功能

Java 系统提供默认的异常处理功能——在 Java 程序运行过程中发生某些异常时，Java 系统会自动显示异常类型、发生异常的原因、异常所在的方法和行号等提示信息，并终止 Java 程序的运行。

【例 10-1】 除数为零的默认异常处理。Java 源程序代码如下：

```java
public class ByZeroExceptionDemo {
  public static void main(String args[]) {
    int i,j = 0;
    System.out.println("发生异常之前的语句会被执行");
    i = 2/j;                                //执行该语句将发生算术异常
    System.out.println("发生异常之后的语句不会被执行");
  }
}
```

程序运行结果如下：

```
发生异常之前的语句会被执行
Exception in thread "main" java.lang.ArithmeticException: / by zero
        at ByZeroExceptionDemo.main(ByZeroExceptionDemo.java:5)
Java Result: 1
```

【例 10-2】 引用变量没有指向对象的默认异常处理。Java 源程序代码如下：

```java
class Point {
  double x, y;
  Point(double x, double y) {  this.x = x;   this.y = y;   }
  void outputCoordinate(){   System.out.println("X = " + x + "   Y = " + y);   }
}

class Circle {
  Point center;                             //实例变量 center 是指向 Point 对象的引用变量
  double radius;
```

```
    Circle(double x, double y, double radius) {  this.radius = radius;  }
    double getArea() {  return Math.PI * radius * radius;  }
}

public class NullPointerExceptionDemo {
  public static void main(String[] args) {
    Circle c = new Circle(1.0, 2.0, 10.0);
    System.out.println("Area of circle is " + c.getArea());
    c.center.outputCoordinate();              //执行该语句将发生空指针异常
  }
}
```

程序运行结果如下:

```
Area of circle is 314.1592653589793
Exception in thread "main" java.lang.NullPointerException
        at NullPointerExceptionDemo.main(NullPointerExceptionDemo.java:18)
Java Result: 1
```

本例采用了对象组合技术——在 Circle 类的声明中定义了引用类型的实例变量 center,该实例变量能够指向一个 Point 对象,这意味着在一个 Circle 对象中又包含一个 Point 对象。但在 Circle 类的构造器中,并没有将引用类型的实例变量 center 指向一个 Point 对象。因此,当创建一个 Circle 对象时,该 Circle 对象的实例变量 center 会是一个空指针(Null Pointer),即没有指向任何 Point 对象。在主类 NullPointerExceptionDemo 中,当程序执行到 main 方法中的最后一条语句时,由于 Circle 对象的实例变量 center 是空指针,因此无法通过实例变量 center 调用实例方法 outputCoordinate,此时就会发生 NullPointerException 异常,而该异常会被 Java 系统自动处理。

【例 10-3】 强制引用类型向下转换的默认异常处理。Java 源程序代码如下:

```
class Point {
  double x, y;
  Point(double x, double y) {  this.x = x;  this.y = y;  }
  void outputCoordinate(){  System.out.println("X = " + x + "   Y = " + y);  }
}

class Circle extends Point {
  double radius;
  Circle(double x, double y, double radius) {
    super(x,y);  this.radius = radius;
  }
  double getArea() {  return Math.PI * radius * radius;  }
}

public class ClassCastExceptionDemo {
  public static void main(String[] args) {
    Circle c1 = new Circle(1.0, 2.0, 10.0);
    Point p1 = c1;                    //引用类型向上转换是安全的
    p1.outputCoordinate();
```

```
        Point p2 = new Point(3.0, 4.0);
        Circle c2 = (Circle)p2;         //异常抛出点：强制引用类型向下转换将发生类型转换异常
        c2.outputCoordinate();
        System.out.println("Area of circle is " + c2.getArea());
    }
}
```

程序运行结果如下：

```
X = 1.0   Y = 2.0
Area of Circle is 314.1592653589793
Exception in thread "main" java.lang.ClassCastException: Point cannot be cast to Circle
        at ClassCastExceptionDemo.main(ClassCastExceptionDemo.java:24)
Java Result: 1
```

在本例中，类 Point 与类 Circle 是超类与子类的关系。main 方法中的语句"Point p1＝c1;"将子类 Circle 类型的引用变量 c1 赋值给超类 Point 类型的引用变量 p1，这是一种引用类型向上转换。之后，超类 Point 类型的引用变量 p1 和子类 Circle 类型的引用变量 c1 指向同一个子类 Circle 对象。引用类型向上转换是安全的，因为这是一种从特殊类型到通用类型的转换，并且子类 Circle 通常比超类 Point 拥有更多的实例变量和实例方法。

而 main 方法中的语句"Circle c2＝(Circle)p2;"则将超类 Point 类型的引用变量 p2 强制赋值给子类 Circle 类型的引用变量 c2，这是一种强制性的引用类型向下转换。虽然该语句能够通过编译，但当程序执行到该语句时会发生类型转换异常 ClassCastException，并且系统将终止程序的运行。强制引用类型向下转换是不安全的，因为超类 Point 不会比子类 Circle 拥有更多的实例变量和实例方法。

10.3 使用 try、catch 和 finally 语句块捕捉和处理异常

在 Java 源程序中，使用 try 语句块和 catch 语句块可以捕捉和处理异常。try 语句块和 catch 语句块的基本语法格式如下：

```
try {
    一条或多条可能发生异常的 Java 语句
} catch (SomeExceptionClass referenceVariableName) {
    一条或多条处理异常的 Java 语句
}
…
```

try 语句块之后可以跟一个或多个 catch 语句块。每个 catch 语句块对应一种异常及相应的异常处理程序。

SomeExceptionClass 表示将被捕捉并被处理的异常所对应的类名，通常是 Exception 类或其子类。

referenceVariableName 是指向 SomeExceptionClass 对象的引用变量。

【例10-4】 使用try语句块和catch语句块捕捉和处理异常。Java源程序代码如下：

```
public class TryCatchDemo {
  public static void main(String args[]) {
    try {                           //将可能发生异常的语句放在try语句块中
      int i = 9, j = 0;
      i = i/j;                      //执行该语句将发生算术异常,因此该语句是一个异常抛出点
      System.out.println("这条语句不会被执行");
    } catch(ArrayIndexOutOfBoundsException e) {   //捕捉数组下标越界异常
      System.out.println("处理数组下标越界异常    " + e.toString());
    } catch(ArithmeticException e) {    //捕捉算术异常
      System.out.println("处理算术异常    " + e.toString());
    }

    System.out.println("处理异常之后");
  }
}
```

程序运行结果如下：

处理算术异常   java.lang.ArithmeticException: / by zero
处理异常之后

在本例中，执行语句"i＝i/j;"将发生算术异常，因此也称该语句为异常抛出点。由于发生的异常属于ArithmeticException类型，因此发生异常时将执行对应的第二个catch语句块。异常处理结束后，执行最后一个catch语句块之后的语句。

注意：

(1) 在try语句块中发生异常时，try语句块内、异常抛出点之后的语句不会被执行。例如，在本例的try语句块中，语句"System.out.println("这条语句不会被执行");"位于抛出点之后，因此不会被执行。

(2) 在try语句块中发生异常时，Java系统会依照先后顺序依次对其后的各个catch语句块进行检查，并执行与当前异常相匹配的第一个catch语句块。

(3) 执行某个catch语句块之后，程序将从最后一个catch语句块之后的第一条语句开始继续执行。例如，在本例中执行第二个catch语句块之后，将继续执行其后的第一条语句"System.out.println("处理异常之后");"。

(4) 在两个catch语句块中，代码e.toString()将通过对应的异常对象e给出异常相关信息。

(5) 在try语句块中发生异常时，如果其后的所有catch语句块都捕捉不到异常，Java系统将执行默认的异常处理功能。

在捕捉和处理异常时，还可以在最后一个catch语句块之后附加一个finally语句块。在这种情况下，无论try语句块中是否发生异常，finally语句块都会被执行。

【例10-5】 try、catch和finally语句块。Java源程序代码如下：

```
public class TryCatchFinallyDemo {
  public static void main(String args[]) {
    int [] divisors = {0,1};
```

```java
        for(int i = 0;i < 3;i++) {
          System.out.println(" ----- 第" + (i + 1) + "次循环 ----- ");
          try {
            float result = i/divisors[i];     //可能的异常抛出点
            System.out.println("除法运算结果为   " + result);
          } catch(IndexOutOfBoundsException e) {
            System.out.println("处理下标越界异常   " + e.toString());
          } catch(ArithmeticException e) {
            System.out.println("处理算术异常   " + e.toString());
          } finally {                    //在最后一个catch语句块之后附加一个finally语句块
            System.out.println("finally语句块被执行");
          }
        }   //end of for
      }
    }
```

程序运行结果如下：

```
----- 第1次循环 -----
处理算术异常   java.lang.ArithmeticException: / by zero
finally语句块被执行
----- 第2次循环 -----
除法运算结果为   1.0
finally语句块被执行
----- 第3次循环 -----
处理下标越界异常   java.lang.ArrayIndexOutOfBoundsException: 2
finally语句块被执行
```

本例共进行了3次for循环。

在第1次循环的除法运算中，除数divisors[i]为0，所以会发生ArithmeticException异常。在匹配的第2个catch语句块捕捉并处理该异常后，会执行finally语句块。

在第2次循环的除法运算中，除数divisors[i]为1，可以正常进行除法运算，也不会发生其他异常。因此，之后将直接执行finally语句块。

在第3次循环的除法运算中，数组下标i为2，超出数组下标范围（0~1），所以会发生ArrayIndexOutOfBoundsException异常。由于ArrayIndexOutOfBoundsException异常类是IndexOutOfBoundsException异常类的子类，所以第1个catch语句块能够捕捉并处理该异常。之后，同样会执行finally语句块。

由于某些异常类之间具有继承关系，这样可能存在多个catch语句块与同一个异常相匹配的情况。此时，必须按照异常类之间的继承关系安排catch语句块的前后顺序，并保证捕捉子类异常的catch语句块位于捕捉父类异常的catch语句块之前。

【例10-6】 处理子类异常和父类异常。Java源程序代码如下：

```java
public class ExceptionHierarchy {
  public static void main(String[] args) {
    String idno = "12345678";

    try {
```

```
        //以下 substring 方法中第二个参数 9 所指示字符的下标超出范围(0～7)
        System.out.println(idno.substring(6,9));
    } catch (StringIndexOutOfBoundsException e) {    //捕捉字符串下标越界(子类)异常
        System.out.println("处理字符串下标越界异常    " + e.toString());
    } catch(IndexOutOfBoundsException e) {           //捕捉下标越界(父类)异常
        System.out.println("处理下标越界异常    " + e.toString());
    }

    System.out.println("处理异常之后");
  }
}
```

程序运行结果如下：

处理字符串下标越界异常   java.lang.StringIndexOutOfBoundsException: String index out of range: 9
处理异常之后

在本例中，字符串"12345678"共 8 个字符，字符串下标范围为 0～7。而在 try 语句块中通过 String 对象调用 substring 方法时，第二个参数 9 所指示字符的下标为 8（即 9-1），超出范围 0～7，因此会发生 StringIndexOutOfBoundsException 异常。

另一方面，由于字符串下标越界异常类 StringIndexOutOfBoundsException 是下标越界异常类 IndexOutOfBoundsException 的子类，所以在本例中用第一个 catch 语句块捕捉 StringIndexOutOfBoundsException 异常，而用第二个 catch 语句块捕捉 IndexOutOfBoundsException 异常。这样，可以更准确地捕捉和处理相关异常。

除上述异常类型外，在调用 Java 系统类的某些方法时也可能发生异常。为此，在 Java 语言中也预定义了相关异常类。

【例 10-7】 调用 Java 系统类方法时发生的异常及其处理。Java 源程序代码如下：

```
public class SystemMethodException {
  public static void main(String[] args) {
    int i;
    String [] sa = {"123","4x6"};

    for(i = 0;i < sa.length;i++) {
      System.out.println("--- 将数组中的第" + (i + 1) + "个字符串转换为整数");
      try {                          //调用 parseInt 方法时可能发生异常
        System.out.println("结果是：" + Integer.parseInt(sa[i]));
      } catch (Exception e) {
        System.out.println("调用 parseInt 方法时发生异常    " + e.toString());
      }
    }
  }
}
```

程序运行结果如下：

--- 将数组中的第 1 个字符串转换为整数
结果是：123

---将数组中的第 2 个字符串转换为整数
调用 parseInt 方法时发生异常　java.lang.NumberFormatException: For input string: "4x6"

在本例中，sa 是指向 String 数组对象的引用变量。在该 String 数组中，每个数组元素又是一个指向 String 对象的引用变量。在 String 对象中存储的字符串主要是数字字符。调用系统预定义类 Integer 的静态方法 parseInt，可以将仅包含十进制数字字符的字符串转换为整数。

for 语句共循环两次。在第 1 次循环中，sa[0]仅包含十进制数字字符，所以 parseInt 方法能够正常地将字符串"123"转换为整数 123。在第 2 次循环中，sa[1]包含非十进制数字字符'x'，此时 parseInt 方法无法将字符串"4x6"转换为整数并会发生数字格式异常 NumberFormatException。该异常能够被随后的 catch 语句块捕捉并处理。

注意：NumberFormatException 异常类是 IllegalArgumentException 异常类的子类。因此，NumberFormatException 是一种特殊的参数不合规异常。

10.4　自定义异常类

尽管在 Java API 中预定义的异常类能够捕捉很多常见异常，但在 Java 程序运行过程中仍然可能发生某些系统未定义和不能捕捉的特定异常。

【例 10-8】 Java 系统未定义和不能捕捉的特定异常。Java 源程序代码如下：

```java
import java.util.*;

public class SystemUndefinedException {
  public static void main(String[] args) {
    double sum = 0;    int i;

    Scanner scanner = new Scanner(System.in);
    System.out.println("请输入几个整数：");
    while (scanner.hasNextInt()) {
      i = scanner.nextInt();
      try {
        sum = sum + Math.sqrt(i);
      } catch (Exception e) {
        System.out.println("发现异常　" + e.toString());
      }
    }                              //end of while

    System.out.println("这些整数的平方根之和是：" + sum);
  }
}
```

第一次程序运行及结果如下：

请输入几个整数：
1 4 9 end
这些整数的平方根之和是：6.0

第二次程序运行及结果如下：

请输入几个整数：

1 - 4 9 end
这些整数的平方根之和是：NaN

第一次运行程序时，输入的都是正整数，并且程序最后能够输出正确的结果。第二次运行程序时，输入的第二个数是负整数－4，程序无法对其求平方根，但程序并未捕捉到该异常（因此更不会处理该异常）、只是给出一个错误提示信息 NaN(Not a Number)。由此可见，Java 系统并未预定义专门的异常类来捕捉因为对负数求平方根而发生的异常。

针对上述类似情况，在 Java 源程序中可以按照以下三个步骤捕捉和处理系统未定义的特定异常。

（1）以异常类 Exception 或其子类为超类声明自定义异常类，用于捕捉和处理 Java 程序运行时可能发生的某种特定异常。

（2）在定义其他类的某个方法时使用 throws 子句说明调用该方法可能发生自定义异常，并在该方法内部使用 throw 语句抛出一个自定义异常类的对象。

（3）在其他方法内的 try 语句块中调用可能发生自定义异常的方法，并使用对应的 catch 语句块捕捉和处理自定义异常。

【例 10-9】 使用自定义异常类捕捉和处理对负整数求平方根的异常。Java 源程序代码如下：

```java
import java.util.*;

//声明自定义异常类 NegativeException,用于捕捉和处理对负整数求平方根的异常
class NegativeException extends Exception {
    NegativeException(String msg) {  super(msg);  }
}

public class UserDefinedExeption {
  //使用 throws 子句说明调用方法 getRoot 可能发生对负整数求平方根的异常
  static double getRoot(int i) throws NegativeException {
    //使用 throw 语句抛出一个 NegativeException 对象
    if (i < 0) throw new NegativeException("发现一个负整数：" + i);
    return Math.sqrt(i);
  }

  public static void main(String args[]) {
    double sum = 0;    int i;

    Scanner scanner = new Scanner(System.in);
    System.out.println("请输入几个整数：");
    while (scanner.hasNextInt()){
      i = scanner.nextInt();
      try {
        sum += getRoot(i);             //调用可能发生 NegativeException 异常的方法 getRoot
      } catch(NegativeException e) {   //捕捉 NegativeException 异常
        System.out.println(e.getMessage() + ",将跳过该负整数");
      }
    }                                  //end of while
```

```
            System.out.println("这些整数的平方根之和是: " + sum);
        }
    }
```

第一次程序运行及结果如下：

请输入几个整数：
1 4 9 end
这些整数的平方根之和是：6.0

第二次程序运行及结果如下：

请输入几个整数：
1 -4 9 end
发现一个负整数：-4,将跳过该负整数
这些整数的平方根之和是：4.0

在本例中，首先以 Java 系统预定义的异常类 Exception 为超类声明自定义异常类 NegativeException，该类用于捕捉和处理对负整数求平方根的异常。然后在定义类 UserDefinedExeption 的静态方法 getRoot 时使用 throws 子句说明调用该方法可能发生自定义的 NegativeException 异常，并在该方法内部使用 throw 语句抛出一个 NegativeException 对象。最后在类 UserDefinedExeption 的静态方法 main 内的 try 语句块中调用可能发生 NegativeException 异常的方法 getRoot，并使用对应的 catch 语句块捕捉和处理 NegativeException 异常。这样，在程序运行过程中如果发现负整数，就可以跳过该负整数而对后面的整数继续进行平方根之和的计算。

注意：

（1）在自定义异常类的声明中，通常需要定义具有一个 String 类型参数的构造器，并在构造器内通过 super 将该 String 类型参数传递给超类的构造器。例如，在本例自定义异常类 NegativeException 的声明中，即定义了具有一个 String 类型参数的构造器 NegativeException(String msg)。

（2）在类 UserDefinedExeption 的静态方法 main 中，catch 语句块中的 NegativeException 对象 e 是由静态方法 getRoot 中的 throw 语句抛出的。

（3）在静态方法 getRoot 的 throw 语句中，通过调用自定义异常类 NegativeException 的构造器创建了一个 NegativeException 对象，同时提供的字符串参数("发现一个负整数："+i)描述了该 NegativeException 对象的基本信息。

（4）在静态方法 main 内的 catch 语句块中，通过指向 NegativeException 对象的引用变量 e 可以调用从 Exception 类继承的方法 getMessage，该方法返回的字符串即是调用 NegativeException 类的构造器时所提供的、描述 NegativeException 对象的基本信息("发现一个负整数："+i)。

上例也说明，在调用方法(含构造器)时可能会遇到不合规参数的情况。类似情况又如，在使用构造器 Triangle(double a, double b, double c)创建三角形 Triangle 对象时，如果 (a+b)<c 或(b+c)<a 或(c+a)<b，则违反了"任意两边之和大于第三边"的规则，因此该 Triangle 对象是无效的。此时，可以使用自定义异常类捕捉和处理构造器 Triangle 的参数异常。

【例 10-10】 使用自定义异常类捕捉和处理构造器 Triangle 的参数异常。Java 源程序代码如下：

```java
import java.util.*;

class ConsParaException extends Exception {  //自定义异常类,用于捕捉和处理构造器参数异常
    ConsParaException (String msg) {  super(msg);  }
}

class Triangle {
    private double a,b,c;                        //a、b、c 代表三角形三条边的长度
    //调用以下构造器创建 Triangle 对象可能发生参数异常
    public Triangle(double a, double b, double c) throws ConsParaException {
        this.a = a;   this.b = b;   this.c = c;
        if ((a+b)<c||(b+c)<a||(c+a)<b)
            throw new ConsParaException ("违反任意两边之和大于第三边的规则");
    }
}

public class ConstructorParameterExceptionDemo {
    public static void main(String args[]) {
        int a,b,c;
        Triangle t;
        Scanner scanner = new Scanner(System.in);
        System.out.println("请输入表示一个三角形三条边的三个整数：");

        a = scanner.nextInt();
        b = scanner.nextInt();
        c = scanner.nextInt();
        try {
            t = new Triangle(a,b,c);             //调用可能发生参数异常的构造器 Triangle
            System.out.println("输入的三个整数能够构成一个三角形");
        } catch (ConsParaException  e) {         //捕捉构造器参数异常
            System.out.println("捕捉到构造器参数异常：" + e.getMessage());
            System.out.println("输入的三个整数无法构成一个三角形");
        }
    }
}
```

第一次程序运行及结果如下：

请输入表示一个三角形三条边的三个整数：
1 2 4
捕捉到构造器参数异常：违反任意两边之和大于第三边的规则
输入的三个整数无法构成一个三角形

第二次程序运行及结果如下：

请输入表示一个三角形三条边的三个整数：
3 4 5
输入的三个整数能够构成一个三角形

在本例中，首先以 Java 系统预定义的异常类 Exception 为超类声明自定义异常类 ConsParaException，该类用于捕捉和处理构造器参数异常。然后在定义类 Triangle 的构造器 Triangle(double a, double b, double c)时使用 throws 子句说明调用该构造器可能发生自定义的 ConsParaException 异常，并在该构造器内部使用 throw 语句抛出一个 ConsParaException 对象。最后在类 ConstructorParameterExceptionDemo 的静态方法 main 内的 try 语句块中调用可能发生 ConsParaException 异常的构造器 Triangle，并使用对应的 catch 语句块捕捉和处理 ConsParaException 异常。

注意：在类 ConstructorParameterExceptionDemo 的静态方法 main 中，catch 语句块中的 ConsParaException 对象 e 是由构造器 Triangle(double a, double b, double c)中的 throw 语句抛出的。

10.5 异常分类及其解决方法

根据导致原因以及解决方法的不同，可以将 Java 程序中的异常划分为错误(Error)、运行时异常(Runtime Exception)和被检查异常(Checked Exception)三种。其中，错误和运行时异常又属于未被检查异常(Unchecked Exception)。

10.5.1 错误

错误对应于 Error 类及其子类。错误由程序以外的因素导致。例如，硬件故障导致的文件读写失败就属于错误。解决错误的通常方法是在程序中捕捉并报告相关错误信息。

10.5.2 运行时异常

运行时异常对应于 RuntimeException 类及其子类。运行时异常由程序内部因素导致。例如，程序逻辑错误或没有正确调用 Java API 方法都可能导致这类异常。本章前面例子中的 ArithmeticException、NullPointerException、ClassCastException、IndexOutOfBoundsException、ArrayIndexOutOfBoundsException、StringIndexOutOfBoundsException、NumberFormatException 等异常均属于运行时异常。解决运行时异常的通常方法是找出并修改程序逻辑错误，或确保正确调用 Java API 方法，从而避免相关的运行时异常。

【例 10-11】 避免【例 10-5】中的运行时异常。Java 源程序代码如下：

```java
public class RuntimeExceptionHandling {
  public static void main(String args[]) {
    int [] divisors = {0,1};

    for(int i = 0;i < divisors.length;i++) {
      System.out.println("-----第" + (i+1) + "次循环-----");
      if (divisors[i]!= 0) {
        float result = i/divisors[i];        //不再是异常抛出点
        System.out.println("除法运算结果为   " + result);
```

```
        }
        else {
            System.out.println("除数为零!");
        }
    }   //end of for
  }
}
```

程序运行结果如下：

```
----- 第 1 次循环 -----
除数为零!
----- 第 2 次循环 -----
除法运算结果为  1.0
```

在本例中，int 型数组 divisors 实质上也是一个对象，其实例变量 length 表示数组中的元素个数。因此，使用 divisors.length 可以精确控制 for 循环的次数，从而避免 ArrayIndexOutOfBoundsException 或 IndexOutOfBoundsException 异常。

另外，在每次进行除法运算之前，使用 if 语句对条件 divisors[i]!＝0 进行判断，这样可以确保除数不为 0，从而避免 ArithmeticException 异常。

10.5.3 被检查异常

除错误和运行时异常外，其他异常都属于被检查异常。对于被检查异常，必须采用以下两种方法之一加以解决。

（1）使用 try-catch 语句块对可能发生的被检查异常进行监视和捕捉。

（2）如果在一个方法中执行某条语句可能发生某种被检查异常，则在定义该方法时使用 throws 子句说明调用该方法可能发生这种被检查异常。

Java 编译器会检查在 Java 源程序中是否对被检查异常采用了上述两种解决方法之一。否则，Java 源程序不能通过编译。

与被检查异常相对应，错误和运行时异常属于未被检查异常。Java 编译器不会检查未被检查异常。也就是说，即使没有采用上述两种方法之一解决未被检查异常，Java 源程序也可能通过编译。例如，在【例 10-1】中既没有使用 try-catch 语句块对 ArithmeticException 异常进行监视和捕捉，也没有在定义 main 方法时使用 throws 子句说明调用该方法可能发生 ArithmeticException 异常，但 Java 源程序仍然可以通过编译。

10.6 小结

Java 语言提供的异常处理功能可以使程序员灵活地捕捉和处理程序运行过程中发生的异常，避免因为发生异常而导致整个软件系统崩溃，从而增加软件系统的鲁棒性（robustness）。

Java 语言将异常看作一个类，并按照层次结构区分不同的异常。其中某些异常类之间具有继承关系。

Java系统提供默认的异常处理功能——在Java程序运行过程中发生某些异常时,Java系统会自动显示异常类型、发生异常的原因、异常所在的方法和行号等提示信息,并终止Java程序的运行。

在Java源程序中,使用try语句块和catch语句块可以捕捉和处理异常。

try语句块之后可以跟一个或多个catch语句块。每个catch语句块对应一种异常及相应的异常处理程序。

在捕捉和处理异常时,还可以在最后一个catch语句块之后附加一个finally语句块。在这种情况下,无论try语句块中是否发生异常,finally语句块都会被执行。

必须按照异常类之间的继承关系安排catch语句块的前后顺序,并保证捕捉子类异常的catch语句块位于捕捉父类异常的catch语句块之前。

在调用Java系统类的某些方法时也可能发生异常。为此,在Java语言中也预定义了相关异常类。

在Java源程序中可以按照以下三个步骤捕捉和处理系统未定义的特定异常。

(1) 以异常类Exception或其子类为超类声明自定义异常类,用于捕捉和处理Java程序运行时可能发生的某种特定异常。

(2) 在定义其他类的某个方法时使用throws子句说明调用该方法可能发生自定义异常,并在该方法内部使用throw语句抛出一个自定义异常类的对象。

(3) 在其他方法内的try语句块中调用可能发生自定义异常的方法,并使用对应的catch语句块捕捉和处理自定义异常。

根据导致原因以及解决方法的不同,可以将Java程序中的异常划分为错误、运行时异常和被检查异常三种。其中,错误和运行时异常又属于未被检查异常。

对于被检查异常,必须采用以下两种方法之一加以解决。

(1) 使用try-catch语句块对可能发生的被检查异常进行监视和捕捉。

(2) 如果在一个方法中执行某条语句可能发生某种被检查异常,则在定义该方法时使用throws子句说明调用该方法可能发生这种被检查异常。

Java编译器会检查在Java源程序中是否对被检查异常采用了上述两种解决方法之一。否则,Java源程序不能通过编译。

与被检查异常相对应,错误和运行时异常属于未被检查异常。Java编译器不会检查未被检查异常。也就是说,即使没有采用上述两种方法之一解决未被检查异常,Java源程序也可能通过编译。

10.7 习题

1. 将【例10-4】try语句块中的代码改写为如下代码,Java程序的运行结果会如何?上机验证你的分析和判断。

```
int [] intArray = {1,2,3};
intArray[3]++;
System.out.println("注意这条语句是否会被执行?");
```

2. 分析和判断如下代码的正确性。如果其中存在错误,请指出其原因,并加以改正。

```
try {
  int i = 9, j = 0;
  i = i/j;
} catch(RuntimeException e) {
  System.out.println("发生运行时异常   " + e.toString());
} catch(ArithmeticException e) {
  System.out.println("发生算术异常   " + e.toString());
}
```

3. 分析并验证如下 Java 程序的运行结果。

```
public class ExceptionTest {
  public static void main(String[] args) {
    String[] data = {"1","2.5","3"};
    int sum = 0;
    for(int i = 0; i <= 2; i++)
      try {
        sum += Integer.parseInt(data[i]);
      }catch (NumberFormatException e) {
        System.out.print(" * ");
      } catch (Exception e) {
        System.out.print(" # ");
      } finally {
        System.out.print("end");
      }
  }
}
```

4. 利用 Java 语言的异常处理功能,还可以捕捉和处理对象属性异常(对应自定义异常类 ObjectAttributeException)。例如,首先使用任意输入的三个整数创建一个三角形 Triangle 对象,但此时并不捕捉和处理构造器参数异常;然后在调用方法 getArea()计算三角形面积(使用 Heron 公式)时检测该 Triangle 对象属性是否异常——如果违反"任意两边之和大于第三边"的规则,则抛出一个 ObjectAttributeException 对象。可以参考如下程序运行结果。

第一次程序运行及结果如下:

请输入表示一个三角形三条边的三个整数:
1 2 4
三角形 Triangle(1.0,2.0,4.0)异常:违反任意两边之和大于第三边的规则

第二次程序运行及结果如下:

请输入表示一个三角形三条边的三个整数:
3 4 5
三角形 Triangle(3.0,4.0,5.0)的面积是: 6.0

第11章 数据输出输入

在实际应用中,经常需要向磁盘文件写入数据(即数据输出),或从磁盘文件读取数据(即数据输入),有时也需要通过网络进行数据输出输入。为此,Java API 提供了专门的 public 类,以便有效地进行数据输出输入。

11.1 File 类:文件与目录的表示

File 类位于 java.io 包,用于完成对文件或目录的基本操作。在 Java 语言中,目录(Directory)对应于 Windows 系统中的文件夹及其从逻辑硬盘开始的绝对路径。

在创建 File 对象时,主要调用以下构造器。

public File(String pathname)该构造器使用指向 String 对象的引用变量 pathname 作为参数创建 File 对象。例如,

```
String fileName = "e:/Java/file.txt";
File f = new File(fileName);
```

上述第一条语句将引用变量 fileName 指向新创建的 String 对象,第二条语句使用指向 String 对象的引用变量 fileName 作为参数创建 File 对象、并将引用变量 f 指向新创建的 File 对象。

上述两条语句也可以合写为以下一条语句:

```
File f = new File("e:/Java/file.txt");
```

表 11-1 列出了 File 类中常用的实例方法及其功能和用法。

表 11-1 File 类中常用的实例方法及其功能和用法

实 例 方 法	功能和用法
public boolean exists()	测试 File 对象是否存在。如果存在,则返回 true;否则返回 false
public boolean canRead()	测试 File 对象是否可读。如果可读,则返回 true;否则返回 false
public boolean canWrite()	测试 File 对象是否可写。如果可写,则返回 true;否则返回 false
public boolean isFile()	测试 File 对象是否是文件。如果是文件,则返回 true;否则返回 false
public boolean isDirectory()	测试 File 对象是否是目录。如果是目录,则返回 true;否则返回 false
public boolean isAbsolute()	测试 File 对象是否使用绝对路径。如果使用绝对路径,则返回 true;否则返回 false

【例 11-1】 验证表 11-1 中 File 类的实例方法及其功能和用法。Java 源程序代码如下：

```java
import java.io.*;

public class FileDemo {
    public static void main(String args[]) {
        String fileName = "d:/abc.txt";
        File f = new File(fileName);

        if (f.exists()) {          //测试 File 对象所表示的文件或目录是否存在
            System.out.println("Attributes of " + fileName);
            System.out.println("Can read: " + f.canRead());              //测试 File 对象是否可读
            System.out.println("Can write: " + f.canWrite());            //测试 File 对象是否可写
            System.out.println("Is file: " + f.isFile());                //测试 File 对象是否是文件
            System.out.println("Is directory: " + f.isDirectory());      //测试 File 对象是否是目录
            System.out.println("Is absolute path: " + f.isAbsolute());
                                           //测试 File 对象是否使用绝对路径
        }
        else
            System.out.println(fileName + " does not exist!");
    }
}
```

注意：在 Java 语言中，File 对象既可以是文件，也可以是目录。

11.2 输出流/输入流与其相关类

在 Java 语言中，输出流/输入流分别代表输出目的地（output destination）和输入源（input source），而输出目的地和输入源通常是磁盘文件，但也可以是输出/输入设备、程序或内存数组。

在 Java 程序中，使用输出流（output stream）向输出目的地写入（write）数据，使用输入流（input stream）从输入源读取（read）数据。

在输出流/输入流中的数据，既可以基于仅包含 8 个二进制位的字节（byte），又可以基于基本类型（byte、short、int、long、float、double、char 和 boolean）和字符串，还可以基于对象。

图 11-1 列举了与输出流/输入流相关的部分类以及它们之间的继承关系。

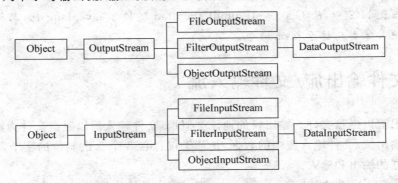

图 11-1　与输出流/输入流相关的部分类

其中，OutputStream 类和 InputStream 类是抽象类，不能直接用来创建对象，必须通过其子类进行实例化。

FileOutputStream 类可以处理以磁盘文件为输出目的地的数据流，FileInputStream 类可以处理以磁盘文件为输入源的数据流。在对应的输出流/输入流中，数据是基于仅包含 8 个二进制位的字节，即以字节为单位进行数据的输出和输入。

在与 DataOutputStream 类和 DataInputStream 类对应的输出流/输入流中，可以处理基于基本类型和字符串的数据。

在与 ObjectOutputStream 类和 ObjectInputStream 类对应的输出流/输入流中，主要处理基于对象的数据，也可以处理基于基本类型的数据。

在数据输出和数据输入的过程中，可能会发生一些异常。为了捕捉和处理相关异常，Java API 提供了一些 public 类。图 11-2 列举了与输出流/输入流有关的常见异常类以及它们之间的继承关系。

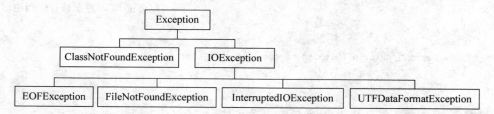

图 11-2　与输出流/输入流有关的常见异常类以及它们之间的继承关系

表 11-2 列出了与输出流/输入流有关的常见异常类及其说明。

表 11-2　与输出流/输入流有关的常见异常类及其说明

异 常 类	说　　明
ClassNotFoundException	不能将从对象输入流读取的数据转换为正确类型的对象数据时发生的异常
EOFException	当到达输入流或文件的末尾时发生的异常
FileNotFoundException	当找不到指定文件时发生的异常，通常由 FileOutputStream 类和 FileInputStream 类的构造器抛出
InterruptedIOException	当输出/输入操作被中断时发生的异常
UTFDataFormatException	当正在读取的字符串存在 UTF 格式错误时发生的异常，由 DataInputStream.readUTF() 方法抛出

注意：在表 11-2 中，除 ClassNotFoundException 类位于 java.lang 包，与输出流/输入流有关的其他异常类均位于 java.io 包。

11.3　文件输出流/文件输入流

文件输出流以磁盘文件为输出目的地。类似地，文件输入流以磁盘文件为输入源。

在文件输出流/文件输入流中的数据，是基于仅包含 8 个二进制位的字节，即以字节为单位进行数据的输出和输入。

在 Java 语言中，通过 FileOutputStream 类实现文件输出流，通过 FileInputStream 类实

现文件输入流。

FileOutputStream 类和 FileInputStream 类均位于 java.io 包。

11.3.1 文件输出流

使用 FileOutputStream 类,可以向磁盘文件写入字节数据。

在创建 FileOutputStream 对象时,可以调用以下重载的构造器。

(1) public FileOutputStream(String name) throws FileNotFoundException。该构造器使用指向 String 对象的引用变量 name 作为参数创建 FileOutputStream 对象。例如,

```
FileOutputStream fos = new FileOutputStream("d:/abc.txt");
```

(2) public FileOutputStream(File file) throws FileNotFoundException。该构造器使用指向 File 对象的引用变量 file 作为参数创建 FileOutputStream 对象。例如,

```
File file = new File("d:/abc.txt");
FileOutputStream fos = new FileOutputStream(file);
```

注意:

(1) 无论调用哪一种构造器创建 FileOutputStream 对象,都要将该 FileOutputStream 对象与一个磁盘文件关联起来。

(2) 如果与 FileOutputStream 对象关联的不是一个磁盘文件,或者由于读写权限限制不能在磁盘上创建文件,在创建 FileOutputStream 对象时将发生 FileNotFoundException 异常。

表 11-3 列出了 FileOutputStream 类中常用的实例方法及其功能和用法。

表 11-3 FileOutputStream 类中常用的实例方法及其功能和用法

实例方法	功能和用法
public void write(int b) throws IOException	舍掉 int 型整数 b 中的高 24 位、而只将低 8 位写入文件
public void write(byte[] b, int off, int len) throws IOException	将 byte 型数组 b 中从偏移量 off 开始的 len 个字节一次性写入文件
public void write(byte[] b) throws IOException	将 byte 型数组 b 中的 b.length 个字节一次性写入文件。相当于 write(b,0,b.length)
public void close() throws IOException	关闭文件输出流并释放该输出流占用的系统资源

注意:在调用上述 write 方法将字节数据写入文件输出流或调用 close 方法关闭文件输出流时,均可能发生 IOException 异常。

【例 11-2】 将自动生成的小写字母表写入磁盘文件。Java 源程序代码如下:

```java
import java.io.*;

public class FileOutputStreamDemo {
    public static void main(String args[]) throws IOException {
        byte b[] = new byte[26];

        File file = new File("d:/abc.txt");
```

```
        //使用指向 File 对象的引用变量 file 作为参数创建 FileOutputStream 对象
        FileOutputStream fos = new FileOutputStream(file);  //可能发生 FileNotFoundException 异常

        //自动生成小写字母表,并将字母表存入 byte 型数组 b
        for (int i = 0;i < 26;i++) b[i] = (byte)('a' + i);

        fos.write(b);    //将 byte 型数组 b 中的字母表一次性写入文件,可能发生 IOException 异常
        System.out.println("字母表成功写入文件!");
        fos.close();    //关闭文件,可能发生 IOException 异常
    }
}
```

注意：在 main 方法中,执行多条语句可能发生 FileNotFoundException 异常或 IOException 异常。由于 FileNotFoundException 是 IOException 的子类,而且 FileNotFoundException 异常和 IOException 异常都属于被检查异常,因此在定义 main 方法时可以使用 throws 子句说明调用该方法可能发生 IOException 异常,这样 Java 源程序即可通过编译。

11.3.2 文件输入流

使用 FileInputStream 类,可以从磁盘文件读取字节数据。

在创建 FileInputStream 对象时,可以调用以下重载的构造器。

(1) public FileInputStream(String name) throws FileNotFoundException。该构造器使用指向 String 对象的引用变量 name 作为参数创建 FileInputStream 对象。例如,

```
FileInputStream fis = new FileInputStream("d:/abc.txt");
```

(2) public FileInputStream(File file) throws FileNotFoundException。该构造器使用指向 File 对象的引用变量 file 作为参数创建 FileInputStream 对象。例如,

```
File file = new File("d:/abc.txt");
FileInputStream fis = new FileInputStream(file);
```

注意：

(1) 与 FileOutputStream 类及其构造器的用法类似,无论调用哪一种构造器创建 FileInputStream 对象,都要将该 FileInputStream 对象与一个磁盘文件关联起来。

(2) 如果与 FileInputStream 对象关联的不是一个磁盘文件而是一个目录,或者磁盘文件不存在,或者由于读写权限限制不能从磁盘文件读取数据,在创建 FileInputStream 对象时将发生 FileNotFoundException 异常。

表 11-4 列出了 FileInputStream 类中常用的实例方法及其功能和用法。

表 11-4 FileInputStream 类中常用的实例方法及其功能和用法

实例方法	功能和用法
public int available() throws IOException	返回还可以从文件读取的剩余字节数
public int read() throws IOException	从文件读取一个字节的数据,返回值是高 24 位补 0 的 int 型整数。如果到达输入流的末尾,则返回值为 -1

续表

实例方法	功能和用法
public int read(byte[] b, int off, int len) throws IOException	从文件最多读取 len 个字节数据,并从偏移量 off 开始依次存储到 byte 型数组 b 中,返回值是实际读取的字节数。如果到达输入流的末尾,则返回值为−1
public int read(byte[] b) throws IOException	以字节为单位从文件读取数据,并依次存储到 byte 型数组 b 中,返回值是实际读取的字节数。相当于 read(b,0,b.length)
public void close() throws IOException	关闭文件输入流并释放该输入流占用的系统资源

注意:在调用上述 read 方法从文件输入流读取字节数据或调用 close 方法关闭文件输入流时,均可能发生 IOException 异常。

【例 11-3】 从磁盘文件读取小写字母表。Java 源程序代码如下:

```java
import java.io.*;

public class FileInputStreamDemo {
  public static void main(String args[]) {
    int byteData;
    FileInputStream fis = null;

    try {
      //使用 String 对象作为参数创建 FileInputStream 对象
      fis = new FileInputStream("d:/abc.txt");   //可能发生 FileNotFoundException 异常
      System.out.println("从文件读取的字节数据如下: ");
      while ((byteData = fis.read())!= -1)   //每次读取一个字节数据,可能发生 IOException 异常
        System.out.print((char)byteData);
      System.out.println();
      System.out.println("读取数据成功!");
    } catch (FileNotFoundException e) {
      System.out.println("没有发现指定文件! " + e.toString());
    } catch (IOException e) {
      System.out.println("从文件中读取数据失败! " + e.toString());
    }

    if (fis!= null)
      try {
        fis.close();   //关闭文件,可能发生 IOException 异常
      } catch (IOException e) {
        System.out.println("关闭文件失败! " + e.toString());
      }
  }
}
```

注意:

(1) 在 main 方法中,执行多条语句可能发生 FileNotFoundException 异常或 IOException 异常。由于 FileNotFoundException 异常和 IOException 异常都属于被检查异常,因此可以使用 try-catch 语句块对可能发生的 FileNotFoundException 异常和 IOException 异常进行监视和捕捉,这样 Java 源程序即可通过编译。

(2) 一般情况下,调用方法 read() 可以从文件读取一个字节的数据,返回值是高 24 位

补 0 的 int 型整数。但如果到达输入流的末尾,则方法 read()的返回值为-1。因此,使用布尔表达式"(byteData=fis.read())! ==-1"既可以从文件读取字节数据,又可以判断是否到达输入流的末尾。

(3) 本例练习需要使用前例练习生成的数据文件。因此,必须首先完成前例练习,然后进行本例练习,否则无法得到正确的程序运行结果。

11.4 数据输出流/数据输入流

在数据输出流/数据输入流中的数据,可以是基于基本类型和字符串的数据。

在 Java 语言中,通过 DataOutputStream 类实现数据输出流,通过 DataInputStream 类实现数据输入流。

DataOutputStream 类和 DataInputStream 类均位于 java.io 包。

11.4.1 数据输出流

使用 DataOutputStream 类,可以向输出流写入基于基本类型和字符串的数据。

在使用构造器创建 DataOutputStream 对象时,需要一个指向 FileOutputStream 对象的引用变量作为参数,以指定输出目的地。例如,

```
FileOutputStream fos = new FileOutputStream("d:/test.dat");
DataOutputStream dos = new DataOutputStream(fos);
```

上述第一条语句将引用变量 fos 指向新创建的 FileOutputStream 对象,第二条语句使用指向 FileOutputStream 对象的引用变量 fos 作为参数创建 DataOutputStream 对象。

注意:数据输出流仅负责将基于基本类型和字符串的数据写入输出流,而文件输出流能够将磁盘文件指定为具体的输出目的地。因此,只有将两者结合起来才能最终将基于基本类型和字符串的数据写入磁盘文件。

表 11-5 列出了 DataOutputStream 类中常用的实例方法及其功能和用法。

表 11-5 DataOutputStream 类中常用的实例方法及其功能和用法

实 例 方 法	功能和用法
public final void writeByte(int v) throws IOException	按 byte 型整数格式,将 v 值以单字节形式输出
public final void writeShort(int v) throws IOException	按 short 型整数格式,将 v 值以双字节形式输出
public final void writeInt(int v) throws IOException	按 int 型整数格式,将 v 值以 4 字节形式输出
public final void writeLong(long v) throws IOException	按 long 型整数格式,将 v 值以 8 字节形式输出
public final void writeFloat(float v) throws IOException	按 float 型浮点数格式,将 v 值以 4 字节形式输出
public final void writeDouble(double v) throws IOException	按 double 型浮点数格式,将 v 值以 8 字节形式输出
public final void writeChar(int v) throws IOException	按 char 型字符数据格式,将 v 值以双字节形式输出
public final void writeBoolean(boolean v) throws IOException	以单字节形式输出。如果 v 值为 true 则输出 1,否则输出 0
public final void writeUTF(String str) throws IOException	按修订版 UTF-8 编码格式,输出字符串 str

注意：在调用上述 writeXXX 方法将数据写入数据输出流时，均可能发生 IOException 异常。

【例 11-4】 将不同基本类型或字符串的数据写入磁盘文件。Java 源程序代码如下：

```java
import java.io.*;

public class DataOutputStreamDemo {
    public static void main(String args[]) throws IOException {
        byte b = 5;      short s = 50;      char c = 'A';
        int i = 100;     float f = 12.34f;  String str = "This is a string";

        FileOutputStream fos = new FileOutputStream("d:/test.dat");
                                              //可能发生 FileNotFoundException 异常
        //使用指向 FileOutputStream 对象的引用变量 fos 作为参数创建 DataOutputStream 对象
        DataOutputStream dos = new DataOutputStream(fos);

        //在调用 writeXXX 方法将数据写入数据输出流时,可能发生 IOException 异常
        dos.writeByte(b);    dos.writeShort(s);    dos.writeChar(c);
        dos.writeInt(i);     dos.writeFloat(f);    dos.writeUTF(str);

        dos.close();                          //关闭文件,可能发生 IOException 异常
        System.out.println("通过数据输出流将不同类型的数据成功写入磁盘文件!");
    }
}
```

注意：

（1）在 main 方法中，执行多条语句可能发生 FileNotFoundException 异常或 IOException 异常。由于 FileNotFoundException 是 IOException 的子类，而且 FileNotFoundException 异常和 IOException 异常都属于被检查异常，因此在定义 main 方法时可以使用 throws 子句说明调用该方法可能发生 IOException 异常，这样 Java 源程序即可通过编译。

（2）虽然方法 writeByte(int v)、writeShort(int v) 和 writeChar(int v) 要求参数为 int 型整数，但由于 byte、short 和 char 类型数据占用的存储空间小于 int 类型数据占用的存储空间，所以 byte、short 和 char 类型数据能够自动转换为 int 类型数据。这样，在程序中调用这三个函数时仍然可以分别使用 byte、short 和 char 类型的变量作为参数。

（3）数据输出流并不直接将数据写入磁盘文件等输出目的地，而是间接利用文件输出流进行底层的数据写入操作。从此意义上讲，数据输出流是上层流，文件输出流是底层流。

11.4.2　数据输入流

使用 DataInputStream 类，可以从输入流读取基于基本类型和字符串的数据。

与创建 DataOutputStream 对象类似，在使用构造器创建 DataInputStream 对象时，需要一个指向 FileInputStream 对象的引用变量作为参数，以指定输入源。例如，

```java
FileInputStream fis = new FileInputStream("d:/test.dat");
DataInputStream dis = new DataInputStream(fis);
```

上述第一条语句将引用变量 fis 指向新创建的 FileInputStream 对象，第二条语句使用

指向 FileInputStream 对象的引用变量 fis 作为参数创建 DataInputStream 对象。

注意：与数据输出流和文件输出流的关系类似，数据输入流仅负责从输入流读取基于基本类型和字符串的数据，而文件输入流能够将磁盘文件指定为具体的输入源。因此，只有将两者结合起来才能最终从磁盘文件读取基于基本类型和字符串的数据。

表 11-6 列出了 DataInputStream 类中常用的实例方法及其功能和用法。

表 11-6　DataInputStream 类中常用的实例方法及其功能和用法

实 例 方 法	功 能 和 用 法
Public final byte readByte( ) throws IOException	读取 1 个字节，并将其转换为 byte 型整数，然后返回该值
public final short readShort( ) throws IOException	读取 2 个字节，并将其转换为 short 型整数，然后返回该值
public final int readInt( ) throws IOException	读取 4 个字节，并将其转换为 int 型整数，然后返回该值
public final long readLong( ) throws IOException	读取 8 个字节，并将其转换为 long 型整数，然后返回该值
public final float readFloat( ) throws IOException	读取 4 个字节，并将其转换为 float 型浮点数，然后返回该值
public final double readDouble( ) throws IOException	读取 8 个字节，并将其转换为 double 型浮点数，然后返回该值
public final char readChar( ) throws IOException	读取 2 个字节，并将其转换为 char 型字符数据，然后返回该值
public final boolean readBoolean( ) throws IOException	读取 1 个字节，如果该字节为 0，则返回 false，否则返回 true
public final String readUTF( ) throws IOException	按修订版 UTF-8 编码格式，读取连续的若干字节并将其转换为字符串，然后返回该字符串

注意：

（1）在调用上述 readXXX 方法从数据输入流读取数据时，均可能发生 IOException 异常。

（2）当从数据输入流读取数据、并到达输入流的末尾时，调用上述 readXXX 方法还会发生 EOFException 异常。此时，可以通过捕捉 EOFException 异常判断是否到达输入流的末尾，进而决定是否终止从数据输入流读取数据的过程。

【例 11-5】 从磁盘文件读取不同基本类型或字符串的数据。Java 源程序代码如下：

```
import java.io.*;

public class DataInputStreamDemo {
  public static void main(String args[]) throws IOException {
    byte b;     short s;    char c;
    int i;      float f;    String str;

    FileInputStream fis = new FileInputStream("d:/test.dat");
                                     //可能发生 FileNotFoundException 异常
    DataInputStream dis = new DataInputStream(fis);
```

```
        //在调用readXXX方法从数据输入流读取数据时,可能发生IOException异常
        b = dis.readByte();    s = dis.readShort();    c = dis.readChar();
        i = dis.readInt();    f = dis.readFloat();    str = dis.readUTF();

        dis.close();    //关闭文件,可能发生IOException异常
        System.out.println("从磁盘文件读取的不同类型的数据如下: ");
        System.out.println("b = " + b + "    s = " + s + "    c = " + c);
        System.out.println("i = " + i + "    f = " + f + "    str = " + str);
    }
}
```

程序运行结果如下:

从磁盘文件读取的不同类型的数据如下:
b = 5   s = 50   c = A
i = 100   f = 12.34   str = This is a string

注意:

(1)在main方法中,执行多条语句可能发生FileNotFoundException异常或IOException异常。由于FileNotFoundException是IOException的子类,而且FileNotFoundException异常和IOException异常都属于被检查异常,因此在定义main方法时可以使用throws子句说明调用该方法可能发生IOException异常,这样Java源程序即可通过编译。

(2)在使用数据输入流从磁盘文件读取不同基本类型或字符串的数据时,必须明确各项数据的类型及其在磁盘文件中的存储顺序。

(3)数据输入流并不直接从磁盘文件等输入源读取数据,而是间接利用文件输入流进行底层的数据读取操作。从此意义上讲,数据输入流是上层流,文件输入流是底层流。

(4)本例需要使用前例练习生成的数据文件。因此,必须首先完成前例练习,然后进行本例练习,否则无法得到正确的程序运行结果。

在实际的数据输出流/数据输入流应用中,每项数据的类型及其在磁盘文件中的存储顺序通常具有一定的规律性。例如,在如表11-7所示的订单数据中,共有五条商品记录,每条记录由商品名称(productName)、数量(amount)和单价(price)三项数据组成。当通过数据输出流向磁盘文件写入一条商品记录时,依次写入商品名称、数量和单价三项数据;对应地,当通过数据输入流从磁盘文件读取一条商品记录时,依次读取商品名称、数量和单价三项数据。

表11-7 具有规律性的订单数据

商品记录编号	商品名称 (productName,String 数据)	数量 (amount,int 型数据)	单价 (price,double 型数据)
1	酱油	15	18.88
2	蛋糕	10	6.66
3	果酱	12	15.66
4	牛奶	25	3.55
5	水饺	30	6.99

【例 11-6】 数据输出流/数据输入流中数据的规则性。Java 源程序代码如下：

```java
import java.io.*;

public class DataStreamDemo {
    public static void main(String[] args) throws IOException {
        String[] productNames = {"酱油","蛋糕","果酱","牛奶","水饺"};
        int[] amounts = {15,10,12,25,30};
        double[] prices = {18.88,6.66,15.66,3.55,6.99};

        DataOutputStream dos = new DataOutputStream(new FileOutputStream("d:/order.dat"));
        for (int i = 0; i < prices.length; i++) {
            dos.writeUTF(productNames[i]);
            dos.writeInt(amounts[i]);
            dos.writeDouble(prices[i]);
        }
        dos.close();

        DataInputStream dis = new DataInputStream(new FileInputStream("d:/order.dat"));
        double total = 0.0;
        try {
            String productName;    int amount;    double price;
            while (true) {
                productName = dis.readUTF();
                amount = dis.readInt();
                price = dis.readDouble();
                System.out.println("商品名称: " + productName + "    数量: " + amount + "    单价: " + price);
                total += amount * price;
            }
        } catch (EOFException e) {        //通过捕捉 EOFException 异常判断是否到达输入流的末尾
            System.out.println("合计: " + total);
        }
        dis.close();
    }
}
```

程序运行结果如下：

```
商品名称: 酱油    数量: 15    单价: 18.88
商品名称: 蛋糕    数量: 10    单价: 6.66
商品名称: 果酱    数量: 12    单价: 15.66
商品名称: 牛奶    数量: 25    单价: 3.55
商品名称: 水饺    数量: 30    单价: 6.99
合计: 836.1700000000001
```

注意：在文件输入流中，可以通过测试 read 方法的返回值是否为 −1 判断是否到达输入流的末尾。当从数据输入流读取数据、并到达输入流的末尾时，调用 readXXX 方法会发生 EOFException 异常。此时，可以通过捕捉 EOFException 异常判断是否到达输入流的末尾，进而决定是否终止从数据输入流读取数据的过程。

11.5　对象输出流/对象输入流

在对象输出流/对象输入流中的数据,主要是基于对象的数据,也可以是基于基本类型的数据。

在 Java 语言中,通过 ObjectOutputStream 类实现对象输出流,通过 ObjectInputStream 类实现对象输入流。

ObjectOutputStream 类和 ObjectInputStream 类均位于 java.io 包。

11.5.1　对象输出流

使用 ObjectOutputStream 类,可以向输出流写入基于对象的数据,也可以写入基于基本类型的数据。

在使用构造器创建 ObjectOutputStream 对象时,需要一个指向 FileOutputStream 对象的引用变量作为参数,以指定输出目的地。例如,

```
FileOutputStream fos = new FileOutputStream("d:/ObjectStream.dat");
ObjectOutputStream oos = new ObjectOutputStream(fos);
```

上述第一条语句将引用变量 fos 指向新创建的 FileOutputStream 对象,第二条语句使用指向 FileOutputStream 对象的引用变量 fos 作为参数创建 ObjectOutputStream 对象。

注意:对象输出流仅负责将基于对象和基本类型的数据写入输出流,而文件输出流能够将磁盘文件指定为具体的输出目的地。因此,只有将两者结合起来才能最终将基于对象和基本类型的数据写入磁盘文件。

表 11-8 列出了 ObjectOutputStream 类中常用的实例方法及其功能和用法。

表 11-8　ObjectOutputStream 类中常用的实例方法及其功能和用法

实例方法	功能和用法
public final void writeObject(Object obj) throws IOException	输出对象数据
public void writeByte(int v) throws IOException	按 byte 型整数格式,将 v 值以单字节形式输出
public void writeShort(int v) throws IOException	按 short 型整数格式,将 v 值以双字节形式输出
public void writeInt(int v) throws IOException	按 int 型整数格式,将 v 值以 4 字节形式输出
public void writeLong(long v) throws IOException	按 long 型整数格式,将 v 值以 8 字节形式输出
public void writeFloat(float v) throws IOException	按 float 型浮点数格式,将 v 值以 4 字节形式输出
public void writeDouble(double v) throws IOException	按 double 型浮点数格式,将 v 值以 8 字节形式输出
public void writeChar(int v) throws IOException	按 char 型字符数据格式,将 v 值以双字节形式输出
public void writeBoolean(boolean v) throws IOException	以单字节形式输出。如果 v 值为 true 则输出 1,否则输出 0

注意：在调用上述 writeXXX 方法将数据写入对象输出流时，均可能发生 IOException 异常。

【例 11-7】 将基于对象和基本类型的数据写入磁盘文件。Java 源程序代码如下：

```java
import java.io.*;
import java.util.*;

public class ObjectOutputStreamDemo {
    public static void main(String args[]) throws IOException {
        FileOutputStream fos = new FileOutputStream("d:/ObjectStream.dat");
        ObjectOutputStream oos = new ObjectOutputStream(fos);

        oos.writeObject("String Data");              //写入 String 对象数据
        oos.writeObject(new Date());                 //写入 Date 对象数据
        oos.writeInt(1234);                          //写入基本类型的 int 型数据
        oos.writeFloat(12.34f);                      //写入基本类型的 double 型数据
        System.out.println("对象和基本类型的数据已经写入磁盘文件!");

        oos.close();
    }
}
```

注意：

(1) 在对象输出流中，写入对象数据必须调用方法 writeObject(Object obj)，而写入基本类型的数据则需要调用类似于在数据输出流中调用的方法，如 writeByte(int v)、writeShort(int v)、writeInt(int v) 和 writeChar(int v)。

(2) 对象输出流并不直接将基于对象和基本类型的数据写入磁盘文件等输出目的地，而是间接利用文件输出流进行底层的数据写入操作。从此意义上讲，对象输出流是上层流，文件输出流是底层流。

11.5.2 对象输入流

使用 ObjectInputStream 类，可以从输入流读取基于对象的数据，也可以读取基于基本类型的数据。

与创建 ObjectOutputStream 对象类似，在使用构造器创建 ObjectInputStream 对象时，需要一个指向 FileInputStream 对象的引用变量作为参数，以指定输入源。例如，

```java
FileInputStream fis = new FileInputStream("d:/ObjectStream.dat");
ObjectInputStream ois = new ObjectInputStream(fis);
```

上述第一条语句将引用变量 fis 指向新创建的 FileInputStream 对象，第二条语句使用指向 FileInputStream 对象的引用变量 fis 作为参数创建 ObjectInputStream 对象。

注意： 与对象输出流和文件输出流的关系类似，对象输入流仅负责从输入流读取基于对象和基本类型的数据，而文件输入流能够将磁盘文件指定为具体的输入源。因此，只有将两者结合起来才能最终从磁盘文件读取基于对象和基本类型的数据。

表 11-9 列出了 ObjectInputStream 类中常用的实例方法及其功能和用法。

表 11-9 ObjectInputStream 类中常用的实例方法及其功能和用法

实 例 方 法	功能和用法
public final Object readObject() throws IOException, ClassNotFoundException	读取对象数据
public byte readByte() throws IOException	读取 1 个字节，并将其转换为 byte 型整数，然后返回该值
public short readShort() throws IOException	读取 2 个字节，并将其转换为 short 型整数，然后返回该值
public int readInt() throws IOException	读取 4 个字节，并将其转换为 int 型整数，然后返回该值
public long readLong() throws IOException	读取 8 个字节，并将其转换为 long 型整数，然后返回该值
public float readFloat() throws IOException	读取 4 个字节，并将其转换为 float 型浮点数，然后返回该值
public double readDouble() throws IOException	读取 8 个字节，并将其转换为 double 型浮点数，然后返回该值
public char readChar() throws IOException	读取 2 个字节，并将其转换为 char 型字符数据，然后返回该值
public boolean readBoolean() throws IOException	读取 1 个字节，如果该字节为 0，则返回 false，否则返回 true

注意：

（1）在调用上述 readXXX 方法从对象输入流读取数据时，均可能发生 IOException 异常。

（2）在调用 readObject 方法从对象输入流读取数据时，不仅可能发生 IOException 异常，而且可能发生 ClassNotFoundException 异常。但 ClassNotFoundException 类并非 IOException 类的子类。

【例 11-8】 从磁盘文件读取基于对象和基本类型的数据。Java 源程序代码如下：

```
import java.io.*;
import java.util.*;

public class ObjectInputStreamDemo {
  public static void main(String args[]) throws IOException,ClassNotFoundException {
    FileInputStream fis = new FileInputStream("d:/ObjectStream.dat");
    ObjectInputStream ois = new ObjectInputStream(fis);

    String s = (String)ois.readObject();     //通过引用类型转换读取 String 对象数据
    System.out.println("String 对象数据: " + s);
    Date d = (Date)ois.readObject();         //通过引用类型转换读取 Date 对象数据
    System.out.println("Date 对象数据: " + d);
    int i = ois.readInt();                   //读取 int 型数据
    System.out.println("基本类型的 int 型数据: " + i);
    float f = ois.readFloat();               //读取 float 型数据
    System.out.println("基本类型的 float 型数据: " + f);
```

```
            ois.close();
        }
    }
```

程序运行结果如下：

```
String 对象数据: String Data
Date 对象数据: Tue Oct 07 10:04:03 CST 2014
基本类型的 int 型数据: 1234
基本类型的 float 型数据: 12.34
```

注意：

（1）在对象输入流中，读取对象数据必须调用方法 readObject()，而读取基本类型的数据则需要调用类似于在数据输入流中调用的方法，如 readByte()、readShort()、readInt()和 readChar()。

（2）由于方法 readObject()的返回值类型是 Object，所以在调用该方法后必须通过引用类型转换才能读取相应的对象数据。

（3）在调用 readObject 方法从对象输入流读取数据时，不仅可能发生 IOException 异常，而且可能发生 ClassNotFoundException 异常。但 ClassNotFoundException 类并非 IOException 类的子类，而且 IOException 异常和 ClassNotFoundException 异常都属于被检查异常，因此在定义 main 方法时可以使用 throws 子句说明调用该方法可能发生 IOException 异常和 ClassNotFoundException 异常，这样 Java 源程序即可通过编译。

（4）在使用对象输入流从磁盘文件读取基于对象和基本类型的数据时，必须明确各项数据的类型及其在磁盘文件中的存储顺序。

（5）对象输入流并不直接从磁盘文件等输入源读取数据，而是间接利用文件输入流进行底层的数据读取操作。从此意义上讲，对象输入流是上层流，文件输入流是底层流。

（6）本例练习需要使用前例练习生成的数据文件。因此，必须首先完成前例练习，然后进行本例练习，否则无法得到正确的程序运行结果。

通过在一个类的声明中定义引用类型的实例变量，可以实现对象的组合，进而实现在一个类的对象中包含其他类的对象。而通过对象输出流和文件输出流，可以将一个对象及其所包含对象的数据写入磁盘文件；通过对象输入流和文件输入流，又可以从磁盘文件读取一个对象及其所包含对象的数据。

【例 11-9】 在对象输出流和对象输入流中处理对象及其所包含对象的数据。Java 源程序代码如下：

```
import java.io.*;

class Point implements Serializable {            //必须实现 Serializable 接口
    double x,y;

    Point(double x,double y) {  this.x = x;   this.y = y;  }
    public String toString() {  return "center = (" + x + "," + y + ")";  }
}

class Circle implements Serializable {           //必须实现 Serializable 接口
```

```java
    Point center;                           //实例变量 center 是指向 Point 对象的引用变量
    double radius;

    Circle(double x,double y,double radius) {
      center = new Point(x,y);              //将引用类型的实例变量 center 指向新建 Point 对象
      this.radius = radius;
    }
    public String toString() {   return "Circle { " + center.toString() + " radius = " + radius + "
}"; }
}

public class ObjectStreamTest {
  public static void main(String args[]) throws IOException,ClassNotFoundException {
    ObjectOutputStream oos = new ObjectOutputStream(new FileOutputStream("d:/objects.dat"));
    Circle c1 = new Circle(0.0, 0.0, 2.0);

    oos.writeObject(c1);                    //写入 Circle 对象及其所包含 Point 对象的数据
    Circle c2 = new Circle(10.0, 10.0, 5.0);
    oos.writeObject(c2);
    oos.close();

    ObjectInputStream ois = new ObjectInputStream(new FileInputStream("d:/objects.dat"));
    try {
      while (true) {
        Circle cc1 = (Circle) ois.readObject();     //读取 Circle 对象及其所包含 Point 对象的数据
        System.out.println(cc1.toString());
        Circle cc2 = (Circle) ois.readObject();
        System.out.println(cc2.toString());
      }
    } catch (EOFException e) {              //通过捕捉 EOFException 异常判断是否到达输入流的末尾
      System.out.println("磁盘文件中已经没有对象数据!");
    }
    ois.close();
  }
}
```

程序运行结果如下：

Circle { center = (0.0,0.0) radius = 2.0 }
Circle { center = (10.0,10.0) radius = 5.0 }

在上述代码中，首先声明了 Point 类；然后在 Circle 类的声明中，除定义 double 类型的实例变量 radius 外，还定义了引用类型的实例变量 center——能够指向 Point 对象的引用变量。这即是一种对象组合技术，意味着在一个 Circle 对象中又包含一个 Point 对象。

在 main 方法中执行语句"oos.writeObject(c1);"，不仅将 Circle 对象的实例变量 radius 写入输出流，而且将该 Circle 对象所包含 Point 对象的实例变量 x 和 y 也写入输出流。类似地，执行语句"Circle cc1＝(Circle) ois.readObject();"，不仅从输入流读取 Circle 对象的实例变量 radius，而且从输入流读取该 Circle 对象所包含 Point 对象的实例变量 x 和 y。

与数据输入流的情况类似，当从对象输入流读取数据、并到达输入流的末尾时，调用

readXXX 方法会发生 EOFException 异常。此时，可以通过捕捉 EOFException 异常判断是否到达输入流的末尾，进而决定是否终止从对象输入流读取数据的过程。

为了向对象输出流写入基于对象的数据、或从对象输入流读取基于对象的数据，必须将对象所属类声明为 java.io.Serializable 接口的实现类。例如，本例中的 Point 类和 Circle 类都是 Serializable 接口的实现类。这样，既可以向对象输出流写入 Circle 对象及其所包含 Point 对象的数据，又可以从对象输入流读取 Circle 对象及其所包含 Point 对象的数据。

注意：

(1) java.lang.String 类、java.lang.StringBuffer 类和 java.util.Date 类都是 java.io.Serializable 接口的实现类。

(2) java.io.Serializable 接口是一个空接口。也就是说，在 java.io.Serializable 接口中既没有定义任何常量，又没有定义任何抽象方法。

11.5.3 通过数组一次性写入和读取多个对象及其数据

在使用对象输出流时，还可以将多个对象及其数据组织在一个数组中，然后通过该数组一次性写入其中的多个对象及其数据。相应地，在使用对象输入流时，也可以一次性读取所有对象及其数据、并保存于另一个数组，然后通过该数组访问其中的各个对象及其数据。

在这种情况下，数组中的对象可以属于同一个类，也可以属于具有共同超类的多个类。例如，可以将圆（Circle）、三角形（Triangle）和矩形（Rectangle）定义为图形（Graphics）的子类，Graphics 也就是 Circle、Triangle 和 Rectangle 的共同超类。这样就可以将 Circle、Triangle 和 Rectangle 等图形对象及其数据组织在 Graphics 数组 gArrayOut[]中，然后调用方法 writeObject(gArrayOut)将这些图形对象及其数据一次性写入对象输出流。相应地，在使用对象输入流时，可以调用方法 readObject()一次性读取所有图形对象及其数据、并保存于 Graphics 数组 gArrayIn[]，然后通过数组 gArrayIn[]访问其中的各个图形对象及其数据。

【例 11-10】 通过数组一次性写入和读取多个图形对象及其数据。Java 源程序代码如下：

```java
import java.io.*;

abstract class Graphics {  }                    //Graphics 是 Triangle 和 Rectangle 的共同超类

class Triangle extends Graphics implements Serializable {
  double a,b,c;
  public Triangle(double a, double b, double c) {  this.a = a;   this.b = b;   this.c = c;  }
  public String toString() {   return "Triangle {" + a + "," + b + "," + c + "}";   }
}

class Rectangle extends Graphics implements Serializable {
  int length,width;
  Rectangle(int l, int w) {  length = l;   width = w;   }
  public String toString() {   return "Rectangle {" + length + "," + width + "}";   }
}

public class ObjectStreamDemo {
```

```java
    public static void main(String args[]) throws IOException,ClassNotFoundException {
        Graphics gArrayOut[] = new Graphics[3];
        //将 Triangle 和 Rectangle 对象及其数据组织在 Graphics 数组 gArrayOut[]中
        gArrayOut[0] = new Triangle(3.0,4.0,5.0);
        gArrayOut[1] = new Triangle(6.0,7.0,8.0);
        gArrayOut[2] = new Rectangle(4,5);

        ObjectOutputStream oos = new ObjectOutputStream(new FileOutputStream("graphicsObjects.dat"));
        //将数组 gArrayOut[]中的所有图形对象及其数据一次性写入对象输出流
        oos.writeObject(gArrayOut);
        oos.close();

        ObjectInputStream ois = new ObjectInputStream(new FileInputStream("graphicsObjects.dat"));
        //从对象输入流一次性读取所有图形对象及其数据,并保存于数组 gArrayIn[]
        Graphics gArrayIn[] = (Graphics []) ois.readObject();
        //通过数组 gArrayIn[]访问其中的 Circle 和 Triangle 对象及其数据
        for (int i = 0;i < gArrayIn.length;i++)
            System.out.println(gArrayIn[i].toString());
        ois.close();
    }
}
```

程序运行结果如下:

```
Triangle {3.0, 4.0, 5.0}
Triangle {6.0, 7.0, 8.0}
Rectangle {4,5}
```

在 Java 语言中,一个数组实质上也是一个对象。在本例中,数组 gArrayOut[]和 gArrayIn[]实质上就是对象。因此,可以调用方法 writeObject 将数组 gArrayOut[]以及其中所有元素的数据一次性写入对象输出流。相应地,也可以调用方法 readObject 一次性从对象输入流读取所有元素的数据、并保存于数组 gArrayIn[]中。

注意:

(1) 在本例中,数组 gArrayOut[]和 gArrayIn[]中的每个元素又是一个 Triangle 或 Rectangle 图形对象。

(2) 由于调用方法 readObject 可以一次性从对象输入流读取所有图形对象及其数据,并保存于数组 gArrayIn[]中,所以不用通过捕捉 EOFException 异常判断是否到达输入流的末尾。

11.5.4 对象串行化、对象持久化与对象反串行化

在前面的几个例子中,使用 ObjectOutputStream 类和 FileOutputStream 类可以将对象及其实例变量中的数据转换为字节序列、并写入磁盘文件。将对象及其实例变量中的数据转换为字节序列的过程称为对象串行化(也称为对象序列化,Object Serialization)。而将 ObjectOutputStream 类和 FileOutputStream 类结合起来,就可通过对象输出流和文件输出

流将对象及其实例变量中的数据持久地保存于磁盘文件,从而实现对象持久化(Object Persistence)。

在需要的时候,又可以使用 ObjectInputStream 类和 FileInputStream 类从磁盘文件读取字节序列、然后利用这些字节序列生成原来的对象并恢复其实例变量中的数据。利用字节序列生成原来的对象并恢复其实例变量中的数据的过程称为对象反串行化(也称为对象反序列化,Object Deserialization)。

针对对象串行化和对象反串行化,在 Java API 中声明了 java.io.Serializable 接口。为了实现对象串行化和对象反串行化,必须将对象所属类声明为 Serializable 接口的实现类。例如,Java API 中的 java.lang.String 类和 java.util.Date 类即是 Serializable 接口的实现类,所以可以直接调用 writeObject 方法将 String 和 Date 对象及其数据写入输出流(见【例 11-7】),也可以直接调用 readObject 方法从输入流读取 String 和 Date 对象及其数据(见【例 11-8】)。

为了将其他类型的对象及其所包含对象的数据写入输出流、或者从输入流读取其他类型的对象及其所包含对象的数据,同样需要将这些对象所属类声明为 java.io.Serializable 接口的实现类。例如,在【例 11-9】和【例 11-10】中,首先将 Point 类、Circle 类、Triangle 类和 Rectangle 类声明为 Serializable 接口的实现类,然后再调用 writeObject 方法将这些对象及其所包含对象的数据写入输出流、或者调用 readObject 方法从输入流读取这些对象及其所包含对象的数据。

11.6 小结

在实际应用中,经常需要向磁盘文件写入数据(即数据输出),或从磁盘文件读取数据(即数据输入),有时也需要通过网络进行数据输出输入。为此,Java API 提供了专门的 public 类,以便有效地进行数据输出输入。

在 Java 语言中,File 对象既可以是文件,也可以是目录。

文件输出流以磁盘文件为输出目的地。类似地,文件输入流以磁盘文件为输入源。

在文件输出流/文件输入流中的数据,是基于仅包含 8 个二进制位的字节,即以字节为单位进行数据的输出和输入。

在 Java 语言中,通过 FileOutputStream 类实现文件输出流,通过 FileInputStream 类实现文件输入流。

在数据输出流/数据输入流中的数据,可以是基于基本类型和字符串的数据。

在 Java 语言中,通过 DataOutputStream 类实现数据输出流,通过 DataInputStream 类实现数据输入流。

在对象输出流/对象输入流中的数据,主要是基于对象的数据,也可以是基于基本类型的数据。

在 Java 语言中,通过 ObjectOutputStream 类实现对象输出流,通过 ObjectInputStream 类实现对象输入流。

由于方法 readObject() 的返回值类型是 Object,所以在调用该方法后必须通过引用类型转换才能读取相应的对象数据。

在调用 readObject 方法从对象输入流读取数据时,不仅可能发生 IOException 异常,而且可能发生 ClassNotFoundException 异常,但 ClassNotFoundException 类并非 IOException 类的子类。

通过对象输出流和文件输出流,可以将一个对象及其所包含对象的数据写入磁盘文件;通过对象输入流和文件输入流,又可以从磁盘文件读取一个对象及其所包含对象的数据。

在使用对象输出流时,还可以将多个对象及其数据组织在一个数组中,然后通过该数组一次性写入其中的多个对象及其数据。相应地,在使用对象输入流时,也可以一次性读取所有对象及其数据,并保存于另一个数组,然后通过该数组访问其中的各个对象及其数据。

数据输出流(或对象输出流)并不直接将数据写入磁盘文件等输出目的地,而是间接利用文件输出流进行底层的数据写入操作。从此意义上讲,数据输出流(或对象输出流)是上层流,文件输出流是底层流。类似地,数据输入流(或对象输入流)是上层流,文件输入流是底层流。

数据输出流(或对象输出流)仅负责将数据写入输出流,而文件输出流能够将磁盘文件指定为具体的输出目的地。因此,只有将两者结合起来才能最终将数据写入磁盘文件。类似地,只有将数据输入流(或对象输入流)和文件输入流结合起来才能最终从磁盘文件读取数据。

在使用数据输入流(或对象输入流)从磁盘文件读取数据时,必须明确各项数据的类型及其在磁盘文件中的存储顺序。

在文件输入流中,可以通过测试 read 方法的返回值是否为 -1 判断是否到达输入流的末尾。而在数据输入流(或对象输入流)中,则可以通过捕捉 EOFException 异常判断是否到达输入流的末尾,进而决定是否终止从输入流读取数据的过程。

将 ObjectOutputStream 类和 FileOutputStream 类结合起来,就可通过对象输出流和文件输出流实现对象串行化和对象持久化。

将 ObjectInputStream 类和 FileInputStream 类结合起来,就可通过对象输入流和文件输入流实现对象反串行化,并利用磁盘文件中的数据生成原来的对象。

针对对象串行化和对象反串行化,在 Java API 中声明了 java.io.Serializable 接口。为了实现对象串行化和对象反串行化,必须将对象所属类声明为 Serializable 接口的实现类。

11.7 习题

1. 在【例 11-1】中,将 fileName 的字符串改换为不存在的文件(或文件夹)、存在的文件以及存在的文件夹,观察程序的运行结果。

2. 将自动生成的大写字母表写入磁盘文件,要求每次只写入一个大写字母。

3. 在前一习题的基础上,从磁盘文件读取大写字母表,要求每次读取一组连续的字母(比如一组 10 个字母),接着在屏幕上显示这组字母,然后再读取下一组连续的字母。

4. 如果将【例 11-5】中从数据输入流读取数据的语句改写如下:

```
i = dis.readInt();    s = dis.readShort();   c = dis.readChar();
b = dis.readByte();   f = dis.readFloat();   str = dis.readUTF();
```

观察程序运行结果是否正确。如果程序运行结果不正确,请分析其原因。

5. 如果将【例11-8】中从对象输入流读取数据的语句改写如下：

```java
Date d = (Date)ois.readObject();                    //读取Date对象数据
System.out.println("Date对象数据："+ d);
String s = (String)ois.readObject();                //读取String对象数据
System.out.println("String对象数据："+ s);
int i = ois.readInt();                              //读取int型数据
System.out.println("基本类型的int型数据："+ i);
float f = ois.readFloat();                          //读取float型数据
System.out.println("基本类型的float型数据："+ f);
```

观察程序运行结果是否正确。如果程序运行结果不正确，请分析其原因。

6. 从网上摘录一篇英文文章，并将其保存在一个文本文件中。然后，从该文本文件依次读取其中的每个字符，同时对每个英文字母的出现次数进行计数。最后，输出每个英文字母的出现总次数。

7. 以下Java程序试图将一个点在平面上沿45°角向右上方运动的轨迹写入磁盘文件，然后再从磁盘文件读取点的运动轨迹。

```java
import java.io.*;

class Point implements Serializable {
    private int x,y;                                //点的平面坐标
    Point(int x,int y) {  this.x = x;   this.y = y;  }
    void move() {  x++;   y++;  }                   //沿45°角向右上方移动
    void outputCoordinate(){  System.out.println("("+ x +", "+ y +")");  }
}

public class ObjectStreamApplication {
    public static void main(String args[]) throws IOException, ClassNotFoundException {
        //对象串行化、对象持久化
        ObjectOutputStream oos = new ObjectOutputStream ( new FileOutputStream ( "d:/PointMovingOrbit.dat"));
        Point p1 = new Point(0,0);
        p1.outputCoordinate();
        oos.writeObject(p1);

        for(int i = 0;i < 3;i++) {
            p1.move();                              //沿45°角向右上方移动一次
            p1.outputCoordinate();
            oos.writeObject(p1);
        }
        System.out.println("已经将点的运动轨迹写入磁盘文件！");
        oos.close();

                                                    //对象反串行化
        ObjectInputStream ois = new ObjectInputStream(new FileInputStream("d:/PointMovingOrbit.dat"));
        try {
            Point p2;
            while (true) {
```

```
            p2 = (Point) ois.readObject();
            p2.outputCoordinate();
        }
    } catch (EOFException e) {        //通过捕捉EOFException异常判断是否到达输入流的末尾
        System.out.println("已经从磁盘文件读取点的运动轨迹!");
    }
    ois.close();
  }
}
```

但该程序的运行结果如下:

(0, 0)
(1, 1)
(2, 2)
(3, 3)

已经将点的运动轨迹写入磁盘文件!

(0, 0)
(0, 0)
(0, 0)
(0, 0)

已经从磁盘文件读取点的运动轨迹!

从运行结果来看,程序并没有达到预期目标,试分析其原因。修改该程序,但仍然要求使用对象输出流和对象输入流以达到预期目标。

第12章 多线程

在一个Java应用程序中可以创建并启动多个线程(Thread)。每个线程可以执行一个特定任务。不同线程可以共享相同的代码和数据,相关线程之间还可以进行同步和通信等操作。

12.1 主线程

每个Java应用程序都隐含一个主线程,运行一个Java应用程序会创建并执行一个主线程,并且主线程是java.lang.Thread类的一个对象。

表12-1列出了Thread类中常用的方法及其功能和用法。

表12-1 Thread类中常用的方法及其功能和用法

方 法 名	功能和用法
public static Thread currentThread()	返回正在执行的线程对象
public static void sleep(long millis)	使正在执行的线程睡眠 millis 毫秒
public void start()	启动调用该方法的线程
public void run()	该方法由 start() 方法自动调用,不能由对象直接调用
public final String getName()	获得线程的名称
public final int getPriority()	获得线程的优先级,返回一个 1~10 之间的整数
public final void setPriority(int newPriority)	按照参数 newPriority(1~10 之间的整数)设置线程的优先级
public Thread.State getState()	获得线程的状态,返回 NEW、RUNNABLE、TIMED_WAITING、TERMINATED、BLOCKED 和 WAITING 六种状态之一

【例 12-1】 Java 应用程序及其主线程。Java 源程序代码如下:

```
public class MainThread {
    public static void main(String args[]) {
        Thread curr = Thread.currentThread();       //获取与当前运行线程对应的 Thread 对象
        String name = curr.getName();               //获取线程的名称
        int priority = curr.getPriority();          //获取线程的优先级
        System.out.println("当前线程的名称为 " + name + ",优先级为 " + priority);
    }
}
```

程序运行结果如下:

当前线程的名称为 main,优先级为 5

上述程序运行结果表明,一个 Java 应用程序从 main 方法开始运行,同时系统会自动创建并执行一个主线程,主线程的优先级是 5。

此外,在一个 Java 应用程序及其主线程中还可以创建并启动其他更多的线程。

12.2 创建线程的方法

除 java.lang.Thread 类外,与线程相关的还有 java.lang.Runnable 接口。相应地,在 Java 应用程序中创建线程的方法也有两种:一种是通过 Thread 类的子类创建线程,另一种是通过 Runnable 接口的实现类创建线程。

12.2.1 通过 Thread 类的子类创建线程

通过 Thread 类的子类创建线程时,可以在子类的构造器中调用如下 Thread 类的构造器:

Thread(String name)　　调用该构造器,可以按照参数 name(String 对象)设置线程的名称。

【例 12-2】 通过 Thread 类的子类创建线程。Java 源程序代码如下:

```java
//通过继承 Thread 类声明用户线程类 UserThread(即 Thread 类的子类)
class UserThread extends Thread {
  int sleepTime;
  public UserThread() {                          //定义构造器 1
    sleepTime = (int)(Math.random() * 30000);   //生成一个随机数,设置线程的睡眠时间
  }
  public UserThread(String threadName) {         //定义构造器 2
    super(threadName);                           //调用父类 Thread 的构造器,设置用户线程的名称
    sleepTime = (int)(Math.random() * 30000);   //生成一个随机数,设置线程的睡眠时间
  }
  public void run() {                            //覆盖 Thread 类中的 run 方法
    System.out.println("线程" + getName() + "输出:本线程的优先级是 " + getPriority());
    System.out.println("线程" + getName() + "输出:本线程即将开始长达 " + sleepTime + " 毫秒的睡眠...");

    try {                                        //执行 sleep 方法可能发生中断异常
      Thread.sleep(sleepTime);                   //通过线程睡眠模拟某项任务的执行过程
    } catch(InterruptedException e) {            //捕捉线程睡眠期间可能发生的中断异常
      System.out.println("发生 " + e.toString() + " 异常!");
    }

    System.out.println("线程" + getName() + "输出:本线程马上结束运行...");
  }
}
```

```
public class MultiThread {                              //主类
    public static void main(String args[]) {
        UserThread t0,t1;                               //定义 2 个 UserThread 类的引用变量

        t0 = new UserThread();
        t1 = new UserThread("NO 1");                    //创建名为 NO 1 的线程

        t0.start();   //启动线程
        t1.start();
        System.out.println("主线程输出：已经启动线程" + t0.getName() + "和线程" + t1.getName());
    }
}
```

程序运行结果如下：

主线程输出：已经启动线程 Thread–0 和线程 NO 1
线程 Thread–0 输出：本线程的优先级是 5
线程 NO 1 输出：本线程的优先级是 5
线程 Thread–0 输出：本线程即将开始长达 2533 毫秒的睡眠…
线程 NO 1 输出：本线程即将开始长达 24666 毫秒的睡眠…
线程 NO 1 输出：本线程马上结束运行…
线程 Thread–0 输出：本线程马上结束运行…

通过 Thread 类的子类创建线程时，大致需要以下 4 个步骤：

(1) 声明一个 Thread 类的子类。在本例中，UserThread 类即是 Thread 类的子类。

(2) 在子类 UserThread 中覆盖父类 Thread 的 run 方法，并在 run 方法中执行特定任务。在本例中，创建并执行用户线程是为了输出线程的名称和优先级以及线程的执行过程，这些任务都是在 UserThread 类的 run 方法中执行和完成的。换言之，run 方法用于定义线程体。

(3) 通过 Java 应用程序及其主线程创建线程对象。在本例主类 MultiThread 的 main 方法中，创建了 t0 和 t1 两个线程对象。线程 t0 的名称 Thread-0 是由 Java 系统指定的，线程 t1 的名称 NO 1 则是通过 UserThread 类的构造器指定的。

(4) 通过线程对象调用 start 方法启动线程。在本例中，start 方法是子类 UserThread 从父类 Thread 继承的，该方法将自动调用子类 UserThread 中的 run 方法，进而在 run 方法中执行特定的任务。

在本例中，线程对象 t0 和线程对象 t1 是在主线程 main 中创建的，并且这两个线程会沿用主线程 main 的优先级。因此，线程 Thread-0 和线程 NO 1 的优先级也都是 5。

在一个 Java 应用程序中，一旦启动优先级相同的多个线程，Java 系统会为这些线程轮流分配 CPU 资源。在本例中，线程 Thread-0、线程 NO 1 和主线程 main 的优先级都是 5，因此每个线程会轮流获得 CPU 资源执行各自的任务。所以，这 3 个线程是交叉执行的，3 个线程的输出也是交叉的。

当一个线程调用 Thread.sleep(long millis)方法时，该线程将交出 CPU 资源，供其他线程使用。此后，该线程将暂停运行并进入 TIMED_WAITING 状态。在经过由参数 millis

指定的一段时间之后，该线程将重新等待 Java 系统分配 CPU 资源以便继续执行任务。

此外，通过调用 Thread.sleep 方法可以在一个线程中模拟某项子任务的执行过程，但其间可能发生 InterruptedException 异常（且 InterruptedException 异常属于被检查异常），因此在程序中需要使用 try-catch 语句块对该异常进行捕捉和处理。

12.2.2　通过 Runnable 接口的实现类创建线程

通过 Runnable 接口的实现类创建线程时，首先需要声明一个 Runnable 接口的实现类，然后将该实现类的一个对象作为参数调用如下 Thread 类的构造器。

（1）Thread(Runnable target)，其中参数 target 表示一个引用变量，该引用变量能够指向 Runnable 接口实现类的对象。

（2）Thread(Runnable target，String name)，其中参数 target 表示一个引用变量，该引用变量能够指向 Runnable 接口实现类的对象。参数 name（String 对象）用来设置线程的名称。

【例 12-3】　通过 Runnable 接口的实现类创建线程。Java 源程序代码如下：

```java
//声明 MultiUserThread 类,并实现 Runnable 接口
class MultiUserThread implements Runnable {
    //实现 Runnable 接口中的抽象方法 run
    public void run() {
                                            //获取与当前运行线程对应的 Thread 对象
        Thread curr = Thread.currentThread();
        for(int i = 0;i < 2;i++) {          //每个线程循环 2 次
            System.out.println("线程 " + curr.getName() + " 第 " + (i + 1) + " 次循环");
            try {
                Thread.sleep((int)(Math.random() * 5000));   //使线程睡眠
            } catch(InterruptedException e) {   //捕捉可能发生的中断异常
                System.out.println("在 run 方法中发生 " + e.toString() + " 异常!");
            }
        }                                   //end of for
        System.out.println("线程 " + curr.getName() + " 马上结束运行...");
    }
}

public class ThreadByInterface {
    public static void main(String args[]) {
        Thread t0 = new Thread(new MultiUserThread());
        Thread t1 = new Thread(new MultiUserThread(),"NO 1");

        t0.start( );                        //启动线程
        t1.start( );
    }
}
```

程序运行结果如下：

线程 Thread - 0 第 1 次循环
线程 NO 1 第 1 次循环

线程 NO 1 第 2 次循环
线程 Thread-0 第 2 次循环
线程 Thread-0 马上结束运行…
线程 NO 1 马上结束运行…

通过 Runnable 接口的实现类创建线程时，大致需要以下几个步骤：

(1) 声明一个 Runnable 接口的实现类。Runnable 接口位于 java.lang 包。在 Runnable 接口中只定义了一个抽象方法 run。在本例中，MultiUserThread 类即是 Runnable 接口的实现类。

(2) 在 Runnable 接口的实现类中给出方法 run 的具体实现代码，并在其中执行特定的任务。在本例中，创建并执行用户线程是为了输出线程的执行过程，这些任务都是在 MultiUserThread 类的 run 方法中完成的。

(3) 通过 Java 应用程序及其主线程创建一个 Runnable 接口实现类的对象，并将该对象作为参数传递给 Thread 类的构造器，进而创建一个 Thread 类的线程对象。在本例主类 ThreadByInterface 的 main 方法中，代码 new MultiUserThread() 将创建一个 Runnable 接口实现类 MultiUserThread 的对象，然后该对象作为参数传递给 Thread 类的构造器 Thread(Runnable target)，即可创建线程 t0，但线程 t0 的名称 Thread-0 是由 Java 系统指定的。创建线程 t1 的方法与此类似，所不同的是调用 Thread 类的另一个构造器 Thread(Runnable target, String name)，因此可以在程序中将线程名称指定为 NO 1。

(4) 通过 Thread 类的线程对象调用 start 方法启动线程。在本例中，start 方法是在 Thread 类中定义的，该方法将自动调用 Runnable 接口实现类 MultiUserThread 中的 run 方法，进而在 run 方法中执行特定的任务。

注意：

(1) 在 Runnable 接口中只定义了一个抽象方法 run。

(2) 任何线程对象都属于 Runnable 接口的实现类。实际上，Thread 类也是 Runnable 接口的实现类。

(3) 在本例中，线程对象 t0 和线程对象 t1 是在主线程 main 中创建的，因此这两个线程都会沿用主线程 main 的优先级 5。由于有相同的优先级 5，线程对象 t0 和线程对象 t1 会轮流获得 CPU 资源，这两个线程的输出也因此是交叉的。

12.3 线程的基本状态

在其生命期内，一个线程有以下 4 种基本状态：

(1) NEW 状态。当使用 new 运算符创建一个线程对象时，线程首先进入 NEW 状态。

(2) RUNNABLE 状态。通过线程对象调用 start 方法启动线程，并由 start 方法自动调用 run 方法，线程会进入 RUNNABLE 状态。处于 RUNNABLE 状态的线程，既可能正在使用 Java 系统已分配的 CPU 资源执行 run 方法中的语句，也可能正在等待 Java 系统分配 CPU 资源以便执行 run 方法中的语句。

(3) TIMED_WAITING 状态。当一个正在使用 CPU 资源并执行 run 方法的线程调用 Thread.sleep(long millis) 方法时，该线程将暂停执行 run 方法中的语句并进入 TIMED_WAITING 状态。同时，Java 系统收回该线程的 CPU 资源使用权并交由其他线程使用。在经过由参数 millis 指定的一段时间之后，该线程将重新等待 Java 系统分配 CPU 资源以便继续执行 run 方法中的语句(即返回 RUNNABLE 状态)。

(4) TERMINATED 状态。当一个线程执行完 run 方法并退出 run 方法后,该线程所执行的特定任务完毕。此后,该线程处于 TERMINATED 状态。

通过编程可以测试用户定义线程的 4 种基本状态。

【例 12-4】 测试用户定义线程的 4 种基本状态。Java 源程序代码如下:

```java
//通过继承 Thread 类声明用户定义线程类 UserDefinedThread(即 Thread 类的子类)
class UserDefinedThread extends Thread {
    public void run() {                              //覆盖父类 Thread 中的 run 方法
        for (int i = 0; i < 2; i++) {
            System.out.println("用户定义线程输出:用户定义线程的状态为 " + getState());
            System.out.println("用户定义线程输出:用户定义线程即将开始睡眠...");
            try {                                    //执行 sleep 方法可能发生中断异常
                Thread.sleep(5000);                  //用户定义线程将进入 TIMED_WAITING 状态
            } catch(InterruptedException e) {        //捕捉可能发生的中断异常
                System.out.println("用户定义线程输出:发生 " + e.toString() + " 异常!");
            }
        }                                            //end of for
    }
}

public class ThreadState {
    public static void main(String args[]) {
        UserDefinedThread t = new UserDefinedThread();   //创建用户定义线程
        System.out.println("main 线程输出:用户定义线程的状态为 " + t.getState());

        t.start();                                   //启动用户定义线程
        System.out.println("main 线程输出:用户定义线程的状态为 " + t.getState());

        for (int i = 0; i < 2; i++) {
            System.out.println("main 线程输出:用户定义线程的状态为 " + t.getState());
            try {                                    //执行 sleep 方法可能发生中断异常
                Thread.sleep(7500);                  //main 线程将进入 TIMED_WAITING 状态
            } catch(InterruptedException e) {        //捕捉可能发生的中断异常
                System.out.println("main 线程输出:发生 " + e.toString() + " 异常!");
            }
        }                                            //end of for

        System.out.println("main 线程输出:用户定义线程的状态为 " + t.getState());
    }
}
```

程序运行结果如下:

```
main 线程输出:用户定义线程的状态为 NEW
main 线程输出:用户定义线程的状态为 RUNNABLE
main 线程输出:用户定义线程的状态为 RUNNABLE
用户定义线程输出:用户定义线程的状态为 RUNNABLE
用户定义线程输出:用户定义线程即将开始睡眠...
用户定义线程输出:用户定义线程的状态为 RUNNABLE
```

用户定义线程输出：用户定义线程即将开始睡眠……
main 线程输出：用户定义线程的状态为 TIMED_WAITING
main 线程输出：用户定义线程的状态为 TERMINATED

注意：

（1）在创建线程对象之后、通过线程对象调用 start 方法启动线程之前，用户定义线程处于 NEW 状态。

（2）处于 RUNNABLE 状态的线程，既可能正在使用 Java 系统已分配的 CPU 资源执行 run 方法，也可能正在等待 Java 系统分配 CPU 资源以便执行 run 方法。所以，一个线程的 RUNNABLE 状态也可能在该线程 run 方法以外的地方测试到，此时也表明该线程正在等待 Java 系统分配 CPU 资源以便执行 run 方法。

实际上，一个线程的各种状态都有可能在该线程 run 方法以外的地方测试到。在本例的 main 方法（即 main 线程）中，就先后测试到用户定义线程的 NEW、RUNNABLE、TIMED_WAITING 和 TERMINATED 4 种基本状态。

（3）当一个线程正在执行 run 方法时，能够且只能自己输出自身的 RUNNABLE 状态。换言之，一个线程在 run 方法中所输出的自身状态一定是 RUNNABLE 状态。

（4）每个线程只能启动一次。换言之，通过线程对象只能调用一次 start 方法。

（5）在本例中，用户定义线程和 main 线程的优先级都是 5，这两个线程会轮流获得 CPU 资源，两个线程的输出也因此是交叉的。

12.4 线程的优先级

当存在均处于 RUNNABLE 状态、但具有不同优先级的多个线程时，Java 系统会首先为优先级较高的线程分配 CPU 资源。因此，线程的优先级越高，线程获得 CPU 资源执行 run 方法的机会就越多。

在 Thread 类中定义了 3 个与线程优先级有关的常量。

（1）public static final int MAX_PRIORITY，最大优先级，值是 10。

（2）public static final int MIN_PRIORITY，最小优先级，值是 1。

（3）public static final int NORM_PRIORITY，默认优先级，值是 5。

在创建用户定义线程时，可以调用方法 setPriority(int newPriority) 为线程设置指定的优先级，但指定的优先级应该为 1～10 之间的整数。

【例 12-5】 线程的优先级。Java 源程序代码如下：

```java
class UserThread extends Thread {                    //声明父类 Thread 的子类
    UserThread(String name, int priority) {
        super(name);                                 //调用父类 Thread 的构造器,设置用户线程的名称
        setPriority(priority);                       //设置线程优先级
    }

    public void run() {
        System.out.println("线程 " + getName() + " 开始运行" + ",其优先级为 " + getPriority());
        try {                                        //执行 sleep 方法可能发生中断异常
```

```java
            Thread.sleep(20000);                    //用户定义线程将进入 TIMED_WAITING 状态
        } catch(InterruptedException e) {           //捕捉可能发生的中断异常
            System.out.println("用户定义线程输出：发生 " + e.toString() + " 异常！");
        }
        System.out.println("线程 " + getName() + " 运行结束！");
    }
}

public class ThreadPriority {                       //声明主类
    public static void main(String agrs[]) {
        Thread t1 = new UserThread("NO 1",Thread.MIN_PRIORITY);    //创建 3 个用户线程对象
        Thread t2 = new UserThread("NO 2",Thread.NORM_PRIORITY);
        Thread t3 = new UserThread("NO 3",Thread.MAX_PRIORITY);

        t1.start();                                 //最先启动优先级最低的线程 NO 1
        t2.start();
        t3.start();                                 //最后启动优先级最高的线程 NO 3
    }
}
```

程序运行结果如下：

线程 NO 1 开始运行,其优先级为 1
线程 NO 3 开始运行,其优先级为 10
线程 NO 2 开始运行,其优先级为 5
线程 NO 3 运行结束！
线程 NO 2 运行结束！
线程 NO 1 运行结束！

在本例中创建了 NO 1、NO 2 和 NO 3 共 3 个用户定义线程，这 3 个线程在运行期间会睡眠(暂停运行)相同的一段时间。线程 NO 1、NO 2 和 NO 3 的优先级依次增大，在 main 方法(即主线程)中最先启动优先级最低的线程 NO 1，最后启动优先级最高的线程 NO 3。由于线程的优先级越高，线程获得 CPU 资源执行 run 方法的机会就越多，所以最后启动的、优先级最高的线程 NO 3 可能会最先结束运行，反而最先启动的、优先级最低的线程 NO 1 可能会最后结束运行。

12.5 线程干扰及其解决办法

在【例 12-2】中，线程 Thread-0、线程 NO 1 和主线程 main 的优先级都是 5，Java 系统会为其中每个线程轮流分配 CPU 资源，因此每个线程获得 CPU 资源的机会是均等的，每个线程执行 run 方法的过程也就是交叉的。

在【例 12-5】中，即使最后启动的、优先级最高的线程 NO 3 获得 CPU 资源执行 run 方法的机会较多，3 个用户定义线程 NO 1、NO 2 和 NO 3 也可能是交叉执行和交叉输出的。

12.5.1 线程干扰

虽然优先级相同的线程获得 CPU 资源的机会是均等的，即使优先级较高的线程有更

多的机会获得 CPU 资源以便执行 run 方法,但在共享数据的情况下会产生线程干扰(Thread Interference),进而引发共享数据的不一致。

【例 12-6】 线程干扰。Java 源程序代码如下:

```java
class Counter {
  private int v = 0;

  public void increase() {
    System.out.print("+++Increasing...  ");              //①
    int temp = v;                                         //②
    temp = temp + 1;                                      //③
    v = temp;                                             //④
    System.out.println("+++The Value of Counter is " + v); //⑤
  }

  public void decrease() {
    System.out.print(" --- Decreasing...  ");             //❶
    int temp = v;                                         //❷
    temp = temp - 1;                                      //❸
    v = temp;                                             //❹
    System.out.println(" --- The Value of Counter is " + v); //❺
  }
}

class IncrementThread extends Thread {
  Counter counter;
  IncrementThread(Counter c) {  counter = c;  }
  public void run() {
    for (int i = 0; i < 2; i++) counter.increase();
  }
}

class DecrementThread extends Thread {
  Counter counter;
  DecrementThread(Counter c) {  counter = c;  }
  public void run() {
    for (int i = 0; i < 2; i++) counter.decrease();
  }
}

public class ThreadInterference {
  public static void main(String args[]) {
    Counter c = new Counter();
    IncrementThread it = new IncrementThread(c);
    DecrementThread dt = new DecrementThread(c);

    it.start();
    dt.start();
  }
}
```

在上述 Counter 类中,定义了 increase 和 decrease 方法。每调用一次 increase 方法,会使实例变量 v 的值增加 1；每调用一次 decrease 方法,会使实例变量 v 的值减少 1。

在 increase 方法中,5 条语句依次用①、②、③、④和⑤标注,其中标注为⑤的第 5 条语句会输出实例变量 v 的值；在 decrease 方法中,5 条语句同样依次用❶、❷、❸、❹和❺标注,其中标注为❺的第 5 条语句也会输出实例变量 v 的值。

在 Java 语言的方法调用及参数传递中引用变量按引用传递,即对于引用变量,Java 系统会将实际参数和形式参数指向同一个对象。因此,在 ThreadInterference 类的 main 方法中,通过调用 IncrementThread 类和 DecrementThread 类的构造器,同一 Counter 类对象 c 分别传递给 IncrementThread 类的线程对象 it 和 DecrementThread 类的线程对象 dt。这样,Counter 类对象 c 的实例变量 v 就成为线程 it 和线程 dt 的共享数据。在 IncrementThread 类的 run 方法中,线程 it 通过 Counter 类对象 c 调用了两次 increase 方法；对应地,在 DecrementThread 类的 run 方法中,线程 dt 通过同一 Counter 类对象 c 调用了两次 decrease 方法。所以,线程 it 和 dt 对同一 Counter 类对象 c 的实例变量 v 分别进行两次的增加 1 运算和两次的减少 1 运算。在正常情况下,无论最后是由线程 it 输出,还是由线程 dt 输出实例变量 v 的值,该值都应该是 0。

然而,在本例中最后输出的实例变量 v 的值并不一定是 0。究其原因,分析如下：

由于线程 it 和 dt 的优先级相同,因此在启动线程 it 和 dt 之后,increase 方法中的 5 条语句与 decrease 方法中的 5 条语句有可能被交叉执行。并且在线程 it 中两次调用 increase 方法,在线程 dt 中两次调用 decrease 方法,假设这一过程对应如下两组连续执行的语句：

第 1 组语句及其执行顺序：①→②→❶→❷→③→④→⑤→❸→❹→❺

输出的实例变量 v 的值：　　　　　　　　　　1　　　　-1

第 2 组语句及其执行顺序：❶→①→②→③→❷→④→⑤→❸→❹→❺

输出的实例变量 v 的值：　　　　　　　　　　0　　　　-2

在每组语句中,各调用了一次 increase 方法和 decrease 方法,而且 increase 方法中的 5 条语句与 decrease 方法中的 5 条语句被交叉执行。在执行相应语句时 Counter 类对象 c 的实例变量 v 也会随之发生改变。这样,当执行完这两组连续的语句之后,最后输出的实例变量 v 的值就是-2(正常情况下该值应该是 0),由此引发共享数据的不一致。

注意：

(1) 在运行本例程序时,由于在 IncrementThread 类和 DecrementThread 类的 run 方法中循环次数都只是两次,可能很难观察到共享数据的不一致。为此,可以将这两个 run 方法中的循环次数放大到 50 或 100 次,就容易观察到共享数据的不一致了。

(2) 当多个线程并行运行而且交替存取同一对象的实例变量(即共享数据)时,就容易因为线程干扰而引发共享数据的不一致。在本例中,线程 it 和线程 dt 就是并行运行的,当 increase 方法中的 5 条语句与 decrease 方法中的 5 条语句被交叉执行时,线程 it 和线程 dt 就会交替存取同一 Counter 类对象 c 的实例变量 v(即共享数据),并最终引发共享数据的不一致。

12.5.2 同步方法技术

为了解决线程干扰所引发的共享数据不一致,可以使用同步(Synchronization)技术。同步技术又分为同步方法(Synchronized Methods)和同步语句块(Synchronized Statements Block)两种。首先介绍同步方法技术。

简单地讲,同步方法技术就是在定义可能产生线程干扰的相关方法时使用关键字 synchronized。

【例12-7】 使用同步方法技术解决线程干扰。Java 源程序代码如下:

```
class Counter {
  private int v = 0;

  synchronized  public void increase() {
    System.out.print("+++Increasing...  ");               //①
    int temp = v;                                          //②
    temp = temp + 1;                                       //③
    v = temp;                                              //④
    System.out.println("+++The Value of Counter is " + v); //⑤
  }

  synchronized  public void decrease() {
    System.out.print(" --- Decreasing...  ");              //❶
    int temp = v;                                          //❷
    temp = temp - 1;                                       //❸
    v = temp;                                              //❹
    System.out.println(" --- The Value of Counter is " + v);//❺
  }
}

class IncrementThread extends Thread {
  Counter counter;
  IncrementThread(Counter c) {  counter = c;  }
  public void run() {
    for (int i = 0; i < 2; i++)  counter.increase();
  }
}

class DecrementThread extends Thread {
  Counter counter;
  DecrementThread(Counter c) {  counter = c;  }
  public void run() {
    for (int i = 0; i < 2; i++)  counter.decrease();
  }
}

public class SynchronizedMethod {
  public static void main(String args[]) {
    Counter c = new Counter();
```

```
        IncrementThread it = new IncrementThread(c);
        DecrementThread dt = new DecrementThread(c);

        it.start();
        dt.start();
    }
}
```

除用下划线标注的代码外,本例代码与前例代码完全相同。

在本例中定义 Counter 类的 increase 和 decrease 方法时,均使用了关键字 synchronized。因此,increase 和 decrease 方法均是同步方法。这样,当线程 it 通过 Counter 类对象 c 调用 increase 方法时,线程 it 会取得对象 c 的监视器锁(Monitor Lock),并将对象 c 锁进监视器(Monitor)。此时,试图通过同一 Counter 类对象 c 调用 decrease 方法的线程 dt 则会进入 BLOCKED 状态,而且线程 dt 必须等待线程 it 调用 increase 方法结束(即 increase 方法中的 5 条语句都被执行)。线程 it 调用 increase 方法结束后,对象 c 会从监视器中释放出来。此时,线程 dt 才可能取得对象 c 的监视器锁。

类似地,当线程 dt 取得对象 c 的监视器锁、并通过对象 c 调用 decrease 方法时,也会将对象 c 锁进监视器。而试图通过同一对象 c 调用 increase 方法的线程 it 同样会进入 BLOCKED 状态,而且线程 it 也必须等待线程 dt 调用 decrease 方法结束(即 decrease 方法中的 5 条语句都被执行)。

由于使用同步方法技术,increase 方法中的 5 条语句与 decrease 方法中的 5 条语句不可能被交叉执行,从而解决了线程干扰问题。这样,无论最后是由线程 it 输出,还是由线程 dt 输出实例变量 v 的值,该值都会是 0,从而消除了共享数据的不一致。

12.5.3 同步语句块技术

在使用同步语句块技术解决线程干扰时,需要在一个方法内使用关键字 synchronized 将可能被交叉执行、进而引发共享数据不一致的若干条语句构成语句块。基本语法格式如下:

```
synchronized (referenceVariable) {
    …
    通过引用变量 referenceVariable 调用方法的语句
            或者
    通过引用变量 referenceVariable 访问实例变量的语句
    …
}
```

【例 12-8】 使用同步语句块技术解决线程干扰。Java 源程序代码如下:

```
class Counter {
    private int v = 0;

    public void increase() {
        System.out.print("+++Increasing... ");           //①
        int temp = v;                                     //②
```

```java
        temp = temp + 1;                                       //③
        v = temp;                                              //④
        System.out.println("+++The Value of Counter is " + v); //⑤
    }

    public void decrease() {
        System.out.print(" --- Decreasing...   ");             //❶
        int temp = v;                                          //❷
        temp = temp - 1;                                       //❸
        v = temp;                                              //❹
        System.out.println(" --- The Value of Counter is " + v); //❺
    }
}

class IncrementThread extends Thread {
    Counter counter;
    IncrementThread(Counter c) {   counter = c;   }
    public void run() {
        for (int i = 0; i < 2; i++)
            synchronized (counter) {   counter.increase();   }
    }
}

class DecrementThread extends Thread {
    Counter counter;
    DecrementThread(Counter c) {   counter = c;   }
    public void run() {
        for (int i = 0; i < 2; i++)
            synchronized (counter) {   counter.decrease();   }
    }
}

public class SynchronizedStatementsBlock {
    public static void main(String args[]) {
        Counter c = new Counter();
        IncrementThread it = new IncrementThread(c);
        DecrementThread dt = new DecrementThread(c);

        it.start();
        dt.start();
    }
}
```

除用下划线标注的代码外,本例代码与【例12-6】代码完全相同。

在本例 IncrementThread 类的 run 方法中,对通过引用变量 counter 调用 increase 方法的语句进行了同步。类似地,在 DecrementThread 类的 run 方法中,也对通过引用变量 counter 调用 decrease 方法的语句进行了同步。

同样是由于监视器及其锁的作用,increase 方法中的 5 条语句与 decrease 方法中的 5 条语句不可能被交叉执行,同样解决了线程干扰问题,也消除了共享数据的不一致。

12.5.4 测试线程的 BLOCKED 状态

当使用同步技术解决线程干扰所引发的共享数据不一致时,Java 系统会为每个相关对象配置一个监视器锁,并以独占方式在相关线程之间分派该对象的监视器锁。这样,无法从 Java 系统取得监视器锁的线程必须等待持有监视器锁的线程释放监视器锁。此时,无法取得监视器锁的线程会从 RUNNABLE 状态转入 BLOCKED 状态。

在主类的 main 方法中,通过 main 线程可以测试到用户定义线程的 NEW、RUNNABLE、TIMED_WAITING 和 TERMINATED 状态。此外,在使用同步方法技术时,通过 main 线程还可以测试到用户定义线程的 BLOCKED 状态。

【例 12-9】 在使用同步方法技术时测试线程的 BLOCKED 状态。Java 源程序代码如下:

```
class Counter {
  private int v = 0;

  synchronized   public void increase() {
    System.out.print("+++ Increasing...   ");          //①
    int temp = v;                                       //②
    temp = temp + 1;                                    //③
    v = temp;                                           //④
    System.out.println("+++The Value of Counter is " + v);  //⑤
  }

  synchronized   public void decrease() {
    System.out.print(" --- Decreasing...   ");         //❶
    int temp = v;                                       //❷
    temp = temp - 1;                                    //❸
    v = temp;                                           //❹
    System.out.println(" --- The Value of Counter is " + v);//❺
  }
}

class IncrementThread extends Thread {
  Counter counter;
  IncrementThread(Counter c) {   counter = c;   }
  public void run() {
     for (int i = 0; i < 20; i++)   counter.increase();      //放大调用同步方法的循环次数
  }
}

class DecrementThread extends Thread {
  Counter counter;
  DecrementThread(Counter c) {   counter = c;   }
  public void run() {
     for (int i = 0; i < 20; i++)   counter.decrease();      //放大调用同步方法的循环次数
  }
```

```java
    }

public class BlockedStateTest {
  public static void main(String args[]) {
    Counter c = new Counter();
    IncrementThread it = new IncrementThread(c);
    DecrementThread dt = new DecrementThread(c);

    it.start();
    dt.start();

    //循环测试线程的状态(主要是为了测试线程的 BLOCKED 状态)
    for (int i = 0;i < 20;i++)
      System.out.println("线程 it 的状态为: " + it.getState() + ",线程 dt 的状态为: " + dt.getState());
  }
}
```

程序运行结果(部分)如下：

…
+++Increasing...　　+++The Value of Counter is 6
+++Increasing...　　+++The Value of Counter is 7
+++Increasing...　　线程 it 的状态为：RUNNABLE,线程 dt 的状态为：BLOCKED
线程 it 的状态为：BLOCKED,线程 dt 的状态为：BLOCKED
线程 it 的状态为：BLOCKED,线程 dt 的状态为：BLOCKED
+++The Value of Counter is 8
线程 it 的状态为：RUNNABLE,线程 dt 的状态为：BLOCKED
…

除用下划线标注的代码外,本例代码与【例 12-7】代码完全相同。

线程 it 和线程 dt 都是由 main 线程创建的,所以可以在主类的 main 方法中增加测试线程 it 和线程 dt 状态的 for 循环语句及相应代码。

在 IncrementThread 类和 DecrementThread 类的 run 方法中,分别对调用同步方法 increase 和 decrease 的循环次数进行了放大,这样容易测试到线程 it 和线程 dt 的 BLOCKED 状态。

注意：与【例 12-7】类似,本例使用同步方法技术解决了线程 it 与线程 dt 之间的相互干扰,当然也不会引发共享数据的不一致。然而从程序运行结果可以看出,main 线程的输出与线程 it(或线程 dt)的输出仍然是交叉的。

12.6　线程间通信

线程之间不仅可以共享代码和数据,有时还需要使用同步技术进行通信,以协调彼此之间的执行进度。

12.6.1　生产者-消费者模型

生产者-消费者模型(Producer-Consumer Model)是线程间通信的基础模型。

在该模型中,生产线程生产数据,然后通知消费线程数据已经准备就绪,此时消费线程才能开始消费数据;消费线程消费数据之后,通知生产线程数据已经被消费,此时生产线程才又开始生产新的数据。之后,生产线程生产数据与消费线程消费数据的过程继续交替进行。在这期间,数据是共享的——消费线程消费的数据是由生产线程生产的,生产线程生产的数据是供消费线程消费的。

此外,在该模型中,还必须协调生产线程与消费线程之间的执行进度。在生产线程生产出数据之前,消费线程必须等待,直至接收到来自生产线程的通知才开始消费数据。类似地,在消费线程消费完数据之前,生产线程也必须等待,直至接收到来自消费线程的通知才开始生产新数据。

【例 12-10】 生产者-消费者模型。Java 源程序代码如下:

```java
class SharedData {
  private int data;                                    //用于存储共享数据
  //dataUseFlag 是 boolean 类型的实例变量,用于协调生产线程和消费线程之间的执行进度
  private boolean dataUseFlag = true;

  synchronized void produceData() {
    if (!dataUseFlag) {                                //如果消费线程尚未消费数据
      try {
        wait();                                        //生产线程必须等待
      } catch(InterruptedException e) {
        System.out.println("在 produceData 方法中发生 " + e.toString() + " 异常!");
      }
    }                                                  //end of if

    try {                                              //开始生产数据并将其存储于实例变量 data
      data = (int)(Math.random() * 100);   System.out.print("生产数据: " + data);
      dataUseFlag = false;
      Thread.sleep(1000);                              //通过睡眠模拟生产过程
    } catch(InterruptedException e) {
      System.out.println("在 produceData 方法中发生 " + e.toString() + " 异常!");
    }

    notify();                                          //通知消费线程
  }

  synchronized void consumeData() {
    if (dataUseFlag) {                                 //如果生产线程尚未生产出数据
      try {
        wait();                                        //消费线程必须等待
      } catch(InterruptedException e) {
        System.out.println("在 consumeData 方法中发生 " + e.toString() + " 异常!");
      }
    }                                                  //end of if

    try {                                              //开始消费存储于实例变量 data 中的数据
      System.out.println(",\t 消费数据: " + data);
      dataUseFlag = true;
```

```java
      Thread.sleep(500);                              //通过睡眠模拟消费过程
    } catch(InterruptedException e) {
      System.out.println("在consumeData方法中发生 " + e.toString() + " 异常!");
    }

    notify();                                          //通知生产线程
  }
}

class DataProducer implements Runnable {
  SharedData sd;
  DataProducer(SharedData s) {   sd = s;   }
  public void run() {                                  //进行5次数据生产
    for(int i = 0;i < 5;i++) sd.produceData();
  }
}

class DataConsumer implements Runnable {
  SharedData sd;
  DataConsumer(SharedData s) {   sd = s;   }
  public void run() {                                  //进行5次数据消费
    for(int i = 0;i < 5;i++) sd.consumeData();
  }
}

public class ThreadCommunication {
  public static void main(String args[]) {
    SharedData sd = new SharedData();
    Thread pt = new Thread(new DataProducer(sd));      //创建生产线程
    Thread ct = new Thread(new DataConsumer(sd));      //创建消费线程

    pt.start();
    ct.start();
  }
}
```

程序运行结果如下：

生产数据：57,　　　消费数据：57
生产数据：37,　　　消费数据：37
生产数据：78,　　　消费数据：78
生产数据：58,　　　消费数据：58
生产数据：51,　　　消费数据：51

在本例 ThreadCommunication 类的 main 方法中，通过调用 DataProducer、DataConsumer 以及 Thread 类的构造器，同一 SharedData 类对象 sd 均传递给生产线程 pt 和消费线程 ct。生产线程 pt 通过对象 sd 调用 produceData 方法并在该方法中访问对象 sd 的实例变量 data 和 dataUseFlag，消费线程 ct 则通过对象 sd 调用 consumeData 方法并在该方法中也访问对象 sd 的实例变量 data 和 dataUseFlag。这样，对象 sd 的实例变量 data 和 dataUseFlag 就成为生产线程 pt 和消费线程 ct 的共享数据。此外，为了保证共享数据的一致性，还将

produceData 和 consumeData 方法定义为同步方法。

在 SharedData 类中，实例变量 data 的作用如下：不仅生产线程 pt 将所生产的数据存储于实例变量 data，而且消费线程 ct 所要消费的数据也来自于实例变量 data。而 boolean 类型的实例变量 dataUseFlag 则用于协调生产线程 pt 和消费线程 ct 之间的执行进度——dataUseFlag 的值为 true，表示生产线程 pt 尚未生产出数据（或消费线程 ct 已经消费数据），此时需要生产线程 pt 生产数据，而消费线程 ct 则必须等待。dataUseFlag 的值为 false，表示消费线程 ct 尚未消费数据（或生产线程 pt 已经生产出数据），此时需要消费线程 ct 消费数据，而生产线程 pt 则必须等待。

此外，生产线程 pt 在 DataProducer 类的 run() 方法中通过 SharedData 类对象 sd 调用同步方法 produceData()，可以完成数据生产任务；而消费线程 ct 在 DataConsumer 类的 run() 方法中通过同一 SharedData 类对象 sd 调用同步方法 consumeData()，则可以完成数据消费任务。

在本例中，生产线程 pt 生产数据的过程与消费线程 ct 消费数据的过程按照如下方式交替进行：起初，实例变量 dataUseFlag 的初始值为 true，表示生产线程 pt 尚未生产出数据，因此需要生产线程 pt 生产数据。在生产线程 pt 生产数据的同时，消费线程 ct 必须等待生产线程 pt 的通知。在生产出数据并将其存储于实例变量 data 之后，生产线程 pt 将实例变量 dataUseFlag 的值设置为 false（表示生产线程 pt 已经生产出数据），然后通知消费线程 ct 数据已经准备就绪，此时消费线程 ct 才能开始消费数据。在消费线程 ct 消费数据的同时，生产线程 pt 必须等待消费线程 ct 的通知。在消费存储于实例变量 data 的数据之后，消费线程 ct 将实例变量 dataUseFlag 的值设置为 true（表示消费线程 ct 已经消费数据），然后通知生产线程 pt 数据已经被消费，此时生产线程 pt 才又开始生产新的数据。此后，生产线程 pt 生产数据与消费线程 ct 消费数据的过程继续交替进行。

为了协调生产线程 pt 和消费线程 ct 之间的执行进度，在程序中主要采用了如下两种措施。

（1）在生产线程 pt 和消费线程 ct 之间共享 boolean 类型的实例变量 dataUseFlag。通过判断实例变量 dataUseFlag 的布尔值，生产线程 pt 能够做出等待或生产数据的决定，而消费线程 ct 则能够做出等待或消费数据的决定。

（2）在同步方法 produceData 和 consumeData 中调用 wait() 和 notify() 方法。

当 boolean 类型共享变量 dataUseFlag 的值为 false 时，消费线程 ct 尚未消费数据，为此生产线程 pt 会在方法 produceData 中调用 wait() 方法，这样可以使生产线程 pt 从 RUNNABLE 状态转入 WAITING 状态。对应地，当 boolean 类型共享变量 dataUseFlag 的值为 true 时，生产线程 pt 尚未生产出数据，为此消费线程 ct 会在方法 consumeData 中调用 wait() 方法，这样也可以使消费线程 ct 从 RUNNABLE 状态转入 WAITING 状态。

在生产出数据并将其存储于共享实例变量 data 之后，生产线程 pt 会在方法 produceData 中调用 notify() 方法，这样会使消费线程 ct 从 WAITING 状态返回 RUNNABLE 状态，并做好消费数据的准备。对应地，在消费存储于共享实例变量 data 的数据之后，消费线程 ct 会在方法 consumeData 中调用 notify() 方法，这样会使生产线程 pt 从 WAITING 状态返回 RUNNABLE 状态，并做好生产数据的准备。

注意： 只有在同步方法中才能调用 wait() 和 notify() 方法。

12.6.2 线程的各种状态及其转换

在 Java 多线程技术中,一个线程可以处于 NEW、RUNNABLE、TIMED_WAITING、TERMINATED、BLOCKED 和 WAITING 六种状态之一。图 12-1 描述了线程的各种状态及其相互转换。

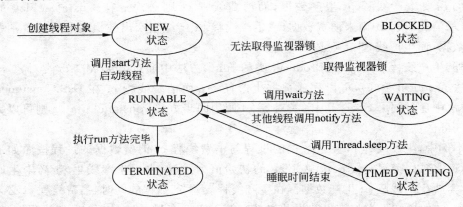

图 12-1 线程状态及其转换

当使用 new 运算符、并调用 Thread 类的构造器创建一个线程对象时,线程首先进入 NEW 状态。

通过线程对象调用 start 方法启动线程,并由 start 方法自动调用 run 方法,线程会进入 RUNNABLE 状态。处于 RUNNABLE 状态的线程,既可能正在使用 Java 系统已分配的 CPU 资源执行 run 方法中的语句,也可能正在等待 Java 系统分配 CPU 资源以便执行 run 方法中的语句。

当一个正在使用 CPU 资源并执行 run 方法的线程调用 Thread.sleep(long millis) 方法时,该线程将暂停执行 run 方法中的语句并进入 TIMED_WAITING 状态。同时,Java 系统收回该线程的 CPU 资源使用权并交由其他线程使用。在经过由参数 millis 指定的一段时间之后,该线程将重新等待 Java 系统分配 CPU 资源以便继续执行 run 方法中的语句(即返回 RUNNABLE 状态)。

当一个线程执行完 run 方法并退出 run 方法后,该线程所执行的特定任务完毕。此后,该线程处于 TERMINATED 状态。

如果调用同步方法或执行同步语句块的线程无法从 Java 系统取得一个对象的监视器锁,则会从 RUNNABLE 状态转入 BLOCKED 状态。当一个线程释放所占用的对象监视器锁时,Java 系统会使处于 BLOCKED 状态的相关线程返回 RUNNABLE 状态。

在使用同步技术的线程间通信中,调用 wait()方法的线程会从 RUNNABLE 状态转入 WAITING 状态,而调用 notify()方法的线程则会使处于 WAITING 状态的相关线程返回 RUNNABLE 状态。

在具有通信功能的多线程 Java 应用程序中,可以测试到线程的 6 种不同状态。

【例 12-11】 在前例基础上,测试生产线程和消费线程的不同状态。Java 源程序代码如下:

```java
//本例Java源程序必须和前例Java源程序在同一包中
public class AdvancedThreadStatus {
  public static void main(String args[]) {
    SharedData sd = new SharedData();
    Thread pt = new Thread(new DataProducer(sd));            //创建生产线程
    Thread ct = new Thread(new DataConsumer(sd));            //创建消费线程
    System.out.println("main 线程输出：生产线程的状态为 " + pt.getState() + ",消费线程的状态为 " + ct.getState());

    pt.start();                                              //启动生产线程
    ct.start();                                              //启动消费线程
    System.out.println("main 线程输出：生产线程的状态为 " + pt.getState() + ",消费线程的状态为 " + ct.getState());

    for (int i = 0;i < 5;i++) {
      try {
        Thread.sleep(1700);
      } catch(InterruptedException e) {
        System.out.println("main 线程输出：发生 " + e.toString() + " 异常!");
      }
      System.out.println("main 线程输出(for 语句中)：生产线程的状态为 " + pt.getState() + ",消费线程的状态为 " + ct.getState());
    } //end of for

    System.out.println("main 线程输出：生产线程的状态为 " + pt.getState() + ",消费线程的状态为 " + ct.getState());
  }
}
```

程序运行结果如下：

```
main 线程输出：生产线程的状态为 NEW,消费线程的状态为 NEW
main 线程输出：生产线程的状态为 RUNNABLE,消费线程的状态为 RUNNABLE
生产数据：27,          消费数据：27
生产数据：14main 线程输出(for 语句中)：生产线程的状态为 TIMED_WAITING,消费线程的状态为 WAITING,          消费数据：14
生产数据：45main 线程输出(for 语句中)：生产线程的状态为 TIMED_WAITING,消费线程的状态为 BLOCKED,          消费数据：45
生产数据：97main 线程输出(for 语句中)：生产线程的状态为 TIMED_WAITING,消费线程的状态为 WAITING,          消费数据：97
生产数据：36main 线程输出(for 语句中)：生产线程的状态为 RUNNABLE,消费线程的状态为 WAITING,
          消费数据：36
main 线程输出(for 语句中)：生产线程的状态为 TERMINATED,消费线程的状态为 TERMINATED
main 线程输出：生产线程的状态为 TERMINATED,消费线程的状态为 TERMINATED
```

思考题：为什么本例Java源程序必须和前例Java源程序在同一包中？

12.6.3 应用举例：模拟库存管理流程

库存管理(Inventory Management)是商品流通企业的一项重要业务，其业务流程大致如下：仓库管理部门对来自销售部门的客户订单逐张进行处理——如果货物的当前库存量小于客户订货量,则首先需要从供应商处采购货物,然后才能向客户发货。如果货物的当前库存量等于或大于客户订货量,就可以直接向客户发货。利用线程间通信,可以模拟库存管理的业务流程。

【例 12-12】 利用线程间通信模拟库存管理流程。Java 源程序代码如下:

```java
class Warehouse {
  int currentStock;                                    //货物当前库存量
  //stopPurchaseThread 的值为 false,表示继续采购线程; stopPurchaseThread 的值为 true,表示停
止采购线程
  boolean stopPurchaseThread = false;
  //beginPurchase 的值为 false,表示暂时不需要启动采购活动或一次采购活动结束;
  //beginPurchase 的值为 true,表示需要启动一次采购活动
  boolean beginPurchase = false;

  Warehouse(int initialStock) {  currentStock = initialStock;   }
  synchronized void process() {                        //订单处理过程
    for (int i = 1; i <= 3; i++) {                     //模拟处理 3 张订单
      System.out.println(" --- ***** 开始处理第" + i + "张订单 ***** ");
      //随机生成客户订货量 orderAmount,并将其控制在 100 个单位以内
      int orderAmount = ((int)(Math.random() * 100));
      System.out.print(" --- 接收客户订货" + orderAmount + "个单位,");

      if (currentStock < orderAmount) {                //如果当前库存量小于客户订货量,需要先采购
        System.out.println("但当前库存量小于客户订货量,需要先采购并等待进货......");
        beginPurchase = true;                          //准备启动一次采购活动
        notify();                                      //通知采购线程
        try {
          wait();                                      //等待采购线程的通知
        } catch(InterruptedException e) {
          System.out.println("在 process 方法中发生 " + e.toString() + " 异常!");
        }
      }                                                //end of if

      System.out.print(" --- 开始出库" + orderAmount + "个单位......");
      try {
        Thread.sleep(1000);                            //通过睡眠模拟出库过程
      } catch(InterruptedException e) {
        System.out.println("在 process 方法中发生 " + e.toString() + " 异常!");
      }

      currentStock -= orderAmount;
      System.out.println("出库完成,库存量变为" + currentStock + "个单位");
    }                                                  //end of for

    stopPurchaseThread = true;                         //准备停止采购线程
    System.out.println(" --- ***** 由订单处理线程通知采购线程模拟过程结束 ***** ");
    notify();                                          //通知采购线程
  }
  synchronized void purchase() {                       //采购过程
    while (!stopPurchaseThread) {                      //继续采购线程
```

```java
        if (beginPurchase) {                            //启动一次采购活动
          System.out.print("+++开始采购100个单位……");
          try {
            Thread.sleep(1000);                         //通过睡眠模拟采购过程
          } catch(InterruptedException e) {
            System.out.println("在purchase方法中发生 " + e.toString() + " 异常!");
          }

          currentStock += 100;                          //每次采购和入库100个单位
          System.out.println("入库完成,库存量变为" + currentStock + "个单位");
          beginPurchase = false;                        //一次采购活动结束
          notify();                                     //通知订单处理线程
        }                                               //end of if

        try {
          wait();                                       //等待订单处理线程的通知
        } catch(InterruptedException e) {
          System.out.println("在purchase方法中发生 " + e.toString() + " 异常!");
        }
      }                                                 //end of while
  }
}

class ProcessThread implements Runnable {               //订单处理线程
  Warehouse warehouseObject;

  ProcessThread(Warehouse wObject) {   warehouseObject = wObject;   }
  public void run() {   warehouseObject.process();   }
}

class PurchaseThread implements Runnable {              //采购线程
  Warehouse warehouseObject;

  PurchaseThread(Warehouse wObject) {   warehouseObject = wObject;   }
  public void run() {   warehouseObject.purchase();   }
}

public class InventoryManagement {
  public static void main(String args[]) {
    Warehouse wObject = new Warehouse(50);              //设置初始库存为50
    System.out.println("设置初始库存为" + wObject.currentStock + "个单位");
    Thread processThread = new Thread(new ProcessThread(wObject));
    Thread purchaseThread = new Thread(new PurchaseThread(wObject));

    processThread.start();                              //启动订单处理线程
    purchaseThread.start();                             //启动采购线程
  }
}
```

程序运行结果如下:

```
设置初始库存为 50 个单位
--- ***** 开始处理第 1 张订单 *****
--- 接收客户订货 60 个单位,但当前库存量小于客户订货量,需要先采购并等待进货……
+++开始采购 100 个单位……入库完成,库存量变为 150 个单位
--- 开始出库 60 个单位……出库完成,库存量变为 90 个单位
--- ***** 开始处理第 2 张订单 *****
--- 接收客户订货 19 个单位, --- 开始出库 19 个单位……出库完成,库存量变为 71 个单位
--- ***** 开始处理第 3 张订单 *****
--- 接收客户订货 72 个单位,但当前库存量小于客户订货量,需要先采购并等待进货……
+++开始采购 100 个单位……入库完成,库存量变为 171 个单位
--- 开始出库 72 个单位……出库完成,库存量变为 99 个单位
--- ***** 由订单处理线程通知采购线程模拟过程结束 *****
```

本例仅模拟了一种货物的库存管理流程。为此,在 InventoryManagement 类的 main 方法中创建并启动了订单处理线程 processThread 和采购线程 purchaseThread。通过调用 ProcessThread、PurchaseThread 以及 Thread 类的构造器,同一 Warehouse 类对象 wObject 均传递给订单处理线程 processThread 和采购线程 purchaseThread。订单处理线程 processThread 在 ProcessThread 类的 run 方法中通过 Warehouse 类对象 wObject 调用 process 方法,可以完成订单处理任务;而采购线程 purchaseThread 在 PurchaseThread 类的 run 方法中通过同一 Warehouse 类对象 wObject 调用 purchase 方法,可以完成货物采购任务。

此外,订单处理线程 processThread 通过对象 wObject 调用 process 方法并在该方法中访问对象 wObject 的实例变量 currentStock、stopPurchaseThread 和 beginPurchase,采购线程 purchaseThread 通过对象 wObject 调用 purchase 方法并在该方法中同样访问对象 wObject 的实例变量 currentStock、stopPurchaseThread 和 beginPurchase。这样,对象 wObject 的实例变量 currentStock、stopPurchaseThread 和 beginPurchase 就成为订单处理线程 processThread 和采购线程 purchaseThread 的共享数据。为了保证共享数据的一致性,需要将 Warehouse 类的 process 和 purchase 方法定义为同步方法。

在 Warehouse 类中,实例变量 currentStock 用于存储货物的当前库存量——当在采购线程 purchaseThread 中货物入库完成时,该变量的值增加 100;当在订单处理线程 processThread 中货物出库完成时,该变量减少相应的值。boolean 类型的实例变量 stopPurchaseThread 用于控制采购线程 purchaseThread 的循环进度(即 purchase 方法中的 while 循环次数)——stopPurchaseThread 的(初始)值为 false,表示需要继续采购线程(即继续 purchase 方法中的 while 循环)。在订单处理线程 processThread 中处理 3 张订单后(即 process 方法中的 for 循环结束),stopPurchaseThread 的值被修改为 true,表示将要停止采购线程(即终止 purchase 方法中的 while 循环)。boolean 类型的实例变量 beginPurchase 用于控制采购活动——beginPurchase 的(初始)值为 false,表示暂时不需要启动采购活动或一次采购活动结束;beginPurchase 的值为 true,表示需要启动一次采购活动。

为了模拟库存管理流程,订单处理线程 processThread 和采购线程 purchaseThread 按照如下步骤交替进行并相互通信。

(1)首先启动订单处理线程 processThread,然后启动采购线程 purchaseThread。

（2）订单处理线程 processThread 接收一次客户订货。

（2.1）如果当前库存量（实例变量 currentStock 的值）小于客户订货量（局部变量 orderAmount 的值），订单处理线程 processThread 会将 boolean 类型实例变量 beginPurchase 的值赋值为 true 并调用 notify()方法通知采购线程 purchaseThread 准备启动一次采购活动，接着调用 wait()方法从 RUNNABLE 状态转入 WAITING 状态并开始等待采购线程 purchaseThread 的通知。然后转到第(3)步。

（2.2）当前库存量（实例变量 currentStock 的值）等于或大于客户订货量（局部变量 orderAmount 的值）时，订单处理线程 processThread 就会开始货物出库，并将当前库存量（实例变量 currentStock 的值）减少相应的值，接着准备接收下一次客户订货。然后重新第(2)步。

（2.3）当订单处理线程 processThread 处理完 3 张订单后（即 process 方法中的 for 循环结束），boolean 类型实例变量 stopPurchaseThread 的值被修改为 true，然后订单处理线程 processThread 会调用 notify()方法通知采购线程 purchaseThread 停止，之后订单处理线程 processThread 会自动结束。然后转到第(3)步。

（3）采购线程 purchaseThread 在每次开始 purchase 方法中的 while 循环之前，首先判断 boolean 类型实例变量 stopPurchaseThread 的值。

（3.1）如果实例变量 stopPurchaseThread 的值为 false，采购线程 purchaseThread 会继续执行（即继续 purchase 方法中的 while 循环）。

（3.1.1）采购线程 purchaseThread 进一步判断 boolean 类型实例变量 beginPurchase 的值。如果实例变量 beginPurchase 的值为 true，采购线程 purchaseThread 会启动一次采购活动——每次采购 100 个单位的货物并增加实例变量 currentStock 的值。接着，采购线程 purchaseThread 会将实例变量 beginPurchase 的值修改为 false，并调用 notify()方法通知订单处理线程 processThread 货物入库完成。

（3.1.2）采购线程 purchaseThread 调用 wait()方法从 RUNNABLE 状态转入 WAITING 状态并开始等待订单处理线程 processThread 的下一次通知。

（3.2）如果实例变量 stopPurchaseThread 的值为 true，采购线程 purchaseThread 会自动结束（即终止 purchase 方法中的 while 循环）。

12.6.4　应用举例：改进库存管理流程

前例多线程 Java 应用程序模拟了一种货物的库存管理流程。在订单处理线程 processThread 中，每次客户订货量被控制在 100 个单位以内。在采购线程 purchaseThread 中，每次货物采购量被固定为 100 个单位。在这种情况下，即使货物的当前库存量小于某次客户订货量，一次采购 100 个单位的货物也可以满足客户订货需求。

但在实际中，客户订货量是一个随机值，也无法将其控制在一个较小和相对稳定的范围内。因此，有时需要根据客户订货量动态调整货物采购量，而不能将货物采购量设定为一个固定值。

此外，在库存管理中还需要考虑以下因素：

（1）对客户需求的响应时间。如果货物的当前库存量小于客户订货量，必须先采购后发货，而由此产生的采购周期会增加客户等待时间。反之，如果货物的当前库存量等于或大于客户订货量,则可以直接出货,这样客户就不用等待较长时间。因此,保持一定的货物库存量有利于缩短客户等待时间,从而对客户需求做出快速响应。

(2) 库存成本。虽然保持一定的货物库存量有利于缩短客户等待时间,但同时会增加仓库建设费用(或仓库租金)、设备投资成本以及水、电和人工等日常运作费用等库存成本。因此,需要对存库上限进行适当控制。

(3) 采购成本。采购成本包括与供应商之间的通信联系费用、货物的运输费用等。一般来说,采购次数越多,采购成本就越高。此外,单次采购量越大,供应商所提供的折扣也会越多,货物的单位进价就会越低。因此,减少采购次数、增大单次采购量有利于降低采购总成本。

综合考虑和权衡以上因素,在库存管理中通常采用以下策略和方法:

(1) 设置安全库存。安全库存代表货物库存量的下限,设置合理的安全库存可以满足小批量的客户订货需求,从而保证或提高对客户需求的响应速度。当货物当前库存量小于安全库存时,需要立即启动新一次的采购活动。

(2) 限制最大库存。最大库存代表货物库存量的上限,设置并限制最大库存有利于降低和控制库存成本。

(3) 动态调整单次采购量。在每次采购货物时,既要考虑当前库存量和安全库存,又要考虑最大库存的限制和采购成本,还要根据客户订货量动态地计算和调整货物的单次采购量。

如果利用线程间通信模拟库存管理中的以上策略和方法,就需要对前例多线程 Java 应用程序进行改进。

【例 12-13】 对多线程模拟库存管理流程的改进。Java 源程序代码如下:

```java
class Warehouse {
    int safetyStock = 50;                    //安全库存
    int maxStock = 300;                      //最大库存
    int orderNumber;                         //订单张数
    int orderAmount;                         //一次客户订货量
    int currentStock;                        //当前库存量
    //stopPurchaseThread 的值为 false,表示继续采购进程;stopPurchaseThread 的值为 true,表示停
    //止采购进程
    boolean stopPurchaseThread = false;
    //beginPurchase 的值为 false,表示暂时不需要启动采购活动或一次采购活动结束;
    //beginPurchase 的值为 true,表示需要启动一次采购活动
    boolean beginPurchase = false;

    Warehouse(int initialStock, int orderNum) {
        currentStock = initialStock;
        orderNumber = orderNum;
    }
    synchronized void process() {            //订单处理过程
        for (int i = 1; i <= orderNumber; i++) {
            System.out.println("***** 开始处理第" + i + "张订单 *****");
            //随机生成客户订货量,但将其控制在 500 个单位以内
            orderAmount = (int)(Math.random() * 500);
            System.out.print("接受客户订货" + orderAmount + "个单位,");
```

```java
        if (currentStock < orderAmount) {              //如果当前库存量小于客户订货量,需要先采购
          System.out.println("但当前库存量小于客户订货量,需要先采购并等待进货......");
          beginPurchase = true;                        //准备启动一次采购活动
          notify();                                    //通知采购线程
          try {
            wait();                                    //等待采购线程的通知
          } catch(InterruptedException e) {
            System.out.println("在 process 方法中发生 " + e.toString() + " 异常!");
          }

          System.out.print("进货后马上出货" + orderAmount + "个单位......");
          try {
            Thread.sleep((int)(Math.random() * 1000));  //通过睡眠模拟进货后马上出货过程
          } catch(InterruptedException e) {
            System.out.println("在 process 方法中发生 " + e.toString() + " 异常!");
          }
          currentStock -= orderAmount;
          System.out.println("进货后马上出货完成,库存量变为" + currentStock + "个单位");
        }                                              //end of if
        else {                                         //如果当前库存量等于或大于客户订货量,可直接出货
          System.out.println("可直接出货" + orderAmount + "个单位......");
          try {
            Thread.sleep((int)(Math.random() * 1000));  //通过睡眠模拟直接出货过程
          } catch(InterruptedException e) {
            System.out.println("在 process 方法中发生 " + e.toString() + " 异常!");
          }
          currentStock -= orderAmount;
          System.out.println("直接出货完成,库存量变为" + currentStock + "个单位");

          if (currentStock < safetyStock) {
                                                      //直接出货后,如果当前库存量小于安全库存,需要补充库存
            orderAmount = 0;
            System.out.println("直接出货后,当前库存量小于安全库存,需要补充库存,等待进货......");
            beginPurchase = true;                      //准备启动一次采购活动
            notify();                                  //通知采购线程
            try {
              wait();                                  //等待采购线程的通知
            } catch(InterruptedException e) {
              System.out.println("在 process 方法中发生 " + e.toString() + " 异常!");
            }
          }
        }                                              //end of else
      }                                                //end of for

      stopPurchaseThread = true;
      System.out.println(" $$$$$ 由订单处理线程通知采购线程模拟过程结束 $$$$$ ");
      notify();                                        //通知采购线程
    }
    int calculatePurchaseAmount() {                    //计算货物采购量
```

```java
      int purchaseAmount;
      //每次货物采购量必须是100的整数倍
      purchaseAmount = ((int)(maxStock + orderAmount - currentStock)/100) * 100;
      return purchaseAmount;
   }
   synchronized void purchase() {                              //采购过程
      while (!stopPurchaseThread) {                            //继续采购线程
        if (beginPurchase) {                                   //启动一次采购活动
          int purchaseAmount = calculatePurchaseAmount();

          System.out.print("开始采购" + purchaseAmount + "个单位......");
          try {
             Thread.sleep((int)(Math.random() * 1000));        //通过睡眠模拟采购和进货过程
          } catch(InterruptedException e) {
             System.out.println("在purchase方法中发生 " + e.toString() + " 异常!");
          }

          currentStock += purchaseAmount;
          System.out.println("进货完成,库存量变为" + currentStock + "个单位");
          beginPurchase = false;                               //一次采购活动结束
          notify();                                            //通知订单处理线程
        }                                                      //end of if

        try {
          wait();                                              //等待订单处理线程的通知
        } catch(InterruptedException e) {
          System.out.println("在purchase方法中发生 " + e.toString() + " 异常!");
        }
      }                                                        //end of while
   }
}

class ProcessThread implements Runnable {                      //订单处理线程
   Warehouse warehouseObject;

   ProcessThread(Warehouse wObject) {   warehouseObject = wObject;   }
   public void run() {   warehouseObject.process();   }
}

class PurchaseThread implements Runnable {                     //采购线程
   Warehouse warehouseObject;

   PurchaseThread(Warehouse wObject) {   warehouseObject = wObject;   }
   public void run() {   warehouseObject.purchase();   }
}

public class AdvancedInventoryManagement {
   public static void main(String args[]) {
      Warehouse wObject = new Warehouse(100,3);      //设置初始库存为100,模拟处理3张客户订单
      System.out.println("设置初始库存为" + wObject.currentStock + "个单位,模拟处理" +
wObject.orderNumber + "张客户订单");
```

```
        System.out.println("安全库存为" + wObject.safetyStock + ",库存上限为" + wObject.maxStock);
        Thread processThread = new Thread(new ProcessThread(wObject));
        Thread purchaseThread = new Thread(new PurchaseThread(wObject));

        processThread.start();                                      //启动订单处理线程
        purchaseThread.start();                                     //启动采购线程
    }
}
```

程序运行结果如下:

```
设置初始库存为 100 个单位,模拟处理 3 张客户订单
安全库存为 50,库存上限为 300
 ***** 开始处理第 1 张订单 *****
接受客户订货 198 个单位,但当前库存量小于客户订货量,需要先采购并等待进货......
开始采购 300 个单位......进货完成,库存量变为 400 个单位
进货后马上出货 198 个单位......进货后马上出货完成,库存量变为 202 个单位
 ***** 开始处理第 2 张订单 *****
接受客户订货 18 个单位,可直接出货 18 个单位......
直接出货完成,库存量变为 184 个单位
 ***** 开始处理第 3 张订单 *****
接受客户订货 321 个单位,但当前库存量小于客户订货量,需要先采购并等待进货......
开始采购 400 个单位......进货完成,库存量变为 584 个单位
进货后马上出货 321 个单位......进货后马上出货完成,库存量变为 263 个单位
$$$$$ 由订单处理线程通知采购线程模拟过程结束 $$$$$
```

本例程序与前例程序的框架结构基本相同,并且都是模拟一种货物的库存管理流程。但为了体现更多的库存管理策略和方法,在前例程序基础上主要进行了如下改进:

(1) 除原本的实例变量 currentStock、stopPurchaseThread 和 beginPurchase 外,在本例的 Warehouse 类中增加了 safetyStock(安全库存)、maxStock(最大库存)、orderNumber(订单张数)和 orderAmount(客户订货量)等实例变量,并且这些实例变量都是订单处理线程 processThread 和采购线程 purchaseThread 的共享数据。

注意:在前例中,orderAmount(客户订货量)是在 Warehouse 类 process 方法中定义的局部变量,因此只被订单处理线程 processThread 使用。而在本例中,orderAmount(客户订货量)则是在 Warehouse 类中定义的实例变量,并且是订单处理线程 processThread 和采购线程 purchaseThread 的共享数据。

(2) 在前例中,只有当货物的当前库存量小于客户订货量时(出货前),订单处理线程 processThread 才会通知采购线程 purchaseThread 需要启动新一次的采购活动。而在本例中,不仅当货物的当前库存量小于客户订货量时(出货前),而且当货物的当前库存量小于安全库存时(直接出货后),订单处理线程 processThread 都会通知采购线程 purchaseThread 需要启动新一次的采购活动。

(3) 在前例的采购线程 purchaseThread 中,每次货物采购量固定为 100 个单位,而且一定大于客户订货量 orderAmount。而在本例的采购线程 purchaseThread 中,每次货物采购量 purchaseAmount 是通过调用 calculatePurchaseAmount 方法计算出来的,而且在计算货物采购量 purchaseAmount 时既考虑了客户订货量 orderAmount,又考虑了当前库存量

currentStock 和最大库存 maxStock。

此外，作为共享数据的客户订货量 orderAmount（Warehouse 类中的实例变量）增强了订单处理线程 processThread 和采购线程 purchaseThread 之间的通信。

在处理一张客户订单时，首先由订单处理线程 processThread 随机生成客户订货量 orderAmount。

（1）如果当前库存量（实例变量 currentStock 的值）小于客户订货量（实例变量 orderAmount 的值），订单处理线程 processThread 会通知采购线程 purchaseThread 需要采购。接着，采购线程 purchaseThread 会调用 calculatePurchaseAmount 方法计算货物采购量 purchaseAmount，以满足客户订货需求。

（2）如果当前库存量（实例变量 currentStock 的值）等于或大于客户订货量（实例变量 orderAmount 的值），订单处理线程 processThread 就会直接出货。直接出货后，如果当前库存量（实例变量 currentStock 的值）小于安全库存（实例变量 safetyStock 的值），订单处理线程 processThread 先将实例变量 orderAmount 的值设置为 0，再通知采购线程 purchaseThread 需要采购。接着，采购线程 purchaseThread 会调用 calculatePurchaseAmount 方法计算货物采购量 purchaseAmount，以满足安全库存（货物库存量下限）要求。

注意：无论是为了满足客户订货需求，还是为了满足安全库存（货物库存量下限）要求，采购线程 purchaseThread 在调用 calculatePurchaseAmount 方法计算货物采购量 purchaseAmount 时，都需要使用实例变量 orderAmount 的值。

12.7 小结

在一个 Java 应用程序及其主线程中可以创建并启动多个线程。每个线程可以执行一个特定任务。不同线程可以共享相同的代码和数据，相关线程之间还可以进行同步和通信等操作。

在 Java 应用程序中创建线程的方法有两种：一种是通过 Thread 类的子类创建线程，另一种是通过 Runnable 接口的实现类创建线程。

在一个 Java 应用程序中，一旦启动多个线程，Java 系统会为这些线程轮流分配 CPU 资源，并且这些线程是交叉执行的。

线程的优先级越高，线程获得 CPU 资源执行 run 方法的机会就越多。

在 Java 多线程技术中，一个线程可以处于 NEW、RUNNABLE、TIMED_WAITING、TERMINATED、BLOCKED 和 WAITING 六种状态之一。在一定条件和情况下，线程的不同状态之间可以发生相互转换。

在多个线程共享数据的情况下可能产生线程干扰，进而引发共享数据的不一致。

为了解决线程干扰所引发的共享数据不一致，可以使用同步技术。同步技术又分为同步方法和同步语句块两种。

当使用同步技术解决线程干扰所引发的共享数据不一致时，Java 系统会为每个相关对象配置一个监视器锁，并以独占方式在相关线程之间分派该对象的监视器锁。这样，无法从 Java 系统取得监视器锁的线程必须等待持有监视器锁的线程释放监视器锁。此时，无法取得监视器锁的线程会从 RUNNABLE 状态转入 BLOCKED 状态。当一个线程释放所占用的对象监视器锁时,Java 系统会使处于 BLOCKED 状态的相关线程返回 RUNNABLE 状态。

线程之间不仅可以共享代码和数据,有时还需要使用同步技术进行通信,以协调彼此之间的执行进度。

在使用同步技术的线程间通信中,调用 wait()方法的线程会从 RUNNABLE 状态转入 WAITING 状态,而调用 notify()方法的线程则会使处于 WAITING 状态的相关线程返回 RUNNABLE 状态。

12.8 习题

1. 改写【例 12-4】中的程序代码并通过 Runnable 接口的实现类创建线程,测试用户定义线程的 4 种基本状态。

2. 分析以下有关多线程的 Java 应用程序。判断运行该 Java 应用程序时,increase 方法中的语句与 decrease 方法中的语句是否会被交叉执行?是否会引发共享数据的不一致?最后输出的实例变量 v 的值是否一定为 0?然后,通过运行该 Java 应用程序验证你的分析和判断。

```java
class Counter {
  private int v = 0;

  public void increase() {
    System.out.print("+++Increasing...  ");           //①
    synchronized (this) {
      int temp = v;                                    //②
      temp = temp + 1;                                 //③
      v = temp;                                        //④
    }
    System.out.println("+++The Value of Counter is " + v);  //⑤
  }

  public void decrease() {
    System.out.print("--- Decreasing...  ");          //❶
    synchronized (this) {
      int temp = v;                                    //❷
      temp = temp - 1;                                 //❸
      v = temp;                                        //❹
    }
    System.out.println("--- The Value of Counter is " + v); //❺
  }
}

class IncrementThread extends Thread {
  Counter counter;
  IncrementThread(Counter c) {  counter = c;  }
  public void run() {
    for (int i = 0; i < 200; i++) counter.increase();
```

```
      }
    }

    class DecrementThread extends Thread {
      Counter counter;
      DecrementThread(Counter c) {   counter = c;   }
      public void run() {
        for (int i = 0; i < 200; i++) counter.decrease();
      }
    }

    public class RevisedSynchronizedStatements {
      public static void main(String args[]) {
        Counter c = new Counter();
        IncrementThread it = new IncrementThread(c);
        DecrementThread dt = new DecrementThread(c);

        it.start();
        dt.start();
      }
    }
```

3. 参照【例 12-9】,改写【例 12-8】并测试使用同步语句块技术时线程的 BLOCKED 状态。

第13章 Java小程序

Java 小程序（Applet）是可以从服务器下载的、能够通过启用 Java 的 Web 浏览器运行的、在网页中提供特定功能的 Java 程序。通过 Applet，可以在网页中添加丰富多彩的动画。

13.1 Applet 基础

一个 Applet 可以是 java.applet.Applet 类的子类，也可以是 javax.swing.JApplet 类的子类。而且 Applet 类和 JApplet 类又是超类和子类的关系。Applet 类和 JApplet 类的继承关系以及两者的超类如图 13-1 所示。

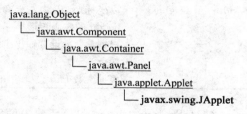

图 13-1 Applet 类和 JApplet 类的超类

此外，Applet 还需要使用 java.awt.Graphics 类才能在小程序查看器（appletviewer）或 Web 浏览器的窗口中输出字符串或图形。

【例 13-1】 在小程序查看器的窗口中输出字符串。Java 源程序代码如下：

```java
import java.applet.Applet;
import java.awt.Graphics;

public class SayHello extends Applet {
  public void paint(Graphics g) {
    g.drawString ("Hello Java !",180,90);
  }
}
```

在 NetBeans IDE 的菜单栏中选择"运行"|"运行文件"命令，即可启动小程序查看器并在其窗口中显示 Applet 的运行结果——输出字符串"Hello Java !"。

在本例中，SayHello 类是 java.applet.Applet 类的子类，并且覆盖了 java.awt.Container 类的方法 public void paint(Graphics g)。通过 paint 方法，Applet 可以在小程序

查看器的窗口中输出字符串或图形。

在 paint 方法中,引用变量 g(也是形式参数)指向一个 Graphics 对象,该 Graphics 对象是由 Java 系统自动创建的。通过引用变量 g 调用在 Graphics 类中定义的实例方法 drawString,可以以坐标(180,90)为左上角在小程序查看器的窗口中输出字符串"Hello Java!"。

表 13-1 列出了 Graphics 类中用于输出字符串或图形的常用方法及其功能和用法。

表 13-1 Graphics 类中常用的方法及其功能和用法

方 法 名	功能和用法
void clearRect(int x,int y,int width,int height)	以坐标(x,y)为左上角,以背景颜色填充宽度为 width、高度为 height 的矩形区域
void drawLine(int x1,int y1,int x2,int y2)	从坐标(x1,y1)到坐标(x2,y2)输出一条直线
void drawOval(int x,int y,int width,int height)	以坐标(x,y)为左上角,输出宽度为 width、高度为 height 的空心椭圆
void drawRect(int x,int y,int width,int height)	以坐标(x,y)为左上角,输出宽度为 width、高度为 height 的空心矩形
void drawString(String str,int x,int y)	以坐标(x,y)为左上角输出字符串 str
void fillOval(int x,int y,int width,int height)	以坐标(x,y)为左上角,输出宽度为 width、高度为 height 的实心椭圆
void fillRect(int x,int y,int width,int height)	以坐标(x,y)为左上角,输出宽度为 width、高度为 height 的实心矩形
void setColor(Color c)	根据参数 c 设置输出字符串或图形时所使用的当前颜色
void setFont(Font font)	根据参数 font 设置输出字符串时所使用的当前字体

本例语句"g.drawString("Hello Java!",180,90);"输出的字符串及其在小程序查看器窗口中的位置如图 13-2 所示。Applet 在小程序查看器的窗口中输出字符串或图形时,是以窗口左上角为坐标系原点的,X 轴正方向朝右,但 Y 轴正方向朝下。

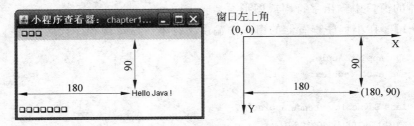

图 13-2 Applet 输出的坐标系

13.1.1 控制输出的字体和颜色

使用 java.awt.Font 类及其对象设置当前字体,可以控制在 Applet 中输出的字符串的字体样式及其大小。在创建 Font 对象时,可以调用如下构造器:

```
public Font(String name, int style, int size)
```

注意：在创建 Font 对象时需要指明字体名称(name)、样式(style)及其大小(size)。其中，字体名称用一个在 Font 类中定义的字符串静态域表示，这些字符串静态域包括 Font. DIALOG、Font. DIALOG_INPUT、Font. MONOSPACED、Font. SANS_SERIF 和 Font. SERIF。字体样式用一个在 Font 类中定义的 int 型静态域表示，这些 int 型静态域包括 Font. BOLD、Font. ITALIC 和 Font. PLAIN。

使用在 java. awt. Color 类中定义的颜色静态域设置当前颜色，可以控制在 Applet 中输出的字符串或图形的颜色。表 13-2 列出了在 Color 类中定义的颜色静态域及其对应的颜色。

表 13-2 在 Color 类中定义的颜色静态域及其对应的颜色

颜色静态域	对应的颜色	颜色静态域	对应的颜色	颜色静态域	对应的颜色
Color. BLACK	黑色	Color. GREEN	绿色	Color. RED	红色
Color. BLUE	蓝色	Color. LIGHT_GRAY	浅灰色	Color. WHITE	白色
Color. CYAN	青色	Color. MAGENTA	紫红色	Color. YELLOW	黄色
Color. DARK_GRAY	深灰色	Color. ORANGE	橙色		
Color. GRAY	灰色	Color. PINK	粉色		

使用 RGB 值创建 Color 对象并设置当前颜色，也可以控制在 Applet 中输出的字符串或图形的颜色。一个 RGB 值由 3 个数值组成，每个数值是 0~255 之间的整数，分别代表红色(RED)、绿色(GREEN)和蓝色(BLUE)的含量。

【例 13-2】 控制 Applet 输出的字体和颜色。Java 源程序代码如下：

```
import javax.swing.JApplet;
import java.awt.Color;
import java.awt.Font;
import java.awt.Graphics;

public class GraphicsDrawing extends JApplet {
  void delay(int length) {
    try {
      Thread.sleep(length);
    } catch(InterruptedException e) {
      System.exit(0);                           //程序退出运行
    }
  }
  public void paint(Graphics g) {
    for(int i = 0;i < 4;i++) {                  //每次输出不同的字符串或图形
      switch(i) {
        case 0:                                 //输出字符串
          Font font = new Font(Font.DIALOG,Font.PLAIN,15);  //创建 Font 对象
          g.setFont(font);                      //设置当前字体
          g.drawString("字体名(Dialog)、样式(PLAIN)及大小(15)",5,20);
          delay(3000);                          //延时 3 秒钟
          Color bgc = getBackground();          //获取背景颜色
          g.setColor(bgc);                      //将背景颜色设置为当前颜色
          g.drawString("字体名(Dialog)、样式(PLAIN)及大小(15)",5,20);
```

```
            break;
          case 1:                                    //输出一个蓝色空心矩形
            Color color = new Color(0,0,255);        //使用 RGB 值创建 Color 对象
            g.setColor(color);                       //设置当前颜色
            g.drawRect(30,30,160,160);
            delay(3000);
            g.setColor(getBackground());
            g.drawRect(30,30,160,160);
            break;
          case 2:                                    //输出一个红色空心圆
            //使用 RGB 值创建 Color 对象并设置当前颜色
            g.setColor(new Color(255,0,0));
            g.drawOval(30,30,160,160);
            delay(3000);
            g.setColor(getBackground());
            g.drawOval(30,30,160,160);
            break;
          case 3:                                    //以填充方式输出一个橙色实心圆
            g.setColor(Color.ORANGE);                //使用颜色静态域设置当前颜色
            g.fillOval(30,30,160,160);
            delay(3000);
            g.clearRect(30,30,160,160);
            break;
        }                                            //end of switch
      }                                              //end of for
    }
  }
```

在本例中,GraphicsDrawing 类是 javax.swing.JApplet 类的子类,并且覆盖了 java.awt.Container 类的方法 public void paint(Graphics g)。

在本例中,调用 delay 方法能够实现延时,这样可以延长每个字符串或图形的显示时间。

除最后输出的橙色实心圆外,在输出一个字符串或图形之后,再使用背景颜色重新输出该字符串或图形,这样可以达到清除该字符串或图形的效果。

最后输出橙色实心圆之后,调用 clearRect 方法能够以背景颜色填充该橙色实心圆所对应的矩形区域,从而达到直接清除该橙色实心圆的效果。

13.1.2 通过启用 Java 的 Web 浏览器运行 Applet

为了通过启用 Java 的 Web 浏览器运行 Applet 并在 Web 浏览器的窗口中观察 Applet 的输出,必须有一个对应的 HTML 文件。

在 NetBeans IDE 的菜单栏中选择"运行"|"运行文件"命令,既可以在小程序查看器的窗口中观察 Applet 的输出,也会在相应文件夹中自动生成与 Applet 对应的字节码文件和 HTML 文件。

如图 13-3 所示,与 Applet 对应的字节码文件(GraphicsDrawing.class 和 SayHello.class)在文件夹 JavaApplication\build\classes 中,对应的 HTML 文件(GraphicsDrawing.

html 和 SayHello.html)在文件夹 JavaApplication\build 中。

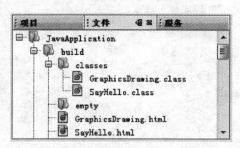

图 13-3　与 Applet 对应的字节码文件和 HTML 文件

在 SayHello.html 中,使用如下 HTML 代码将 HTML 文件(SayHello.html)与字节码文件(SayHello.class)联系起来:

< APPLET codebase = "classes" code = "SayHello.class" width = 350 height = 200 ></APPLET>

其中,APPLET 是 HTML 中的一个元素。在 APPLET 元素的开始标签中又使用了 codebase、code、width 和 height 4 个属性。codebase="classes"表示字节码文件所在文件夹相对于 HTML 文件所在文件夹的路径,code="SayHello.class"指明字节码文件的名字,width=350 指定 Web 浏览器为 Applet 输出区域分配的宽度是 350 个像素,height=200 指定 Web 浏览器为 Applet 输出区域分配的高度是 200 个像素。

这样,如果使用启用 Java 的 Web 浏览器打开 HTML 文件(SayHello.html),即可通过 Web 浏览器运行 Applet,并在 Web 浏览器的窗口中观察 Applet 的输出——字符串"Hello Java!"。

类似地,在 GraphicsDrawing.html 中,使用如下 HTML 代码将 HTML 文件(GraphicsDrawing.html)与字节码文件(GraphicsDrawing.class)联系起来:

< APPLET codebase = "classes" code = "GraphicsDrawing.class" width = 350 height = 200 ></APPLET>

13.1.3　由 HTML 文件向 Applet 传递参数

在 HTML 文件中使用 PARAM 元素可以指定向 Applet 传递的参数。对应地,在 Applet 中调用 getParameter 方法可以从 HTML 文件获取相应的参数值,然后根据参数值执行相应的处理。

【例 13-3】　由 HTML 文件向 Applet 传递参数。Java 源程序代码如下:

```
import javax.swing.JApplet;
import java.awt.Graphics;

public class Parameter extends JApplet {
  public void paint(Graphics g) {
    String str = getParameter("what");                //获得参数 what 的值
    if (str == null) str = "Honey, Do You Love Me ?"; //若获取参数值失败
    g.drawString(str,10,20);                          //输出获得的参数值
```

```
            str = getParameter("date");                          //获得参数 date 的值
            if (str == null) str = "2012 - 12 - 12";
            g.drawString(str,30,40);

            str = getParameter("where");                         //获得参数 where 的值
            if (str == null) str = "At My Heart";
            g.drawString(str,50,60);
        }
    }
```

在本例中,Parameter 类是 javax.swing.JApplet 类的子类,并且覆盖了 java.awt.Container 类的方法 public void paint(Graphics g)。

如果直接在小程序查看器窗口中观察本例 Applet 的输出,则 Applet 调用 getParameter 方法无法从 HTML 文件获取 3 个参数(what、date 和 where)的值。此时,getParameter 方法的返回值均为 null。这样,Applet 在小程序查看器窗口中依次输出 3 个字符串——"Honey, Do You Love Me ?"、"2012-12-12"和"At My Heart",如图 13-4 所示。

如果将由 NetBeans IDE 自动生成的 HTML 文件(Parameter.html)中的如下代码段

```
< APPLET codebase = "classes" code = "Parameter.class" width = 350 height = 200 ></APPLET>
```

修改为

```
< APPLET codebase = "classes" code = "Parameter.class" width = 150 height = 90 >
    < PARAM name = "what" value = "I Love You, Java !">
    < PARAM name = "date">
</APPLET>
```

然后,使用启用 Java 的 IE 浏览器打开 HTML 文件(Parameter.html),则 Applet 在 IE 浏览器窗口中的输出如图 13-5 所示。

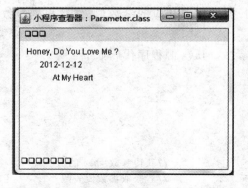

图 13-4 Applet 在小程序查看器窗口中的输出

图 13-5 Applet 在 IE 浏览器窗口中的输出

在本例中，为了由 HTML 文件向 Applet 传递参数，在 HTML 文件的 APPLET 元素中使用了 PARAM 元素。因此，APPLET 元素和 PARAM 元素即是父元素和子元素的关系。

在 PARAM 元素的开始标签中，name 属性及其属性值指定参数名，value 属性及其属性值指定参数值。例如，HTML 代码<PARAM name="what" value="I Love You, Java !">即指定参数名为 what，而参数 name 的值为字符串"I Love You, Java !"。这样，执行 Applet 中的语句"String str=getParameter("what");"即可使引用变量 str 指向字符串"I Love You, Java !"。接着执行后两条语句，即可在 IE 浏览器窗口中输出字符串"I Love You, Java !"。

HTML 代码<PARAM name="date">只指定参数名为 date，但没有指定参数 date 的值。这样，执行 Applet 中的语句"str=getParameter("date");"会使引用变量 str 指向空字符串""。接着执行后两条语句，会在 IE 浏览器窗口中输出空字符串""（或将空字符串""理解为空白）。

在 HTML 文件中没有指定参数名为 where 的参数。这样，执行 Applet 中的语句"str=getParameter("where");"会使 getParameter 方法的返回值为 null，因此引用变量 str 不指向任何字符串。接着执行后两条语句，会在 IE 浏览器窗口中输出字符串"At My Heart"。

13.2 Applet 的生命周期

Applet 的生命周期是指从 Applet 开始运行到 Java 系统收回 Applet 所占用资源为止，Applet 所经历的一系列关键节点。在 java.applet.Applet 类中定义的（或 Applet 类从其超类继承的）与 Applet 生命周期关键节点相关的方法有以下几个：

1. public void init()

当 Applet 开始运行时，Java 系统首先自动调用 init 方法。在 Applet 类的子类中，有时需要覆盖该方法，以完成一些初始化任务，如从 HTML 文件获取参数，对 Applet 类的子类对象的实例变量赋初值等。

2. public void start()

在执行 init 方法之后，Java 系统接着自动调用 start 方法。在 Applet 类的子类中，有时需要覆盖该方法，如创建和启动线程。

3. public void paint(Graphics g)

在执行 start 方法之后，Java 系统接着又会自动调用 paint 方法。在该方法中，引用变量 g（也是形式参数）指向一个 Graphics 对象，该 Graphics 对象是由 Java 系统自动创建的。通过引用变量 g 调用在 Graphics 类中定义的 drawString、drawLine、drawOval、drawRect、fillOval 和 fillRect 等方法，可以使 Applet 完成输出字符串或图形的任务。为此，在 Applet 类的子类中必须覆盖该方法。

4. public void stop()

该方法用于停止 Applet 的运行。当用户离开 Applet（例如最小化小程序查看器窗口）时，Java 系统会自动调用该方法。但调用该方法并不会真正结束 Applet 的生命周期，只是使 Applet 进入休息待命的状态。当用户重新返回 Applet（例如还原小程序查看器窗口）时，Java 系统又会再次自动调用 start 方法。如果覆盖 start 方法、并在其中创建且启动一个线程，则应当覆盖 stop 方法、并在其中准备终止该线程。

5. public void destroy()

这是一个真正结束 Applet 生命周期的方法。当用户退出 Applet（例如关闭小程序查看器窗口）时，Java 系统首先自动调用 stop 方法，接着自动调用 destroy 方法。在执行 destroy 方法时，Applet 会释放所占用的系统资源。

图 13-6 描述了上述 5 个方法在 Applet 生命周期中的前后顺序及相互逻辑关系。

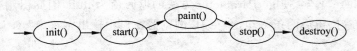

图 13-6　Applet 的生命周期

注意：

（1）在 Applet 的生命周期中，init 和 destroy 方法仅被调用一次，但 start、paint 和 stop 方法可能被调用多次。

（2）在两种情况下 Java 系统会自动调用 start 方法：一种情况是在执行 init 方法之后，另一种情况是当用户重新返回 Applet（例如还原小程序查看器窗口）时。但无论在哪一种情况下，在执行 start 方法之后，Java 系统都会接着自动调用 paint 方法。

【例 13-4】 Applet 生命周期中的关键节点及其对应的方法。Java 源程序代码如下：

```java
import java.applet.Applet;
import java.awt.Graphics;

public class MilestonesDemo extends Applet {
    public void init() {                              //覆盖超类 Applet 中的 init 方法
        System.out.println("initializing...");
    }
    public void start() {                             //覆盖超类 Applet 中的 start 方法
        System.out.println("   starting...");
    }
    public void paint(Graphics g) {                   //覆盖超类 Container 中的 paint 方法
        System.out.println("   painting...");
    }
    public void stop() {                              //覆盖超类 Applet 中的 stop 方法
        System.out.println("   stopping...");
    }
    public void destroy() {                           //覆盖超类 Applet 中的 destroy 方法
        System.out.println("destroying...");
    }
}
```

表 13-3 列出了 Applet 类中常用的其他方法及其功能和用法。

表 13-3　Applet 或 JApplet 类中常用的其他方法及其功能和用法

方　法　名	功能和用法	备　　　注
public String getParameter(String name)	根据参数名 name 从 HTML 文件获取字符串形式的参数值	在 Applet 类中定义
public void resize(int width,int height)	根据参数 width 和 height 设置 Applet 输出区域的宽度和高度	覆盖超类 Component 中的 resize 方法
public Color getBackground()	获取 Applet 输出区域的背景颜色（指向 Color 对象的引用变量）	继承超类 Component 中的 getBackground 方法
public void repaint()	强制 Applet 重新输出，进而自动调用 paint	继承超类 Component 中的 repaint 方法

注意：

（1）方法 repaint() 通常由程序员在 Applet 中调用，这样可以在特定情况下强制 Applet 重新输出。此外，在 Applet 中调用方法 repaint() 之后，又会自动调用方法 paint(Graphics g)。

（2）由于 java.applet.Applet 类和 javax.swing.JApplet 类是超类和子类的关系，所以在 javax.swing.JApplet 类的子类中也可以调用 Applet 类中的常用方法。

13.3　通过 Applet 输出抛物线

根据数值分析理论，可以应用拉格朗日插值法描述平面上的一条抛物线（Parabola）——如果一条开口向上或向下的抛物线经过 $A(x1,y1)$、$B(x2,y2)$ 和 $C(x3,y3)$ 3 个不同点，则该抛物线可以用如下解析式表示：

$$y = y1 \times \frac{(x-x2)(x-x3)}{(x1-x2)(x1-x3)} + y2 \times \frac{(x-x3)(x-x1)}{(x2-x3)(x2-x1)} + y3 \times \frac{(x-x1)(x-x2)}{(x3-x1)(x3-x2)}$$

这样，如果给定 $A(x1,y1)$、$B(x2,y2)$ 和 $C(x3,y3)$ 3 个不同点，即可确定一条开口向上或向下的抛物线及其形状和位置。进而对于给定的任意横坐标 x，根据上述解析式可以求得该抛物线上对应点的纵坐标 y。

类似地，如果一条开口向左或向右的抛物线经过 $A(x1,y1)$、$B(x2,y2)$ 和 $C(x3,y3)$ 3 个不同点，则该抛物线可以用如下解析式表示：

$$x = x1 \times \frac{(y-y2)(y-y3)}{(y1-y2)(y1-y3)} + x2 \times \frac{(y-y3)(y-y1)}{(y2-y3)(y2-y1)} + x3 \times \frac{(y-y1)(y-y2)}{(y3-y1)(y3-y2)}$$

这样，如果给定 $A(x1,y1)$、$B(x2,y2)$ 和 $C(x3,y3)$ 3 个不同点，也可确定一条开口向左或向右的抛物线及其形状和位置。进而对于给定的任意纵坐标 y，根据上述解析式可以求得该抛物线上对应点的横坐标 x。

【例 13-5】 通过 Applet 输出抛物线。Java 源程序代码如下：

```
import java.applet.Applet;
import java.awt.Graphics;

public class Parabola extends Applet {
```

```java
    float x1,y1,x2,y2,x3,y3;    //(x1,y1)、(x2,y2)和(x3,y3)表示抛物线上的 3 个不同点

  int getY(float x) {
    //对于开口向上或向下的抛物线以及给定的横坐标 x,计算抛物线上对应点的纵坐标 y
    return (int)(y1 * (x - x2) * (x - x3)/((x1 - x2) * (x1 - x3)) + y2 * (x - x3) * (x - x1)/((x2 - x3) * (x2 - x1)) + y3 * (x - x1) * (x - x2)/((x3 - x1) * (x3 - x2)));
  }
  int getX(float y) {
    //对于开口向左或向右的抛物线以及给定的纵坐标 y,计算抛物线上对应点的横坐标 x
    return (int)(x1 * (y - y2) * (y - y3)/((y1 - y2) * (y1 - y3)) + x2 * (y - y3) * (y - y1)/((y2 - y3) * (y2 - y1)) + x3 * (y - y1) * (y - y2)/((y3 - y1) * (y3 - y2)));
  }
  void delay(int length) {
    try {
      Thread.sleep(length);
    } catch(InterruptedException e) {
      System.exit(0);                           //程序退出运行
    }
  }
  void move_FromX1_ToX3(Graphics g, int X1, int Y1, int X2, int Y2, int X3, int Y3) {
    //对于给定的(x1 ,y1)、(x2 ,y2)和(x3 ,y3)3 个不同点,输出开口向上或向下的抛物线
    int y;
    x1 = X1;   y1 = Y1;   x2 = X2;   y2 = Y2;   x3 = X3;   y3 = Y3;

    if (X1 < X3)
      for(int x = X1;x < X3;++x) {
        y = getY((float)(x));
        g.fillOval(x,y,2,2);                    //根据坐标(x,y)输出抛物线上的一个点
        delay(20);                              //每输出一个点,延时 20 毫秒,以产生动画效果
      }
    else
      for(int x = X1;x > X3; -- x) {
        y = getY((float)(x));
        g.fillOval(x,y,2,2);
        delay(20);
      }
  }
  void move_FromY1_ToY3(Graphics g, int X1, int Y1, int X2, int Y2, int X3, int Y3) {
    //对于给定的(x1 ,y1)、(x2 ,y2)和(x3 ,y3)3 个不同点,输出开口向左或向右的抛物线
    int x;
    x1 = X1;   y1 = Y1;   x2 = X2;   y2 = Y2;   x3 = X3;   y3 = Y3;

    if (Y1 < Y3)
      for(int y = Y1;y < Y3;++y) {
        x = getX((float)(y));
        g.fillOval(x,y,2,2);
        delay(20);
      }
    else
      for(int y = Y1;y > Y3; -- y) {
        x = getX((float)(y));
```

```
            g.fillOval(x,y,2,2);
            delay(20);
        }
    }
    public void init() {
        resize(310,310);                          //设置 Applet 输出区域的宽度和高度
    }
    public void paint(Graphics g) {
        //依次输出 4 条抛物线
        move_FromX1_ToX3(g,100,100,150,0,200,100);
        move_FromY1_ToY3(g,200,100,300,150,200,200);
        move_FromX1_ToX3(g,200,200,150,300,100,200);
        move_FromY1_ToY3(g,100,200,0,150,100,100);

        g.drawString("(100,100)",90,115);
        g.drawString("(150,0)",130,30);
        g.drawString("(200,100)",160,115);
        g.drawString("(300,150)",240,155);
        g.drawString("(200,200)",160,195);
        g.drawString("(150,300)",125,280);
        g.drawString("(100,200)",90,195);
        g.drawString("(0,150)",5,155);   }
}
```

在本例中，Parabola 类是 java.applet.Applet 类的子类，并且覆盖了 java.awt.Container 类的方法 public void paint(Graphics g)。在 paint 方法中，依次输出 4 条抛物线。在小程序查看器窗口中输出的 4 条抛物线如图 13-7 所示。

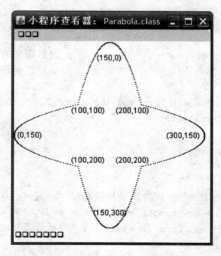

图 13-7 在小程序查看器窗口中输出的 4 条抛物线

注意：

（1）在 Graphics 类中，并没有直接输出空心圆或实心圆的方法，但可以调用 drawOval 或 fillOval 方法输出空心圆或实心圆。此外，调用 fillOval 方法也可以输出一个点。

（2）由于 getY 和 move_FromX1_ToX3（或 getX 和 move_FromY1_ToY3）方法均需使

用一条抛物线上3个不同点的坐标(x1,y1)、(x2,y2)和(x3,y3),所以必须将x1、y1、x2、y2、x3和y3定义为Parabola类的实例变量。这样,相对于getY和move_FromX1_ToX3(或getX和move_FromY1_ToY3)方法,实例变量x1、y1、x2、y2、x3和y3也就是全局变量。

(3) 对于开口向上或向下的一条抛物线上3个不同点的坐标(x1,y1)、(x2,y2)和(x3,y3)以及给定的横坐标x,在使用拉格朗日插值法计算抛物线上对应点的纵坐标y时,由于除法运算需要在计算过程中保留必要的小数有效位。所以,需要将Parabola类的实例变量x1、y1、x2、y2、x3和y3以及方法getY的形式参数x定义为float类型。同理,需要将方法getX的形式参数y定义为float类型。

(4) Applet输出区域中每个像素的坐标最终只能用整数表示,所以方法getY的返回值是int类型。同理,方法getX的返回值也是int类型。

13.4 Applet中的定时器线程设计

结合Java线程技术,还可以在Applet中设计和创建定时器线程,并通过定时器线程控制时钟的更新。

13.4.1 在Applet中显示时钟

为了在Applet中显示时钟,不仅需要调用Graphics类的方法输出表示日期和时间的字符串或图形,而且需要使用Java线程技术定时更新日期和时间。

【例13-6】 在Applet中显示时钟。Java源程序代码如下:

```java
import javax.swing.JApplet;
import java.awt.Color;
import java.awt.Graphics;
import java.text.SimpleDateFormat;            //对日期和时间格式化
import java.util.Date;                        //获取当前日期和时间

public class TextClock extends JApplet implements Runnable {
    SimpleDateFormat timeFormat;
    Thread timer;                             //定时器线程,用于更新日期和时间
    String datetimeString;

    public void init() {
      //创建SimpleDateFormat对象,同时设置日期和时间格式
      timeFormat = new SimpleDateFormat("yyyy年 MM月 dd日 HH时 mm分 ss秒");
      datetimeString = timeFormat.format(new Date());   //对最新日期和时间格式化
    }
    public void start() {
      timer = new Thread(this);               //创建新的定时器线程
      timer.start();                          //启动新的定时器线程
    }
    public void paint(Graphics g) {
      g.setColor(getBackground());            //将背景颜色设置为输出颜色
      g.drawString(datetimeString,100,100);   //清除先前的日期和时间
```

```java
      datetimeString = timeFormat.format(new Date());  //对最新日期和时间格式化
      g.setColor(Color.BLACK);
      g.drawString(datetimeString,100,100);            //输出最新日期和时间
   }
   public void run() {                                 //实现接口 Runnable 中的抽象方法 run
      Thread me = Thread.currentThread();
      while(timer == me) {                             //如果不终止当前定时器线程
         try {
            Thread.sleep(1000);                        //睡眠 1 秒
         } catch(InterruptedException e) {
            System.exit(0);                            //程序退出运行
         }
         repaint();                                    //强制 Applet 重新输出,进而自动调用 paint 方法
      }
   }
   public void stop() {
      timer = null;                                    //使引用变量 timer 不指向任何定时器线程对象
   }
}
```

在本例中,TextClock 类不仅是 javax.swing.JApplet 类的子类,而且是接口 Runnable 的实现类。因此,将一个 TextClock 对象作为参数调用 Thread 类的构造器 Thread (Runnable target),可以创建一个线程对象。

当 Applet 开始运行时,Java 系统首先自动调用 init 方法。在该方法中对 TextClock 对象的实例变量 timeFormat 和 datetimeString 赋初值,并得到格式化的、字符串形式的最新日期和时间。

在执行 init 方法之后,Java 系统接着自动调用 start 方法。在该方法中,this 指代当前的 TextClock 对象,且该对象属于接口 Runnable 的实现类,因此执行语句"timer = new Thread(this);"即可将引用变量 timer 指向新创建的定时器线程对象。执行语句"timer.start();"即可启动新的定时器线程。

在执行 start 方法之后,Java 系统接着又会自动调用 paint 方法。在该方法中,首先将背景颜色设置为输出颜色,然后输出先前的日期和时间,这样可以达到清除先前日期和时间的效果。接着对最新日期和时间格式化,并输出最新日期和时间。

当用户一直在 Applet(例如打开并保持小程序查看器窗口)时,在实现接口 Runnable 的 run 方法中,引用变量 timer 和 me 均指向正在执行的当前定时器线程,此时会重复执行 while 循环中的语句。在 while 循环中,首先使当前定时器线程暂停 1 秒钟,然后调用 repaint 方法。在每次调用 repaint 方法之后,又会自动调用 paint 方法,这样可以达到每隔 1 秒清除先前日期和时间、输出最新日期和时间的效果。

当用户离开 Applet(例如最小化小程序查看器窗口)时,Java 系统会自动调用 stop 方法。在该方法中执行语句"timer=null;"会使引用变量 timer 不指向任何定时器线程对象。这样,当定时器线程在 run 方法中执行新的一次 while 循环时,循环控制条件(timer==me)不再成立,因此 while 循环就此结束,从而结束当前定时器线程。

当用户退出 Applet(例如关闭小程序查看器窗口)时,Java 系统首先自动调用 stop 方法,从而结束最后一个定时器线程。之后,Applet 会释放所占用的系统资源。

注意：每当用户重新返回 Applet（例如还原小程序查看器窗口）时，Java 系统都会再次自动调用 start 方法。与执行 init 方法之后 Java 系统第 1 次自动调用 start 方法类似，此时调用 start 方法同样会创建并启动新的定时器线程，但该定时器线程不同于之前的定时器线程，而是另一个新的定时器线程。

13.4.2　定时器线程设计原理

在上述 Applet 中显示时钟的例子中，通过定时器线程可以控制时钟的更新。除定时器线程外，在该例中还存在（或出现过）其他线程。在上述例子及其代码的基础上，可以模拟每个线程存在（或出现）的时段以及在 Applet 中设计定时器线程的原理。

【例 13-7】 模拟在 Applet 中设计定时器线程的原理。Java 源程序代码如下：

```java
import javax.swing.JApplet;
import java.awt.Graphics;

public class ThreadWatch extends JApplet implements Runnable {
    Thread timer;                                    //定时器线程

    public void init() {
        System.out.print("initializing...");
        System.out.println("当前线程为 " + Thread.currentThread().getName());
    }
    public void start() {
        System.out.print("   starting...");
        System.out.println("当前线程为 " + Thread.currentThread().getName());
        timer = new Thread(this);                    //创建新的定时器线程
        timer.start();                               //启动新的定时器线程
    }
    public void paint(Graphics g) {
        System.out.print("    painting...");
        System.out.println("当前线程为 " + Thread.currentThread().getName());
    }
    public void run() {                              //实现接口 Runnable 中的抽象方法 run
        Thread me = Thread.currentThread();
        while(timer == me) {                         //如果不终止当前定时器线程
            try {
                Thread.sleep(20000);                 //睡眠 20 秒
            } catch(InterruptedException e) {
                System.exit(0);                      //程序退出运行
            }
            System.out.print("   running...");
            System.out.print("当前线程为 " + Thread.currentThread().getName());
            System.out.println("   定时器线程 me 为 " + me.getName());
            repaint();                               //强制 Applet 重新输出，进而自动调用 paint 方法
        }
    }
    public void stop() {
        System.out.print("   stopping...");
        System.out.println("当前线程为 " + Thread.currentThread().getName());
```

```
        timer = null;                              //准备终止当前定时器线程
    }
    public void destroy() {
        System.out.print("destroying...");
        System.out.println("当前线程为 " + Thread.currentThread().getName());
    }
}
```

除括号内在特定时点的用户操作及其注释外,程序运行结果如下:

```
initializing...当前线程为 thread applet-ThreadWatch.class
    starting...当前线程为 thread applet-ThreadWatch.class
    painting...当前线程为 AWT-EventQueue-1
    running...当前线程为 Thread-4    定时器线程 me 为 Thread-4
    painting...当前线程为 AWT-EventQueue-1
    (用户操作 1 及其注释:最小化小程序查看器窗口)
    stopping...当前线程为 thread applet-ThreadWatch.class
    running...当前线程为 Thread-4    定时器线程 me 为 Thread-4
    (用户操作 2 及其注释:还原小程序查看器窗口)
    starting...当前线程为 thread applet-ThreadWatch.class
    painting...当前线程为 AWT-EventQueue-1
    running...当前线程为 Thread-5    定时器线程 me 为 Thread-5
    painting...当前线程为 AWT-EventQueue-1
    (用户操作 3 及其注释:关闭小程序查看器窗口)
    stopping...当前线程为 thread applet-ThreadWatch.class
destroying...当前线程为 thread applet-ThreadWatch.class
```

为了观察以上程序运行结果,依次在 3 个特定时点进行了特定的用户操作——最小化小程序查看器窗口、还原小程序查看器窗口和关闭小程序查看器窗口。

从以上程序运行结果看,在 Applet 的整个运行过程中存在(或出现过)4 个线程——thread applet-ThreadWatch.class、AWT-EventQueue-1、Thread-4 和 Thread-5。在执行 init、start、stop 和 destroy 方法期间,当前线程是 thread applet-ThreadWatch.class,该线程存在于从 Applet 开始运行到 Java 系统收回 Applet 所占用资源为止的 Applet 整个生命周期。在执行 paint 方法期间,当前线程是 AWT-EventQueue-1。在执行 run 方法期间,当前线程是 Thread-4 或 Thread-5,这是先后出现的两个定时器线程。

当进行用户操作 1(最小化小程序查看器窗口)时,Java 系统会自动调用 stop 方法。在该方法中执行语句"timer=null;"会使引用变量 timer 不再指向任何定时器线程对象。此时定时器线程 Thread-4 仍然在执行 run 方法,因此之后仍然有一次输出"running...当前线程为 Thread-4 定时器线程 me 为 Thread-4"。但当定时器线程 Thread-4 在 run 方法中试图执行新的一次 while 循环时,循环控制条件(timer==me)不再成立,因此 while 循环就此结束,从而结束定时器线程 Thread-4。

当进行用户操作 2(还原小程序查看器窗口)时,Java 系统再次调用 start 方法。此时会创建并启动新的定时器线程 Thread-5,因此之后会有输出"running...当前线程为 Thread-5 定时器线程 me 为 Thread-5"。

当进行用户操作 3(关闭小程序查看器窗口)时,Java 系统首先自动调用 stop 方法,从而结束定时器线程 Thread-5。接着 Java 系统自动调用 destroy 方法。在执行 destroy 方法时,Applet会释放所占用的系统资源并最终结束运行。

注意:一个Java小程序或者是java.applet.Applet类的子类,或者是javax.swing.JApplet类的子类。因此,只有将Java小程序设计为Runnable接口的实现类,才能在Java小程序中创建和启动新的线程。

13.5 应用Applet演示常用算法

应用Applet及其输出,能够以动画形式生动地模拟和演示一些常用算法的工作过程,这样可以更加深刻地理解这些算法的工作原理。

13.5.1 演示冒泡排序过程

排序和查找是一维数组的重要应用。通常情况下,首先采用冒泡法将一维无序数组中的元素按升序(或者降序)排列,同时将一维无序数组转换为有序数组,然后采用二分法在一维有序数组中查找与给定关键值相等的元素。这样,可以提高查找的效率。

在Applet中以动画形式演示冒泡排序过程,可以更加生动地展示和说明冒泡排序的工作原理。

【例13-8】 在Applet中演示冒泡排序过程。Java源程序代码如下:

```java
import javax.swing.JApplet;
import java.awt.Color;
import java.awt.Font;
import java.awt.Graphics;

public class BubbleSortApplet extends JApplet {
    int [] intArray = new int[8];                    //需要排序的无序数组
    //相对于左上角原点的X坐标偏移、Y坐标偏移、相邻数字间距、抛物线高度
    final int OFFSET_X = 150, OFFSET_Y = 100, INTERVAL = 50, PARABOLA_HEIGHT = 30;
    //提示文字和数字颜色,每趟的提示文字和数字及其颜色将轮流替换
    Color promptColor[] = {Color.BLUE, Color.GREEN, Color.MAGENTA, Color.ORANGE, Color.RED};
    float x1,y1,x2,y2,x3,y3;                         //(x1,y1)、(x2,y2)和(x3,y3)表示抛物线上的三个点

    public void init() {
        x1 = OFFSET_X;    x3 = OFFSET_X;
        resize(2 * OFFSET_X, OFFSET_Y + intArray.length * INTERVAL);
    }
    int getX(float y) {
        //对于给定的y坐标,使用拉格朗日插值法计算抛物线上对应点的x坐标
        return (int)((y - y2) * (y - y3) * x1/((y1 - y2) * (y1 - y3)) + (y - y1) * (y - y3) * x2/((y2 - y1) * (y2 - y3)) + (y - y1) * (y - y2) * x3/((y3 - y1) * (y3 - y2)));
    }
    void delay(int length) {
        try {
            Thread.sleep(length);
        } catch(InterruptedException e) {
            System.exit(0);                          //程序退出运行
```

```java
        }
    }
    void swapNumbers(Graphics g,int j,int jPlus1) {
        //交换上下相邻数组元素 intArray[j]和intArray[jPlus1]的位置
        y1 = OFFSET_Y + INTERVAL * j;
        y3 = OFFSET_Y + INTERVAL * jPlus1;
        y2 = (y1 + y3)/2;

        for(int UtoL = (int)y1,LtoU = (int)y3;UtoL<(int)y3;++UtoL,--LtoU) {
            //上方数值大的数组元素 intArray[j]从左侧自上而下移动
            x2 = OFFSET_X - PARABOLA_HEIGHT;
            int x = getX((float)(UtoL));
            g.setColor(getBackground());
            g.drawString(Integer.toString(intArray[j]),x,UtoL);
            x = getX((float)(UtoL + 1));
            g.setColor(Color.BLACK);
            g.drawString(Integer.toString(intArray[j]),x,UtoL + 1);

            //下方数值小的数组元素 intArray[jPlus1]从右侧自下而上移动
            x2 = OFFSET_X + PARABOLA_HEIGHT;
            x = getX((float)(LtoU));
            g.setColor(getBackground());
            g.drawString(Integer.toString(intArray[jPlus1]),x,LtoU);
            x = getX((float)(LtoU - 1));
            g.setColor(Color.BLACK);
            g.drawString(Integer.toString(intArray[jPlus1]),x,LtoU - 1);

            delay(20);
        }
    }
    public void paint(Graphics g) {
        int temp,i,j,k;

        //随机生成一维无序数组
        for(k = 0;k < intArray.length;k++) intArray[k] = (int)(Math.random() * 100);
        //设置字体名、样式及大小
        g.setFont(new Font("Serif",Font.BOLD,20));
        //清除 Applet 窗口
        g.clearRect(0,0,2 * OFFSET_X,OFFSET_Y + intArray.length * INTERVAL);

        g.drawString("排序之前的无序数组:",2 * PARABOLA_HEIGHT,OFFSET_Y - 2 * PARABOLA_HEIGHT);
        for(k = 0;k < intArray.length;k++)
            g.drawString(Integer.toString(intArray[k]),OFFSET_X,OFFSET_Y + k * INTERVAL);

        for(i = 0;i < intArray.length - 1;i++) {           //外层 for 循环,共进行 length-1 趟比较
        //每趟有剩余的 length-i 个无序数(数组中的前 length-i 个元素)需要参与大小比较
            delay(5000);
            //用背景颜色输出前一趟的提示文字,即清除前一趟的提示文字
            g.setColor(getBackground());
            if (i == 0) g.drawString("排序之前的无序数组:",2 * PARABOLA_HEIGHT,OFFSET_Y - 2 * PARABOLA_HEIGHT);
```

```
            else g.drawString("第 " + Integer.toString(i) + " 趟比较: ",OFFSET_X - 2 * PARABOLA_
HEIGHT,OFFSET_Y - 2 * PARABOLA_HEIGHT);
          //更换提示文字颜色,并输出新一趟的提示文字
          g.setColor(promptColor[i % promptColor.length]);
          g.drawString("第 " + Integer.toString(i + 1) + " 趟比较: ",OFFSET_X - 2 * PARABOLA_
HEIGHT,OFFSET_Y - 2 * PARABOLA_HEIGHT);

          //内层 for 循环,每趟需进行 length - i - 1 次比较
          for(j = 0;j < intArray.length - i - 1;j++)
            //在两个相邻数组元素中,如果上方的数组元素大于下方的数组元素
            if(intArray[j]> intArray[j + 1]) {
              swapNumbers(g,j,j + 1);
                           //动态演示交换上下相邻数组元素 intArray[j]和 intArray[jPlus1]的位置
              temp = intArray[j];   intArray[j] = intArray[j + 1];   intArray[j + 1] = temp;
            }

          //更换数字颜色,并输出第(i + 1)大的数
          g.setColor(promptColor[i % promptColor.length]);
          g.drawString(Integer.toString(intArray[j]),OFFSET_X,OFFSET_Y + j * INTERVAL);
      }   //end of for(i = 0;...)
   }
}
```

Applet 的运行过程以动画形式演示了冒泡法将一维无序数组转换为有序数组的过程:初始一维无序数组中的整数沿垂直方向排列,下标小的数组元素(整数)在上方,下标大的数组元素(整数)在下方;在每趟排序过程中,如果上方的整数大于下方相邻的整数,则上方数值大的整数从左侧向下移动,下方数值小的整数从右侧向上移动。整个排序过程结束后,数值大的整数在下方,数值小的整数在上方。

整数移动的抛物线轨迹是按照拉格朗日插值法设计的。

在本例中,BubbleSortApplet 类是 javax.swing.JApplet 类的子类,并且覆盖了 java.awt.Container 类的方法 public void paint(Graphics g)。paint 方法不仅涵盖了冒泡排序法的主要代码,而且描述和控制了冒泡排序的整个过程——外层 for 循环实现 n−1 趟比较(假设一维无序数组中有 n 个整数,即 n=intArray.length),内层 for 循环依次实现两个相邻整数的比较与交换;在第 i+1 趟比较中,数组中的前 n−i 个整数将依次两两参与比较,共比较 n−i−1 次;完成第 i+1 趟比较后,数组中的后 i+1 个整数均大于前 n−i−1 个整数,并且实现后 i+1 个整数按升序排列。

13.5.2 演示皇后问题的求解过程

应用 Applet 及其输出也能够以动画形式演示皇后问题的求解过程。

【例 13-9】 在 Applet 中演示皇后问题的求解过程。Java 源程序代码如下:

```
import javax.swing.JApplet;
import java.awt.Color;
import java.awt.Graphics;

public class QueensApplet extends JApplet {
  int cellSize;                                        //棋盘单元格的尺寸
```

```java
    int numberOfQueens;                          //皇后的数目,也是棋盘的行数和列数
    int solutionCount;                           //可行解计数器
    //用一维 int 型数组 colNo 元素的下标及数组元素值表示皇后所在的单元格
    //即,如果假设 row 为数组元素的下标,则(row + 1,colNo[row] + 1)表示摆放皇后的单元格在棋盘
    //中的坐标,0≤row≤numberOfQueens - 1
    int [] colNo = new int[8];
    Graphics g;

    void delay(int length) {
        try {
            Thread.sleep(length);
        } catch(InterruptedException e) {
            System.exit(0);                      //程序退出运行
        }
    }
    //演示(newRow + 1,newCol + 1)单元格与(preRow + 1,preCol + 1)单元格冲突
    void showConflict(int newRow,int newCol,int preRow,int preCol) {
        g.setColor(Color.BLUE);
        g.fillRect(newCol * cellSize + 1,newRow * cellSize + 1,cellSize - 1,cellSize - 1);
        delay(2000);
        g.fillRect(preCol * cellSize + 1,preRow * cellSize + 1,cellSize - 1,cellSize - 1);
        delay(2000);
        g.setColor(Color.PINK);
        g.fillRect(preCol * cellSize + 1,preRow * cellSize + 1,cellSize - 1,cellSize - 1);
        delay(2000);
        g.clearRect(newCol * cellSize + 1,newRow * cellSize + 1,cellSize - 1,cellSize - 1);
        delay(2000);
    }
    //以字符串形式输出在棋盘中摆放皇后的单元格坐标
    void outputSolution() {
        g.drawString("Solution " + (++solutionCount) + ":",10,cellSize * (numberOfQueens + 1));
        for(int row = 0;row < numberOfQueens;++row)
            //输出摆放皇后的单元格在棋盘中的坐标(row + 1,colNo[row] + 1)
            g.drawString("(" + (row + 1) + "," + (colNo[row] + 1) + ") ",80 + row * 35,cellSize * (numberOfQueens + 1));
        delay(20000);
        g.clearRect(0,cellSize * numberOfQueens + 1,1000,100);
    }
    //从第 0 + 1 行开始,判断前 newRow 行中是否存在与(newRow + 1,newCol + 1)单元格发生冲突的皇后
    boolean validatePosition(int newRow,int newCol) {
        boolean reVal = true;
        for(int preRow = 0;(preRow < newRow)&&(reVal);++preRow)
            if((Math.abs(preRow - newRow) == Math.abs(colNo[preRow] - newCol))||(colNo[preRow] == newCol)) {
                //发现并演示(newRow + 1,newCol + 1)单元格与(preRow + 1,colNo[preRow] + 1)单元格冲突
                showConflict(newRow,newCol,preRow,colNo[preRow]);
                reVal = false;
            }
        return reVal;
    }
    void placeFromRow(int row) {
```

```java
            if (row == numberOfQueens) outputSolution();
            else
              for(int col = 0;col < numberOfQueens;++col)
                if (validatePosition(row,col)) {
                    //在(row+1,col+1)单元格摆放皇后
                    colNo[row] = col;
                    g.setColor(Color.PINK);
                    g.fillRect(col * cellSize + 1,row * cellSize + 1,cellSize - 1,cellSize - 1);
                    delay(3000);
                    //从下一行开始继续摆放皇后
                    placeFromRow(row + 1);
                    //从(row+1,col+1)单元格移走皇后
                    g.clearRect(col * cellSize + 1,row * cellSize + 1,cellSize - 1,cellSize - 1);
                    delay(3000);
                }
        }
        public void init() {
            cellSize = 100;                            //设置棋盘单元格的尺寸
            numberOfQueens = 4;                        //设置皇后的数目
            resize(cellSize * (numberOfQueens + 2),cellSize * (numberOfQueens + 1));
        }
        public void paint(Graphics g) {
            solutionCount = 0;                         //可行解计数器清零
            this.g = g;

            //输出棋盘及其单元格
            g.setColor(Color.BLACK);
            for(int row = 0;row <= numberOfQueens;row++)
              g.drawLine(0,row * cellSize,cellSize * numberOfQueens,row * cellSize);
            for(int col = 0;col <= numberOfQueens;col++)
              g.drawLine(col * cellSize,0,col * cellSize,cellSize * numberOfQueens);
            delay(10000);

            placeFromRow(0);                           //从第0+1行开始摆放皇后
            g.drawString("Over!",10,cellSize * (numberOfQueens + 1));
            delay(10000);
            g.clearRect(0,cellSize * numberOfQueens + 1,1000,100);
        }
    }
```

在本例中,QueensApplet 类是 javax.swing.JApplet 类的子类,并且覆盖了 java.awt.Container 类的方法 public void paint(Graphics g)。

在 QueensApplet 类中,定义了 cellSize、numberOfQueens、solutionCount、colNo 和 g 5 个实例变量。其中,cellSize、numberOfQueens 和 solutionCount 等是 int 型实例变量,colNo 是 int 型数组变量,g 是指向 Graphics 对象的引用变量。

在 init 方法中,通过实例变量 cellSize 和 numberOfQueens 对棋盘单元格尺寸和皇后数目进行初始化,并根据实例变量 cellSize 和 numberOfQueens,通过调用 resize 方法设置 Applet 输出区域的宽度和高度。

int 型数组 colNo 元素的下标及数组元素值表示皇后所在的单元格。

在执行 init 方法之后,或当用户重新返回 Applet(例如还原小程序查看器窗口)时,Java

系统都会自动调用 start 方法,接着自动调用 paint 方法。每次调用 paint 方法都是新一次皇后问题求解过程的开始,此时需要将实例变量 solutionCount 赋值为 0,以实现可行解计数器的清零。

在本例中,paint 方法会调用 placeFromRow 方法,placeFromRow 方法会调用 validatePosition 和 outputSolution 方法,validatePosition 方法又会调用 showConflict 方法,并且在这些方法中都需要输出字符串或图形。因此,在每次调用 paint 方法时,都需要将实例变量 g(即 this.g)指向 Java 系统自动创建的 Graphics 对象。之后,placeFromRow、validatePosition、outputSolution 和 showConflict 方法即可通过实例变量 g 输出字符串或图形。

注意:在 QueensApplet 类中,实例变量 colNo 是 int 型数组变量,且该数组包含 8 个元素(整数)。因此,在 init 方法中对皇后数目进行初始化时,实例变量 numberOfQueens 的值不能超过 8。否则,在运行 Java 小程序时,会发生 ArrayIndexOutOfBoundsException 异常。

13.6 小结

Java Applet 是可以从服务器下载的、能够通过启用 Java 的 Web 浏览器运行的、在网页中提供特定功能的 Java 程序。通过 Applet,可以在网页中添加丰富多彩的动画。

一个 Applet 可以是 java.applet.Applet 类的子类,也可以是 javax.swing.JApplet 类的子类。

为了通过启用 Java 的 Web 浏览器运行 Applet 并在 Web 浏览器的窗口中观察 Applet 的输出,必须有一个对应的 HTML 文件。

在 HTML 文件中使用 PARAM 元素可以指定向 Applet 传递的参数。对应地,在 Applet 中调用 getParameter 方法可以从 HTML 文件获取相应的参数值,然后根据参数值执行相应的处理。

与 Applet 生命周期关键节点相关的、从 java.applet.Applet 类及其超类继承的方法有 init、start、paint、stop 和 destroy 等,但在 Applet 中经常需要覆盖这些方法。

在 paint(Graphics g)方法中,引用变量 g(也是形式参数)指向一个 Graphics 对象,该 Graphics 对象是由 Java 系统自动创建的。通过引用变量 g 调用在 java.awt.Graphics 类中定义的 drawXXX 和 fillXXX 等实例方法,Applet 可以在小程序查看器或 Web 浏览器的窗口中输出字符串或图形。

结合 Java 线程技术,还可以在 Applet 中设计和创建定时器线程,并通过定时器线程控制时钟的更新。

应用 Applet 及其输出,能够以动画形式生动地模拟和演示一些常用算法的工作过程,这样可以更加深刻地理解这些算法的工作原理。

13.7 习题

1. 删除【例 13-2】程序代码中的所有 break 语句,然后观察 Applet 的运行过程或结果是否会发生变化。如果有变化,分析其原因。

2. 当点 P 沿动射线 OP 以等速率运动的同时，该射线又以等角速度绕点 O 旋转，则点 P 的轨迹称为阿基米德螺线（Archimedean Spiral），亦称等速螺线，如图 13-8 所示。

阿基米德螺线的极坐标方程为：

$$\rho(\theta) = a + b * \theta$$

阿基米德螺线的直角坐标方程式为：

$$x = (a + b * \theta) * \cos\theta, \quad y = (a + b * \theta) * \sin\theta$$

其中，a 和 b 是可以调整的固定参数，θ 为自变量。

编写 Applet 程序，输出一条阿基米德螺线，要求 $a=8$，$b=5$。

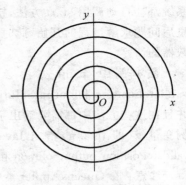

图 13-8 阿基米德螺线 ($a=8, b=5$)

3. 玫瑰线（Rose Curve）是一种具有周期性且包络线为圆弧的曲线。

玫瑰线的直角坐标方程式为：

$$x = a * \sin(n * \theta) * \cos\theta, \quad y = a * \sin(n * \theta) * \sin\theta$$

其中，a 和 n 是可以调整的固定参数，θ 为自变量。

玫瑰线的几何结构和形状取决于参数 a 和 n 的取值——参数 a（即包络半径）主要控制玫瑰线叶子的长短，参数 n 主要控制叶子数和曲线闭合周期。

玫瑰线具有如下特性：

当 n 为奇数时，玫瑰线的叶子数为 n，闭合周期为 π，即 θ 取值在 $0 \sim \pi$ 内玫瑰线是闭合的。

当 n 为偶数时，玫瑰线的叶子数为 $2n$，闭合周期为 2π，即 θ 取值在 $0 \sim 2\pi$ 内玫瑰线是闭合的。

编写 Applet 程序，输出如图 13-9 所示的三叶玫瑰线和四叶玫瑰线。

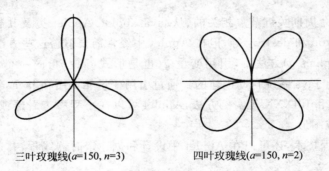

三叶玫瑰线(a=150, n=3)　　　四叶玫瑰线(a=150, n=2)

图 13-9 玫瑰线

4. 改写【例 13-8】中的程序代码，演示水平方向的冒泡排序过程。具体要求如下：初始一维无序数组中的整数沿水平方向排列，下标小的数组元素（整数）在左边，下标大的数组元素（整数）在右边；在每趟排序过程中，如果左边的整数大于右边相邻的整数，则左边数值大的整数从上方向右移动，同时右边数值小的整数从下方向左移动。整个排序过程结束后，数值大的整数在右边，数值小的整数在左边。

参 考 文 献

[1] The Java Tutorials. Oracle and its affiliates.
[2] Java Language and Virtual Machine Specifications. http://docs.oracle.com/javase/specs/
[3] Java Platform, Standard Edition 6 API Specification. http://docs.oracle.com/javase/6/docs/api/
[4] 谭浩强. C程序设计. 北京：清华大学出版社，1991.
[5] 陈国君. Java程序设计基础(第3版). 北京：清华大学出版社，2011.
[6] 郎波. Java语言程序设计(第二版). 北京：清华大学出版社，2011.
[7] 刘宝林,胡博,谢锋波. Java程序设计(第2版). 北京：高等教育出版社，2011.
[8] 吕凤翥. Java语言程序设计(第2版). 北京：清华大学出版社，2011.
[9] 皮德常. Java简明教程(第3版). 北京：清华大学出版社，2011.
[10] 钱慎一. Java程序设计实用教程. 北京：科学出版社，2011.
[11] 苏健. Java面向对象程序设计. 北京：高等教育出版社，2012.
[12] (美)Cay S. Horstmann Gary Cornell. Java核心技术卷1基础知识(原书第9版). 周立新等译. 北京：机械工业出版社，2014.